U0128827

21世纪高职高专规划教材

机械制图 MES 实训教程

主编　梁杰

西南交通大学出版社
·成　都·

图书在版编目(CIP)数据

机械制图 MES 实训教程/梁杰主编. —成都:西南交通大学出版社,2008.9

21 世纪高职高专规划教材

ISBN 978-7-5643-0077-7

Ⅰ.机… Ⅱ.梁… Ⅲ.机械制图—高等学校:技术学校—教材 Ⅳ.TH126

中国版本图书馆 CIP 数据核字(2008)第 137796 号

21 Shiji Gaozhi Gaozhuan Guihua Jiaocai

21 世纪高职高专规划教材

Jixie Zhitu MES Shixun Jiaocheng

机械制图 MES 实训教程

主编 梁杰

*

责任编辑 张华敏

特邀编辑 陈长江 宋清贵

封面设计 水木时代

西南交通大学出版社出版发行

(成都市二环路北一段 111 号 邮政编码:610031 发行部电话:028-87600564)

http://press.swjtu.edu.cn

北京广达印刷有限公司印刷

*

成品尺寸:185 mm×260 mm 印张:12.5

字数:325 千字

2008 年 9 月第 1 版 2008 年 9 月第 1 次印刷

ISBN 978-7-5643-0077-7

定价:24.80 元

前　言

本书是专门为高职高专院校学生编写的实训教材。全书按照高职高专教育特色要求，以培养学生制图的基本技能、专项技能、综合技能为目标，按照学生实践能力形成的不同阶段和认知发展规律来进行系统设计，促进实践教学体系的整体优化，实现理论教学与实践教学的有机结合，实现培养目标、教学内容、教学方法及教学管理机制的有机统一。

本书借鉴MES(Modules of Employable Skill)思想，它的汉语意译为"职业技术训练模式"、"就业技能模块组合"等，通常被称为"模块教学"思路，突出了技能训练，大大压缩了理论知识的比重，内容少而精。同时，模块、学习单元可以灵活组合，使教材易于补充、更新，保持教材的先进性和实用性。

实训教材的学习内容包括：学习目标、要求、相关的基本知识点、所需设备(模型)、材料、安全操作规则、模块学习单元的内容、进度检测表、技能学习单元考核等内容。其中模块学习单元是重点，它包括该项技能知识的全部内容，学生看了学习材料之后就知道该学什么理论，怎样学，学到什么程度，达到什么标准。

内容上，将实训在传统的画法几何、机械制图的基础上融入了计算机绘图的内容，将计算机绘图与传统内容相结合，同时注重徒手绘图、尺规绘图和计算机绘图三种绘图能力，将教学与实训内容向工程设计延伸，加强工程结构设计的理论和训练，更好地培养学生的图形设计表达能力和设计理念。学生的设计实践训练，从小的、单项的设计训练到综合性的小课题，乃至到较大的小组协同设计项目的训练。

本教材在以下几方面进行了崭新的尝试：

1. 以技术应用能力为主线优化整合课程。按照"以必需、够用为度"和"强化应用，培养技能"的原则以及使课程体现"实用性、适用性、先进性"的原则，重新组合适合高职高专教育特色的教学内容。

2. 注重行动学习，采用现场教学，引导学生动手操作，通过实际操作，培养学生动手能力、工程应用能力、自我学习和创新能力。

3. 强调合作学习，培养小组伙伴合作的意识和策略，提高同学们的人际互动能力。

4. 教学方法采用产品教学法，就是将学习目标具体到实实在在的产品上，教学目标不再是一个抽象指标，这样更加适应高职高专教育的培养目标。

5. 教学方法采用任务教学法，把每个单项学习做成一个任务，把学生融入有意义的任务完成过程中，让学生积极地学习，自主地进行知识的建构。

王德璋同志为本书的出版付出了辛勤劳动，在此表示衷心的感谢！

由于编者水平所限，书中缺点和错误之处在所难免，敬请广大读者不吝批评指正。

编　者

2008年9月

目 录

第1章　机械产品的认知

1.1　机 械 概 述

1.1.1　机　器

在人们的生产和生活中广泛使用着各种机器。机器的种类繁多，结构形式和用途也各不相同，但总的来说，机器有三个共同的特征：

(1)都是人为的各种实物的组合；

(2)组成机器的各种实物间具有确定的相对运动；

(3)可代替或减轻人的劳动，完成有用的机械功或转换机械能。

图1-1所示为皮带运输机。

图1-1　皮带运输机

1.1.2　机　构

机构是具有确定相对运动的各种实物的组合，它只符合机器的前两个特征。如图1-2所示为机车车轮联动机构。

1.1.3　零件和构件

构件是指运动的单元；零件是指制造的单元。

任何机器、设备都是由许多零件按一定的装配关系和技术要求连接起来，从而实现某种特定的功能。零件按其获得方式可分为标准件和非标准件，标准件的结构、大小、材料等均已标准化，可通过外购方式获得，非标准件则需要自行设计、绘图和加工。机器、设备往往根据不同的组合要求和工艺条件分为若干个装配单元，称为部件。图1-3所示为一级圆柱齿轮减速器。

图1-2　机车车轮联动机构

图1-3　一级圆柱齿轮减速器

1.1.4　机器的组成

机器由原动部分、工作部分、传动部分和控制部分组成，如图 1-4 所示。

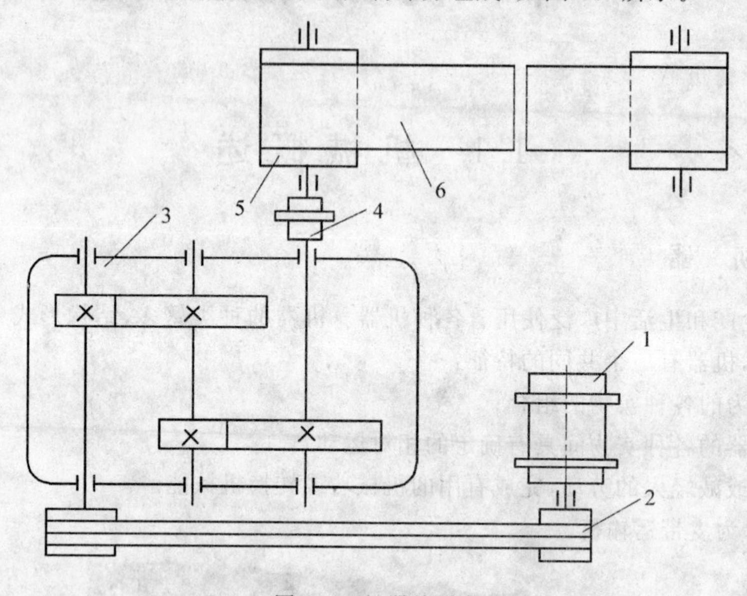

图 1-4　机器的组成

1—电动机；2—带传动；3—减速器；4—联轴器；5—滚筒；6—传送带

1.2　产品一　齿轮油泵的拆卸

1.2.1　产品教学的内容

齿轮油泵的拆卸。

1.2.2　产品教学的目的

(1)通过齿轮油泵的拆卸，引导学生学习制图课的兴趣，培养学生的动手能力。

(2)认识一部分标准件和常用件。

(3)掌握这部分标准件和常用件的示意画法。

(4)初步培养学生的工程意识。

1.2.3　产品教学的要求

(1)学习前必须认真阅读本章节内容，明确学习的任务。

(2)学习前认真研究齿轮油泵的工作原理、传动方式和装配关系。

(3)学习时，务必爱惜部件、工具和量具，不得丢失和损坏。

(4)遵守作息时间，不得旷课、迟到、早退。

(5)学习报告每人提交一份。

1.2.4　产品教学相关的基本知识点

构成一台机器的零件一般可归结为：非标准件、标准件、常用件。

标准件是指结构形状各部分尺寸等都严格按照国家标准的规定进行制造的零件，统一称为标准件，如螺钉、螺母、螺柱、轴承、垫片、键、销等。

机械、电器等各个行业对标准件的需求量很大，通常是由专业化的工厂用专用设备和专用工具进行大批量生产，生产效率高、成本低、产品符合标准，用户只需选购即可。

常用件是指在机器和设备中的一些常用零件和部件，如齿轮、弹簧等。

下面我们认识一部分标准件和常用件。

1. 齿轮

据史料记载，远在公元前400～前200年的中国古代就已开始使用齿轮，在我国山西出土的青铜齿轮是迄今已发现的最古老齿轮；作为反映古代科学技术成就的指南车就是以齿轮机构为核心的机械装置。17世纪末，人们才开始研究能正确传递运动的轮齿形状。18世纪，欧洲工业革命以后，齿轮传动的应用日益广泛，先是发展摆线齿轮，而后是渐开线齿轮，一直到20世纪初，渐开线齿轮都在应用中占据了优势。渐开线齿轮如图1-5所示。

齿轮传动用来传递任意两轴间的运动和动力，其圆周速度可达到300 m/s，传递功率可达10^5 kW，齿轮直径可从1 mm以下到150 m以上，是现代机械中应用最广的一种机械传动。

图1-5　渐开线齿轮

齿轮可按其外形分为圆柱齿轮、锥齿轮、非圆齿轮、齿条、蜗杆蜗轮；按齿线形状分为直齿轮、斜齿轮、人字齿轮、曲线齿轮；按轮齿所在的表面分为外齿轮、内齿轮；按制造方法可分为铸造齿轮、切制齿轮、轧制齿轮、烧结齿轮等。图1-6所示是常见的齿轮传动类型。

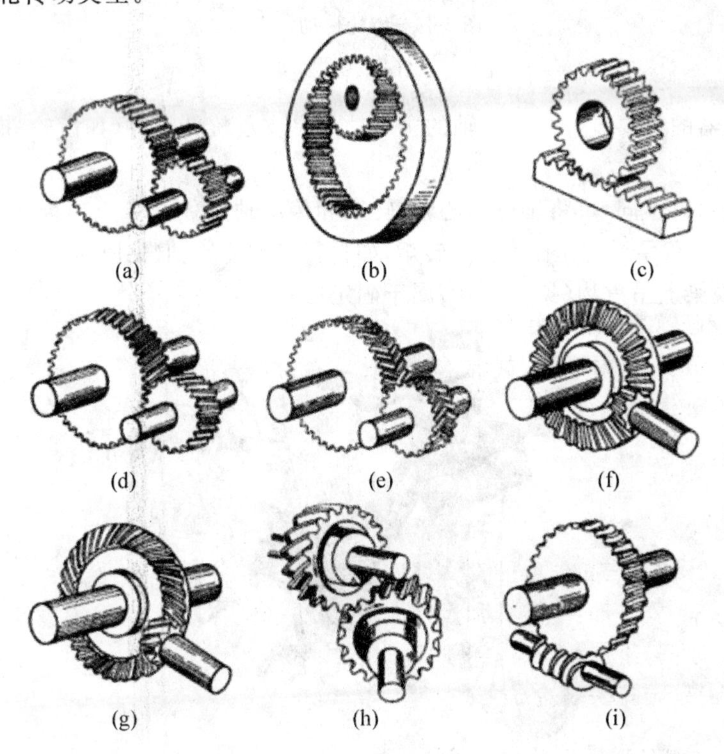

图1-6　渐开线齿轮传动类型

用国家标准中规定的一些图形符号和某些简化画法画出的图样，统称为示意图。示意图绘制简单迅速，图形简明易懂，是机器测绘过程中不可缺少的辅助图样。

下面是以上部分齿轮传动的示意图，如图 1-7 所示。

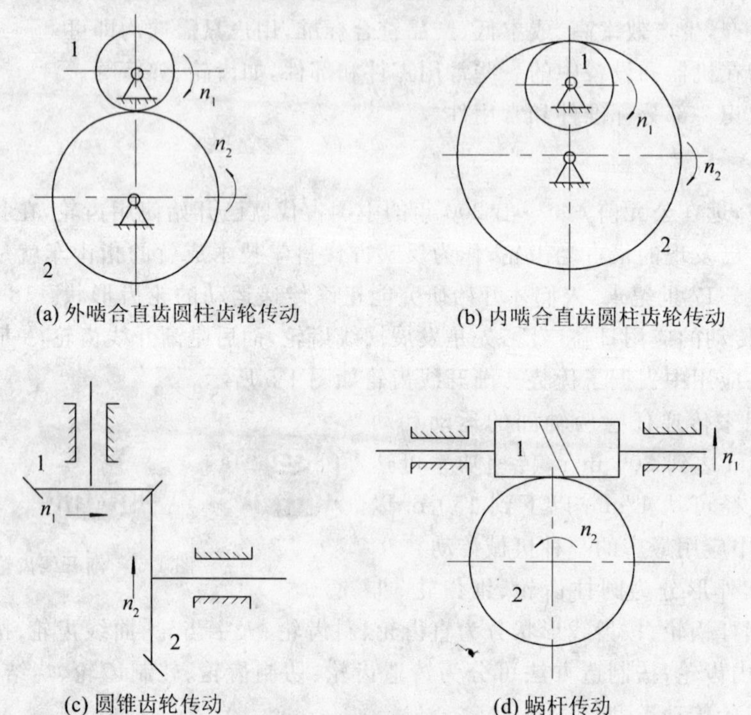

图 1-7　齿轮传动示意图

2. 轴

轴是组成机器的重要零件之一。轴的主要功用是支承旋转零件(如齿轮、蜗轮等)、传递运动和动力。

按轴承受的载荷不同，可将轴分为心轴、转轴和传动轴三种。

(1)心轴工作时仅承受弯矩而不传递转矩，如自行车的前轮轴(见图 1-8)、火车轮轴(见图 1-9)属于转动心轴，横梁上吊重物(见图 1-10)属于固定心轴。

图 1-8　自行车的前轮轴

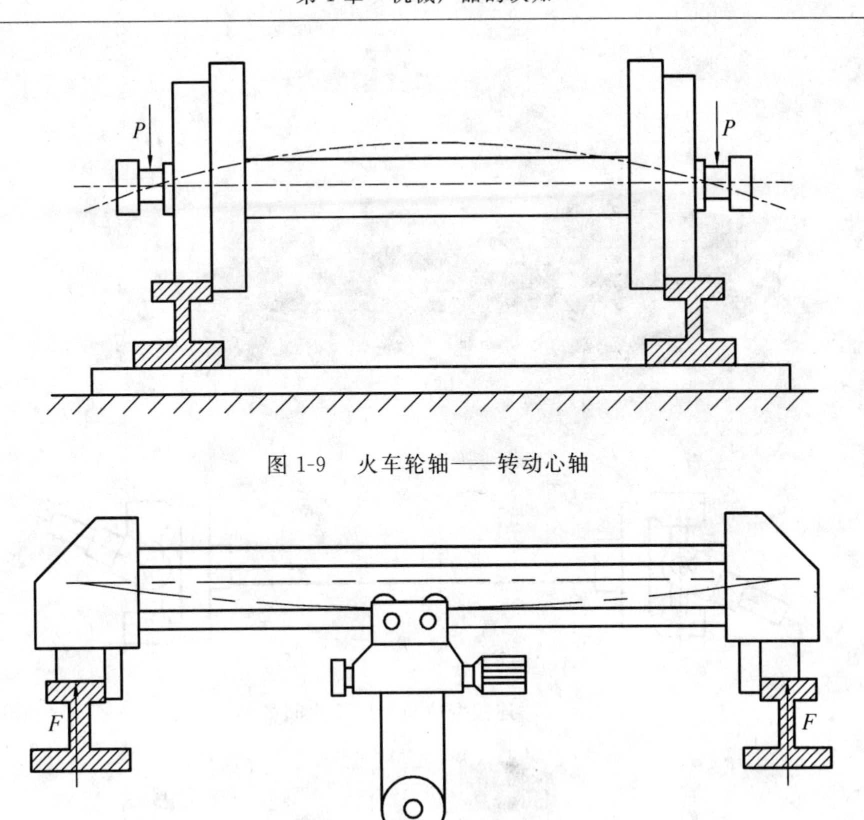

图 1-9　火车轮轴——转动心轴

图 1-10　横梁上吊重物——固定心轴

(2)转轴工作时既承受弯矩又承受转矩，如减速器中的轴，如图 1-11 所示。

图 1-11　减速器中的轴

(3)传动轴则只传递转矩而不承受弯矩，如汽车中连接变速箱与后桥之间的轴(见图 1-12)。

3. 螺钉、螺母、垫圈

常用的螺纹紧固件有：螺栓、螺钉、螺柱、螺母和垫圈等。这类零件都是标准件，如图 1-13 所示。

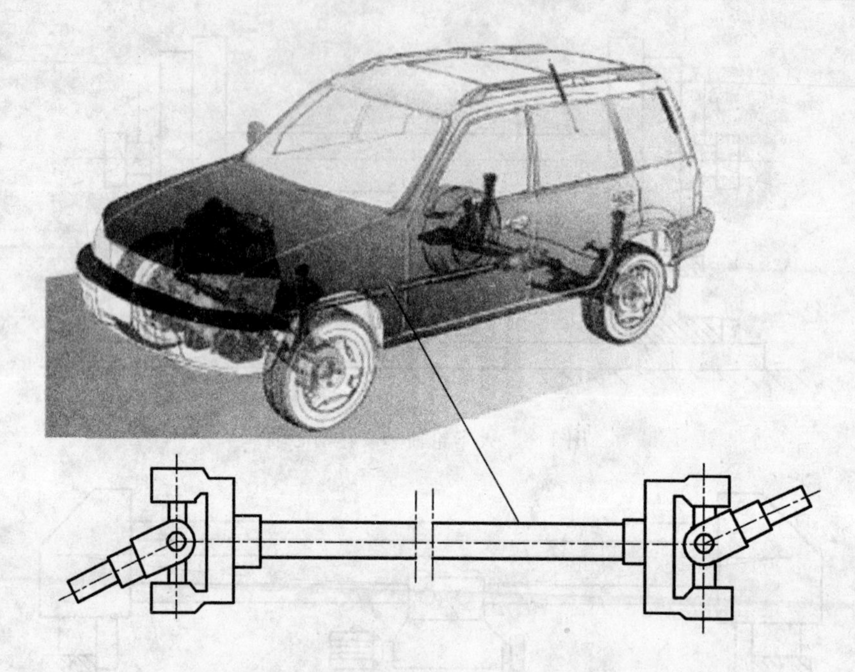

图 1-12　连接变速箱与后桥之间的轴

图 1-13　螺栓、螺钉、螺母、垫圈

4. 销

销主要用于零件之间的定位，也可用于零件之间的连接，但只能传递不大的扭矩。销可以分为圆柱销、圆锥销、开口销，如图 1-14 所示。

(a)圆柱销　(b)圆锥销　(c)开口销

图 1-14　销

5. 弹簧

弹簧在部件中的作用是减震、复位、夹紧、测力和储能。作为弹性元件，广泛应用于缓冲、吸震、夹紧、测力、储能等机构中。弹簧的种类很多，有螺旋弹簧（拉簧、压簧）、涡卷弹簧（钟表用）、碟形弹簧、板形弹簧（汽车用）等，如图 1-15 所示。

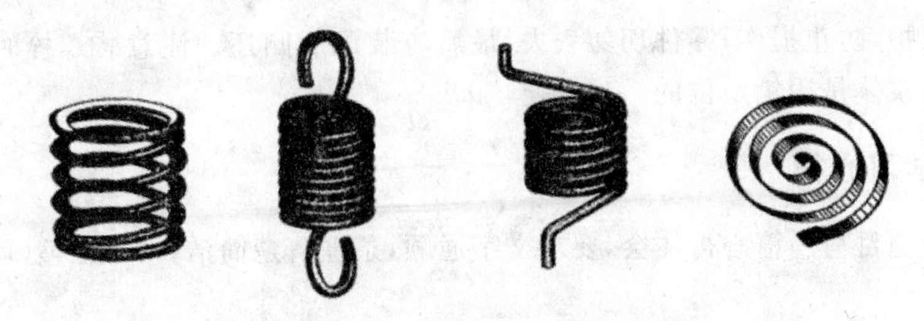

图 1-15　弹簧的种类

1.2.5　产品教学的物资准备

(1)拆卸工具(包括通用工具及专用工具)。

(2)齿轮油泵模型。

(3)拆卸部件工作台。

(4)清洁和防腐蚀用油。

(5)学生准备笔记本和铅笔。

1.2.6　产品教学的学习指导

齿轮泵是各种机械润滑和液压系统的输油装置,是用来给润滑系统提供压力油的。它主要用于低压或噪声水平限制不严的场合。齿轮泵一般由一对齿数相同的齿轮、传动轴、轴承、泵盖和泵体组成,如图 1-16 所示。

图 1-16　齿轮油泵的结构图

齿轮泵的拆卸顺序:

泵体和泵盖通过六个螺钉连接,拆下六个螺钉即可将泵盖取下,取下纸垫,可以看到两个齿轮(连轴齿轮),此时从动齿轮就可拿下。泵体上有两个圆柱销,用于泵体和泵盖的定位,它压入泵体销孔内,不必拆出。

主动齿轮右端安装了皮带轮,拆去圆头螺母和垫圈,取下皮带轮。然后再拆去填料压盖上的两个螺钉,取出压盖和填料,即可取出主动齿轮轴。

学生分组进行,动手拆、装齿轮油泵。拆卸过程中要记录拆卸零件的次序、名称。机件的配合表面应注意保护，防止损伤，零件切勿丢失，最后应装配后归还。注意装螺栓时一定要装上弹簧垫圈。泵盖与泵体是用销定位的。

1.2.7 学习心得

以“零件”为题目写一篇心得体会，要求文字通顺，条理清楚简洁，书写工整(可用电脑打印)。

1.3 产品二 机械图样概述

1.3.1 产品教学的内容

机械图样。

1.3.2 产品教学的目的

(1)初步认识机械图样的意义。

(2)机械图样的基本特性。

(3)了解机械图样的基础知识，初步培养学生工程的意识。

1.3.3 产品教学的要求

(1)学习前必须认真阅读本章节内容，明确学习的任务。

(2)学习前认真学习各种机械图样。

(3)实训时，务必爱惜部件、工具和量具，不得丢失和损坏。

(4)遵守作息时间，不得旷课、迟到、早退。

(5)学习报告每人提交一份。

1.3.4 产品教学相关的基本知识点

机械设计一般需要借助机械图样这一特殊语言进行，机械图样的构成也是机械功能的具体体现。机械图样一般包括:零件图、装配图、机构运动简图、机械装配示意图。

1. 零件图

表达零件结构形状、尺寸和技术要求的图样，称为零件图，图 1-17 所示为轴的零件图。

零件图是制造和检查零件的依据，也是使用和维修中的主要技术文件之一。

一张完整的零件图通常应具有以下内容：

(1)一组图形。表达零件的内、外结构形状。

(2)零件尺寸。制造零件所需的全部尺寸都应标出。

(3)技术要求。制造零件应达到的一些质量要求。

(4)标题栏。写零件的名称、材料、数量和画图比例以及设计单位名称、设计、制图、审核人员的签名。

2. 装配图

表达机器或部件整体结构及其零部件中间装配连接关系的图样称为装配图，图 1-18 所示为齿轮油泵的装配图。

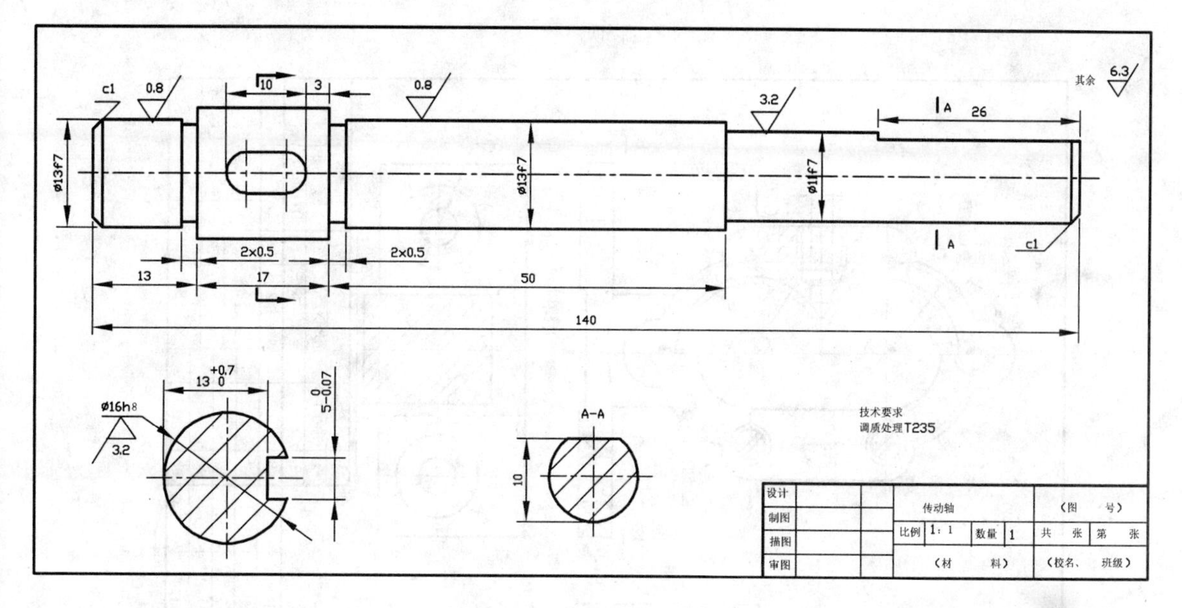

图 1-17　传动轴的零件图

表示整台机器的图样称为总装配图;表达一个部件的图样部件称为装配图。

一张完整的装配图通常应具有以下内容:

(1)一组图形。表达部件或机器的工作原理,各零件之间的装配关系及零件的结构形式。

(2)必要的尺寸。包括部件或机器的规格尺寸、外形尺寸、零件之间的配合尺寸及其他重要的尺寸。

(3)技术要求。用文字说明部件或机器在安装和使用等方面的技术要求。

(4)零件或部件的序号,明细栏和标题栏。按一定的方式对每个不同的零件或部件标注序号,并在明细栏中按序号填写零件或部件的名称、材料、件数等内容。标题栏的内容有:部件或机器的名称、代号、画图比例、图号及其设计、制图、审核人员的签名。

3. 机构运动简图

在分析机构的运动时,为了方便起见,可以不画机构的复杂外形和具体结构而用规定的符号画出能表达其运动方式的简化图形,这种简化的图形叫做机构运动简图。如图 1-20 所示为轮系的机构运动简图。

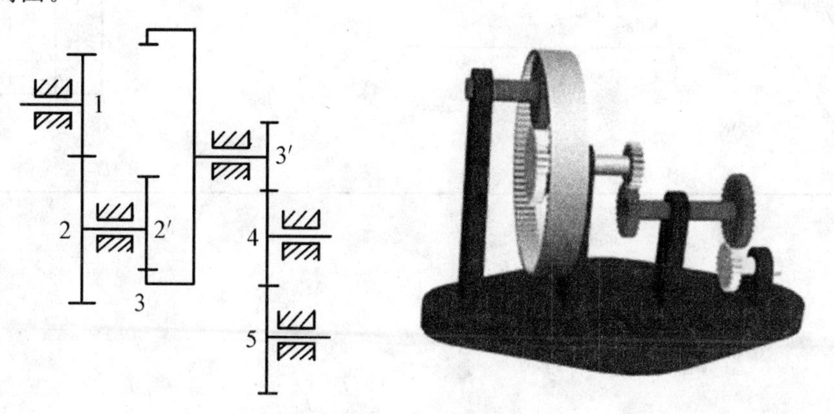

图 1-19　轮系的机构运动简图

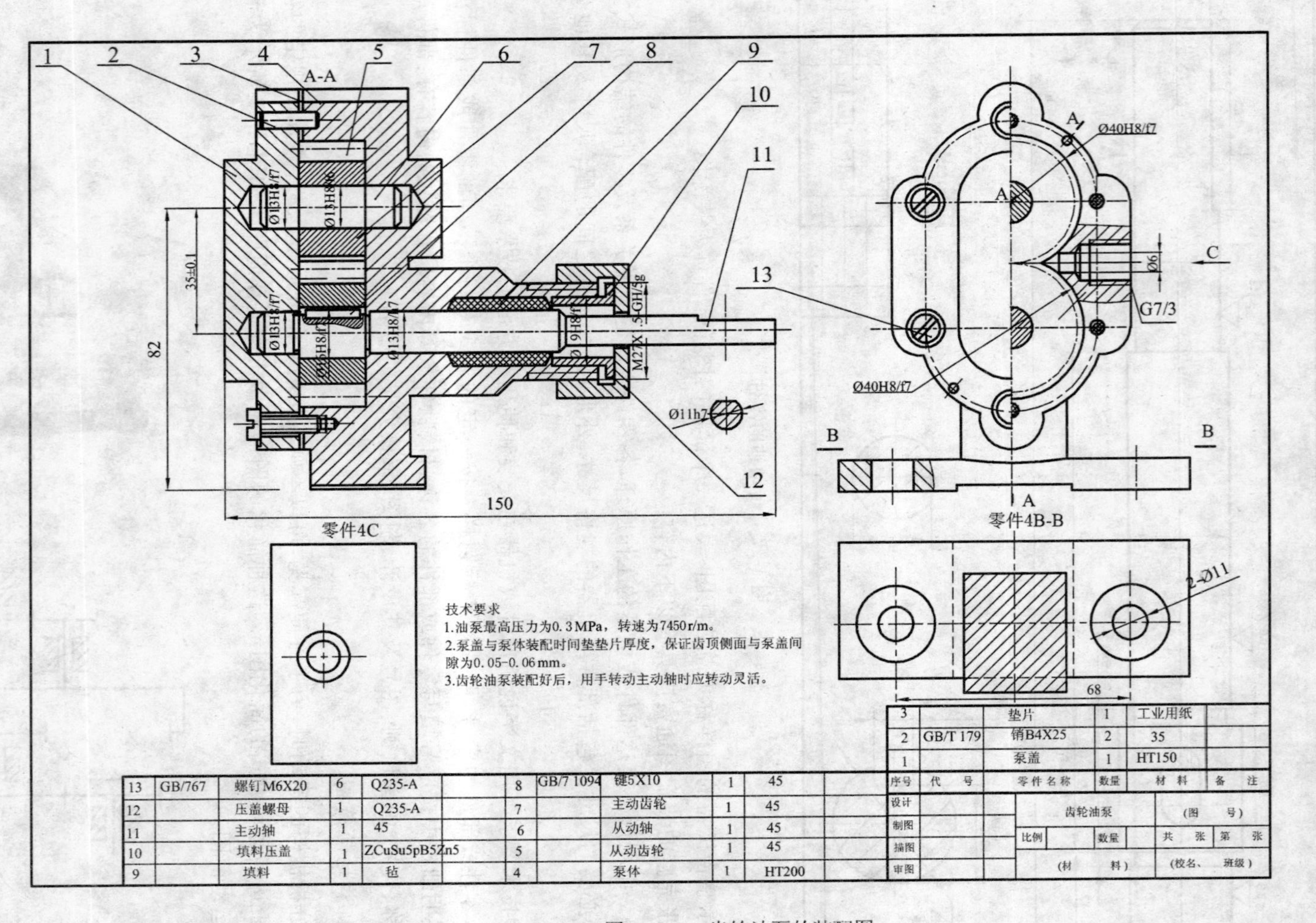

图1-18　齿轮油泵的装配图

4. 机械装配示意图

装配示意图是在拆卸过程中所画的记录图样，它的主要作用是避免由于零件拆卸后可能产生混乱致使重新装配时产生疑难。此外，在画装配图时也可作为参考。装配示意图主要表达的是每个零件的位置，装配关系和部件的工作情况、传动路线等，而不是整个部件的详细结构和各个零件的形状，如图1-20所示。

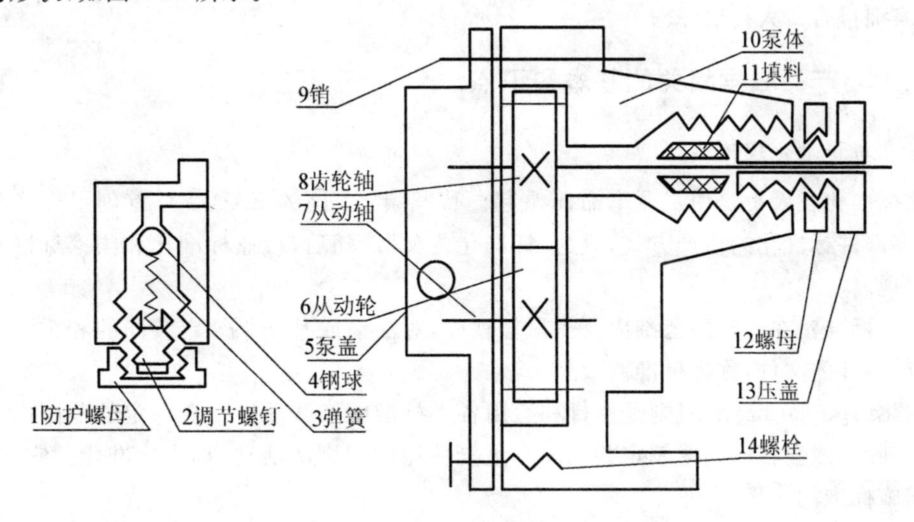

图1-20　齿轮泵的装配示意图

1.3.5　产品教学的物资准备

(1)各种机械图纸：零件图、装配图、机构运动简图、机械装配示意图。

(2)学生准备笔记本和铅笔。

(3)学习工作台。

1.3.6　学习心得

以“机械图样”为题目写一篇心得体会，要求文字通顺，条理清楚简洁，书写工整(可用电脑打印)。

1.4　产品三　国家标准

1.4.1　产品教学的内容

国家标准。

1.4.2　产品教学的目的

(1)初步认识标准、标准化的历史及意义。

(2)标准化的基本特性。

(3)了解机械制图标准化基础知识，初步培养学生贯彻、执行国家标准的意识。

1.4.3 产品教学的要求

(1)实训前必须认真阅读本章节内容,明确实训的任务。

(2)实训时,务必爱惜公物,不得损坏。

(3)遵守作息时间,不得旷课、迟到、早退。

(4)实训报告每人提交一份。

1.4.4 产品教学相关的基本知识点

1. 标准与标准化理论

近代标准化发展史是由工业革命而掀起。1798 年,美国的 E. 惠特尼首创了生产分工专业化、产品零部件标准化的生产方式,成为“标准化之父”。随后,行业标准化和国家标准化行为开始陆续出现。

什么是标准?在一定的范围内获得最佳秩序,对活动或其结果规定共同的和重复使用的规则、导则或特性的文件,称为标准。

标准化(standardization)则是推行和运用各类标准的实践活动。在一定的范围内获得最佳秩序,对实际的或潜在的问题制定共同的和重复使用的规则的活动,称为标准化。它包括制定、发布及实施标准的过程。

在国民经济的各个领域中,凡具有多次重复使用和需要制定标准的具体产品,以及各种定额、规划、要求、方法、概念等,都可称为标准化对象。

标准化对象一般可分为两大类:一类是标准化的具体对象,即需要制定标准的具体事物;另一类是标准化总体对象,即各种具体对象的总和所构成的整体,通过它可以研究各种具体对象的共同属性、本质和普遍规律。

“通过制定、发布和实施标准,达到统一”是标准化的实质。

“获得最佳秩序”、“促进最佳社会效益”是制定标准的目的;这里所说的最佳效益,就是要发挥出标准的最佳系统效应,产生理想的效果;这里所说的最佳秩序,则是指通过实施标准使标准化对象的有序化程度提高,发挥出最好的功能。

标准化的基本特性主要包括:抽象性、技术性、经济性、连续性(亦称继承性)、约束性和政策性。

2. 我国标准化管理发展历程及现状

1949 年新中国成立至今,我国的标准化管理主要经历了三个阶段。

第一阶段:由建国之初到 20 世纪 80 年代中期,标准是作为政府管理经济、指挥生产的行政手段。1979 年颁布的《中华人民共和国标准化管理条例》规定:“标准一经批准发布,就是技术法规”,实行强制性管理。

第二阶段:是从 20 世纪 80 年代中后期到 2001 年我国加入 WTO,这是我国经济体制和经济管理方式的改革转型期。国家对标准仍然强调的是政府集中控制和行政主导。1988 年颁布的《中华人民共和国标准化法》,把原来统一由国家强制实行的标准划分为强制性和推荐性两类,同时引入了认证方式加以推广。

第三阶段:从入世开始,中国的标准化管理进入了历史性的第三阶段。入世实质上是对我国长期以来实行的计划经济体制、管理模式、工作方法以及思想观念的最直接最严峻的冲击,为了应对挑战，国家政府机构改革加快，管理方式改革深化，政府更加积极主动地借鉴发达国家的标准化管理经验，大胆地进行改革创新，同时与之相适应的法律法规体系正在不断地健全和完善。

3. 标准化在各行业的应用

我国的标准化行业管理系统是依据标准化对象所属的行业领域来建立的。按照我国经济管理的体制和分类习惯，基本上可以分成工业标准化管理系统、农业标准化管理系统、交通运输标准化管理系统、工程建设标准化管理系统、卫生标准化管理系统、军用标准化管理系统、环境标准化管理系统，等等。而工业标准化管理系统又可分为机械工业、电子工业、纺织工业、冶金工业等标准化管理子系统；农业标准化管理子系统；以此类推，层层细分，组成我国标准化专业管理系统。

4. 标准化的作用

(1)标准化为科学管理奠定了基础。所谓科学管理，就是依据生产技术的发展规律和客观经济规律对企业进行管理，而各种科学管理制度的形式，都以标准化为基础。

(2)促进经济全面发展，提高经济效益。标准化应用于科学研究，可以避免在研究上的重复劳动；应用于产品设计，可以缩短设计周期；应用于生产，可使生产在科学的和有秩序的基础上进行；应用于管理，可促进统一、协调、高效率等。

(3)标准化是科研、生产、使用三者之间的桥梁。一项科研成果，一旦纳入相应标准，就能迅速得到推广和应用。因此，标准化可使新技术和新科研成果得到推广应用，从而促进技术进步。

(4)随着科学技术的发展，生产的社会化程度越来越高，生产规模越来越大，技术要求越来越复杂，分工越来越细，生产协作越来越广泛，这就必须通过制定和使用标准，来保证各生产部门的活动，在技术上保持高度的统一和协调，以使生产正常进行。所以我们说，标准化为组织现代化生产创造了前提条件。

(5)促进对自然资源的合理利用，保持生态平衡，维护人类社会当前和长远的利益。

(6)合理发展产品品种，提高企业应变能力，以更好地满足社会需求。

(7)保证产品质量，维护消费者利益。

(8)在社会生产组成部分之间进行协调，确立共同遵循的准则，建立稳定的秩序。

(9)在消除贸易障碍、促进国际技术交流和贸易发展、提高产品在国际市场上的竞争能力方面具有重大作用。

(10)保障身体健康和生命安全，大量的环保标准、卫生标准和安全标准制定发布后，用法律形式强制执行，对保障人民的身体健康和生命财产安全具有重大作用。

5. 标准与世界贸易

标准化是沟通国际贸易和国际技术合作的技术纽带。通过标准化能够很好地解决商品交换中的质量、安全、可靠性和互换性配套等问题。标准化的程度直接影响到贸易中技术壁垒的形成和消除。因此，世界贸易组织贸易技术壁垒协议(WTO/TBT)中指出："国际标准和符合性评定体系能为提高生产效率和便利国际贸易做出重大贡献。"

6. ISO 9000 标准的起源

最早的质量保证标准产生于美国。二战后，美国军方工业高速发展，质量保证技术也随之发展。因为军事装备是一种复杂的技术系统，一旦发生一个微小的差错或某个微小元器件失效，都会造成巨大损失。在 1959 年,美国国防部向国防供应局下属的军工企业提出一个质量合格证标准 MIL-Q9858《质量大纲要求》,后又经修改和完善成为 MIL-Q9858《质量大纲要求》。这个标准提供给各军工产品供应商作为指令性文件使用。继此之后,又产生了适合于一般军工产品的 MIL-I-45208A《检验系统要求》。目前,在美国,军用标准中属于质量管理和质量保证方面的有 40 多项。这些标准对质量保证具有巨大的作用。二战后,美国民用产品生产中开展质量保证和质量认证活动。首先被锅炉、压力容器和核电站等民用工业系统所接受。美国国家标准学会在 1971 年借鉴军用标准编制、发布了国家标准 ANSI-N-45.2《核电站台质量保证大纲要求》,民用工业在采用质量保证技术后也取得了明显的效果。

美国于 1979 年制定了全国通用的质量体系标准《质量体系通则》,为 ISO 9004 的起草奠定了基础。之后,其他一些工业国家都借鉴了美国的经验,纷纷效仿制定了一系列质量保证规范标准。

随着各国质量体系标准的纷纷出台,许多质量工作者呼吁制定一套国际上公认的、科学的、统一的质量体系标准,作为企业实施质量管理和供需双方之间质量体系评价及认证的依据,这就导致了 ISO 9000 系列标准的产生。

7.机械制图标准化基础知识

(1)标准编号。标准编号由三部分组成,即标准代号、标准顺序号和批准年号。

①国家标准的标准代号为 GB、GB/T。“/T”表示“推荐性标准”。标准代号无后缀“/T”,则表示“强制性标准”。

目前我国颁布的 20 000 个左右的国家标准中,有 14.1%的标准为强制性标准,主要是涉及人身财产安全、医疗卫生、环境保护、国家安全及国际名声等方面,大多数标准为推荐性标准。机械制图和公差配合的正式标准全部是推荐性标准。

②标准顺序号和批准年号。标准顺序号写在标准代号之后。顺序号是按批准的先后顺序排列的,没有对标准分类的含义,如 GB/T 17451。当某项标准分几个部分编写,每个部分又相对独立地作为一个标准发布时,可共用一个顺序号,并在同一顺序号之后增编一部分序号,两者之间用脚圆点隔开。例如在“机械制图基本规定”标准中,顺序号统一为 4457,即 GB/T 4457,对图线和剖面符号的规定分别增编序号 4 和 5,书写格式分别为 GB/T 4457.4、GB/T 4457.5。

批准年号由旧标准的两位数改为四位数,写在标准序号之后,两者之间用横线隔开。如标准编号为 GB/T 4457.4—2002,说明该标准是 2002 年批准颁布的。

③行业标准代号如表 1-1 所示。

表 1-1 行业标准代号

代号	行业	代号	行业
JB	机械行业	SH	石化行业
HG	化工行业	SJ	电子行业
QB	轻工业行业	YB	黑色冶金行业
QC	汽车行业	YS	有色冶金行业

(2)标准名称。标准名称由引导要素、主体要素和补充要素三部分组成,依次用汉字书写在标准编号之后。

①引导要素。标准所属的领域，如技术制图、机械制图等。当主体要素表示的对象已明确时，无须引导要素。

②主体要素。表示标准的主要对象，是必备要素。

③补充要素。表示主体要素的特定方面，当该标准包含主体要素所有方面时，则不再命名补充要素。

(3)标准级别：

1984年以前分为三级管理：国家标准、部颁标准、企业标准。

1984年～1990年分为两级管理：国家标准(或专业标准)、企业标准。

1990年以后分为四级管理：国家标准、行业标准、地方标准和企业标准。

(4)技术制图标准与机械制图标准。"技术制图"与"机械制图"其实是一种上下层的关系。技术制图标准是针对所有技术领域的制图标准，机械制图其实也属于技术制图范畴，技术制图涉及领域太广，制定标准时不可能对每一细节面面俱到，所以在制定机械制图标准时，技术制图标准已作规定并适用于机械图样绘制的项目，在机械制图标准中便不再作规定。我国现行有效的关于绘制机械图样应予贯彻的29项常用标准中，有12项属于"技术制图"。

8.《机械制图》国家标准的变更

(1)《机械制图》国家标准的历史，如表1-2所示。

表1-2　我国《机械制图》标准的变更时间表

<table>
<tr><th>颁发时间</th><th>主要内容</th><th>颁发部门</th><th>说　明</th></tr>
<tr><td>1951年</td><td>13项《工程制图》标准</td><td>政务院财经委员会</td><td>以第一角画法为我国《工程制图》的统一规则，从而扭转了我国机械图样中第一角和第三角画法并用的混乱状态</td></tr>
<tr><td>1956年</td><td>21项《机械制图》部颁标准</td><td>原第一机械工业部</td><td rowspan="5">属于苏联的ГОСТ体系</td></tr>
<tr><td>1959年</td><td>19项《机械制图》国家标准(第一套国标)</td><td>国家科委</td></tr>
<tr><td>1970年</td><td>修订了1959年的国家标准，共7项，在全国试行</td><td>中国科学院</td></tr>
<tr><td>1974年</td><td>在1970年基础上扩充为10项，正式转正发布</td><td>原国家标准计量局</td></tr>
<tr><td>1983～1984年</td><td>17项《机械制图》国家标准</td><td>原国家标准计量局</td><td>1985年开始实施，这套标准是跟踪国际标准(ISO)的，达到了当时的国际先进水平</td></tr>
<tr><td>1993～2003年</td><td>陆续修订1985年实施的《机械制图》国家标准</td><td>国家质量监督检验检疫总局</td><td>绝大部分已与国际标准(ISO)接轨，1985年实施的17项《机械制图》国家标准有14项被取代</td></tr>
</table>

(2)《机械制图》新旧标准的对照，如表1-3所示。

表 1-3 1985 年实施标准与现行标准对照表

分 类	1985 年实施的《机械制图》国家标准编号		现行《机械制图》国家标准编号	现行《机械制图》国家标准名称
基本规定	GB/T 4457.1—1984	※	GB/T 14689—1993	技术制图 图纸幅面及格式
	GB/T 4457.2—1984	※	GB/T 14690—1993	技术制图 比例
	GB/T 4457.3—1984	※	GB/T 14691—1993	技术制图 字体
	GB/T 4457.4—1984	※	GB/T 17450—1998	技术制图 图线
			GB/T 4457.4—2002	机械制图 图样画法 图线
	GB/T 4457.5—1984		GB/T 17453—1998	技术制图 图样画法 剖面区域的表示法
			GB/T 4457.5—1984	机械制图 剖面符号
基本表示法	GB/T 4458.1—1984	※	GB/T 17451—1989	技术制图 图样画法 视图
			GB/T 4458.1—2002	机械制图 图样画法 视图
			GB/T 17452—1989	技术制图 图样画法 剖视图和断面图
			GB/T 4458.6—2002	机械制图 图样画法 剖视图和断面图
			GB/T 16675.1—1996	技术制图 简化表示法 第1部分:图样画法
			GB/T 4457.2—2003	技术制图 图样画法 指引线和基准线的基本规定
	GB/T 4458.2—1984	※	GB/T 4458.2—2003	机械制图 装配图中零、部件序号及其编排方法
	GB/T 4458.3—1984		GB/T 4458.3—1984	机械制图 轴测图
	GB/T 4458.4—1984	※	GB/T 4458.4—2003	机械制图 尺寸注法
			GB/T 16675.2—1996	技术制图 简化表示法 第 2 部分:尺寸注法
	GB/T 4458.5—1984	※	GB/T 4458.5—2003	机械制图 尺寸公差与配合注法
			GB/T 15754—1995	技术制图 圆锥的尺寸和公差注法
	GB/T 131—1983	※	GB/T 131—1993	机械制图 表面粗糙度符号、代号及其注法
特殊表示法	GB/T 4459.1—1984	※	GB/T 4459.1—1995	机械制图 螺纹及螺纹紧固件表示法
	GB/T 4459.2—1984	※	GB/T 4459.2—2003	机械制图 齿轮表示法
	GB/T 4459.3—1984	※	GB/T 4459.3—2000	机械制图 花键表示法
	GB/T 4459.4—1984	※	GB/T 4459.4—2003	机械制图 弹簧表示法
	GB/T 4459.5—1984	※	GB/T 4459.5—1999	机械制图 中心孔表示法
			GB/T 4459.6—1996	机械制图 密封圈表示法
			GB/T 4459.7—1998	机械制图 滚动轴承表示法
			GB/T 19096—2003	技术制图 图样画法 未定义形状边的术语和注法
图形符号	GB/T 4460—1984		GB/T 4460—1984	机械制图 机构运动简图符号

已被替代的标准在表中用“※”标出，共 14 项。

9. 新国标的执行

执行时应注意：当旧标准没有被替代时，新标准规定了旧标准没有规定的、新旧标准规定有差异的，按新标准执行，旧标准有规定而新标准没再作规定的，原则上仍按旧标准执行，但要注意，这些规定应与新标准其他一些相应的规定不矛盾。

众所周知全球竞争的趋势是技术专利化、专利标准化、标准垄断化、获取利益最大化。但中国现在总的状况是核心专利和核心技术非常少，主要都掌握在跨国公司和国外企业手中。许多我们自己的品牌还没有走进国际市场，反而原有的品牌已被国际品牌步步紧逼、处处失手。从某种角度来讲，中国仅是一个加工厂，不光加工产品的核心技术是别人的，连加工的著名品牌也不是自己的。

因此，也就有了"三流企业卖的是产品，二流企业卖的是技术，而一流的企业卖的则是标准"的说法，可以这么说，现在标准已经成为最重要的行业发展因素，谁的产品标准一旦为世界所认同，谁就会引领整个产业的发展潮流。因此，逐渐参与到国际标准的制定和研发之中，以此获得与国际巨头同等的话语权，对中国企业来说，是至关重要的。

1.4.5　产品教学的物资准备

(1)各种工程国标手册、图册。

(2)学生准备笔记本和铅笔。

(3)学习工作台。

1.4.6　学习心得

以"标准"或"标准化"为题目写一篇心得体会，要求文字通顺，条理清楚简洁，书写工整(可用电脑打印)。

第2章　手工仪器绘图实训

2.1　制图工具和仪器的用法

学习制图,首先要了解各种绘图工具和仪器的性能,熟练掌握它们的正确使用方法,并经常注意维修保养,才能保证绘图质量,加快绘图速度。

常用绘图仪器有图板、丁字尺、三角板、分规、圆规、曲线板、铅笔、擦线板、比例尺和模板等。

2.1.1　图　板

绘图板用来固定图纸。它的两面由胶合板组成,四周边框镶有硬质木条。绘图板的板面要平整,工作边(即短边)要平直(见图2-1)。为防止图板翘曲变形,图板应防止受潮、暴晒和烘烤,不能用刀具或硬质材料在图板上任意刻画。

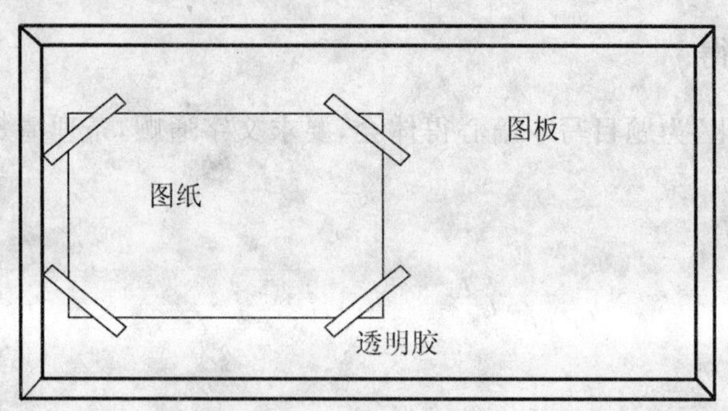

图2-1　绘图板

2.1.2　丁字尺

丁字尺是由尺头和尺身组成,是用来画水平线的。目前使用的丁字尺大多是用有机玻璃制成的,尺头与尺身固定成90°。

使用丁字尺画线时,尺头应紧靠图板左边,以左手扶尺头,使尺上下移动(见图2-2)。要先对准位置,再用左手压住尺身,然后画线。切勿图省事直接推动尺身,使尺头脱离图板工作边,也不能将丁字尺靠在图板的其他边画线。

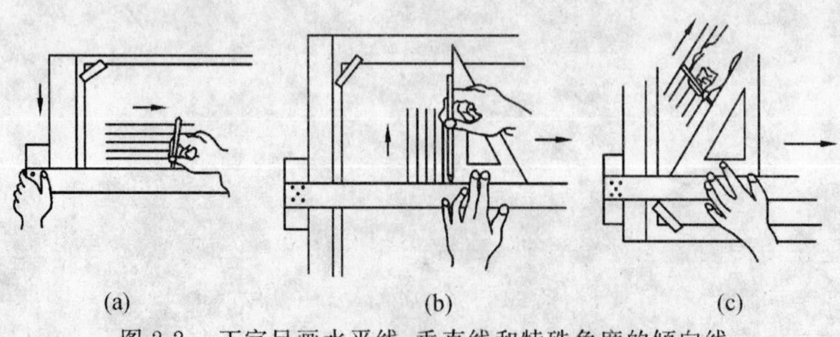

图2-2　丁字尺画水平线、垂直线和特殊角度的倾向线

特别应注意保护丁字尺的工作边，保证其平整光滑，不能用小刀紧靠尺身切割纸张。不用时应将丁字尺装在尺套内悬挂起来，防止压弯变形。

2.1.3　三角板

一副三角板有两块，一块是 45°等腰直角三角形，另一块是两锐角分别为 30°和 60°的直角三角形。三角板的大小规格较多，绘图时应灵活选用。一般宜选用板面略厚、两直角边有斜坡、边上有刻度或有量角刻线的三角板。

三角板应保持各边平直，避免碰、摔。

三角板与丁字尺配合使用，可画垂直线及与丁字尺工作边成 15°、30°、45°、60°、75°等各种斜线(见图 2-3)。两块三角板配合使用，能画出垂直线和各种斜线及其平行线，如图 2-4 所示。

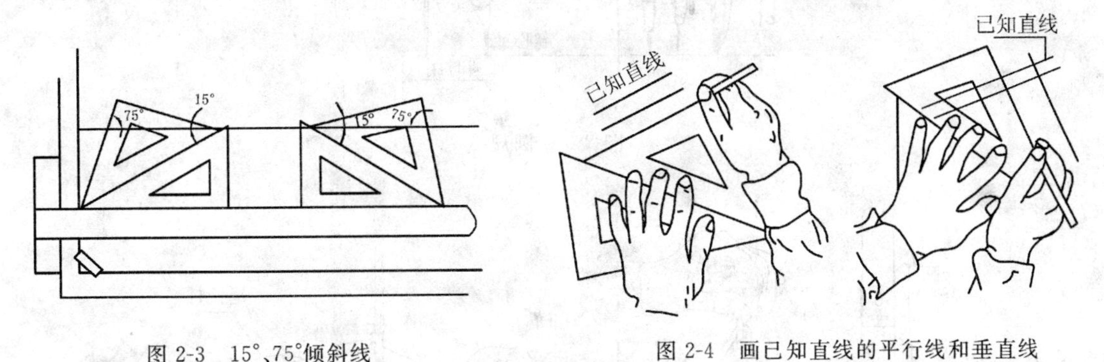

图 2-3　15°、75°倾斜线　　　　图 2-4　画已知直线的平行线和垂直线

2.1.4　分　规

分规是等分线段和量取线段的工具，两腿端部均装有固定钢针。使用时，要先检查分规两腿的针尖靠拢后是否平齐。用分规将已知线段等分时，一般应采用试分的方法，图 2-5 表示用分规等分线段的作图方法。

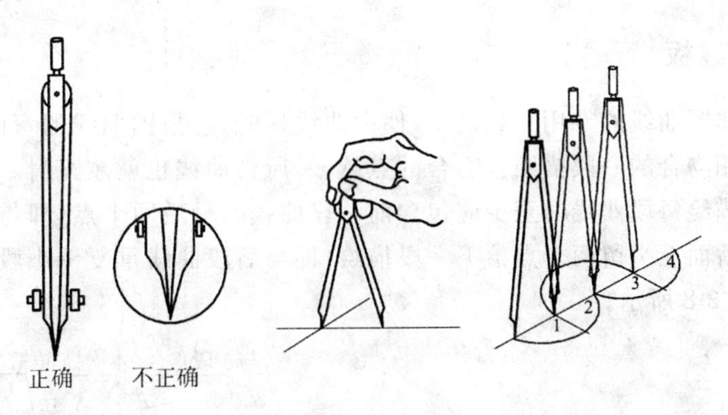

图 2-5　分规的调整与使用

2.1.5　圆　规

圆规是画圆和圆弧的工具，一条腿上安装针脚，另一条腿可装上铅芯、钢针、直线笔三种插脚(见图 2-6)。圆规在使用前应先调整针脚，使针尖稍长于铅笔芯或直线笔的笔尖，取好半径，对准圆心，并使圆规略向旋转方向倾斜，按顺时针方向从右下角开始画圆。画圆或圆弧都应一次完成，如图 2-7(a)和图 2-7(b)所示。若需画特大的圆或圆弧时，可加接长杆，如图 2-7(c)所示。

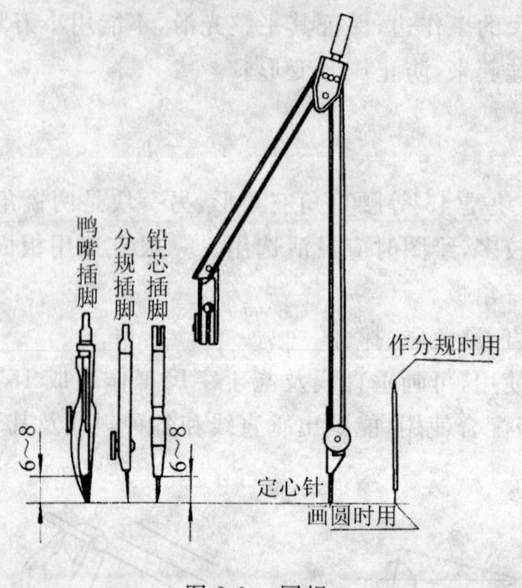

图 2-6 圆规

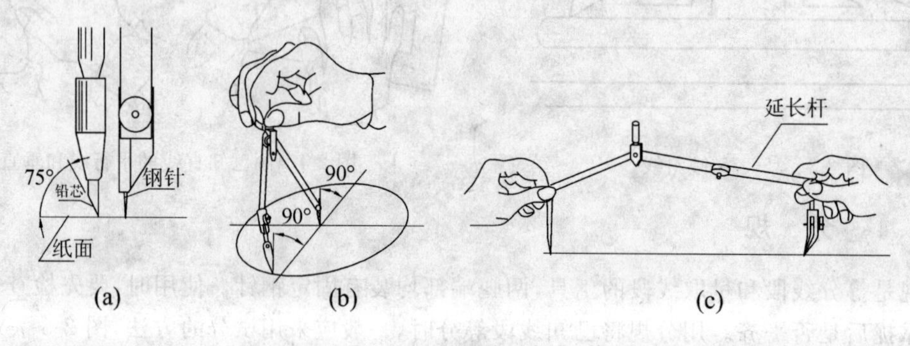

图 2-7 圆规的用法

2.1.6 曲线板

曲线板是画非圆曲线的专用工具之一，使用曲线板时，应根据曲线的弯曲趋势，从曲线板上选取与所画曲线相吻合的一段描绘。吻合的点越多，所得曲线也就越光滑。每描绘一段应不少于吻合四个点。描绘每段曲线时至少应包含前一段曲线的最后两个点（即与前段曲线就重复一小段），而在本段后面至少留两个点给下一段描绘（即与后段曲线重复一小段），这样才能保证连接光滑流畅，如图 2-8 所示。

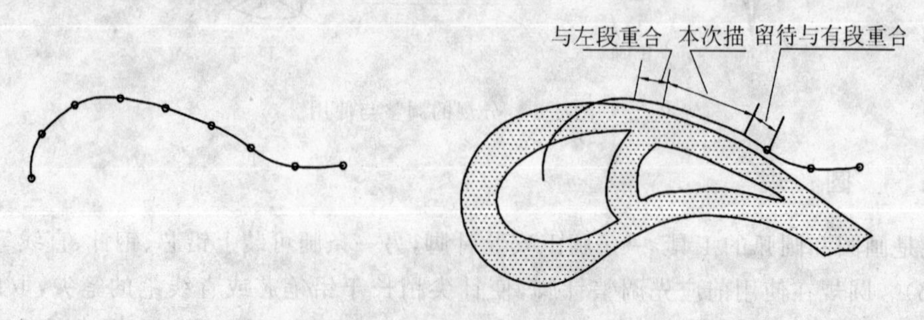

图 2-8 用曲线板画非圆曲线

2.1.7　绘图铅笔

绘图铅笔的铅芯有软硬之分，分别用字母 B 和 H 表示，B 前的数字越大表示铅芯越软；H 前的数字越大，表示铅芯越硬；HB 表示软硬适中。

铅笔应从没有标记的一端开始使用，以便保留标记，供使用时辨认。H 铅笔应削成圆锥形，削去约 30 mm 左右，铅芯露出约 6～8 mm。HB 铅笔铅芯可在砂纸上磨成圆锥形，B 铅笔的铅芯磨成四棱锥形(见图 2-9)，前者用来画底稿、加深细线和写字，后者用来描粗线。圆规上的铅芯的削法如图 2-10 所示。

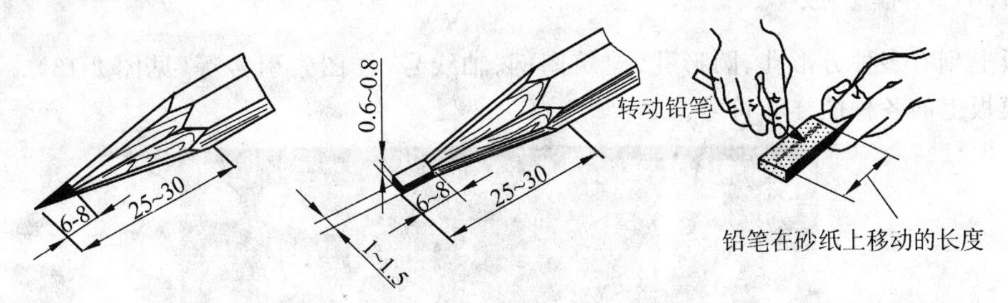

图 2-9　铅笔的铅芯磨成四棱锥形

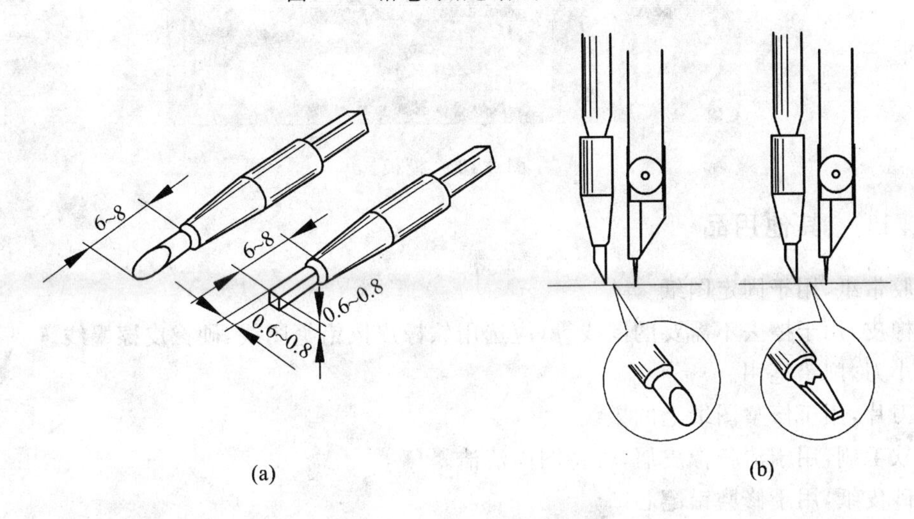

图 2-10　圆规上的铅芯的削法

2.1.8　擦线板

擦线板又称擦图片，是擦去制图过程不需要的图线的制图辅助工具。擦线板是由塑料或不锈钢制成的薄片。由不锈钢制成的擦线板因柔软性好，使用相对比较方便。使用擦线板时应注意：

(1)擦线条时，应用擦线板上适宜的缺口对准需要擦除的部分，并将不需擦除的部分盖住，用橡皮擦去位于缺口中的线条。

(2)用擦线板擦去稿线时，应尽量用最少的次数将其擦净，以免将图纸表面擦毛，影响制图质量(见图 2-11)。

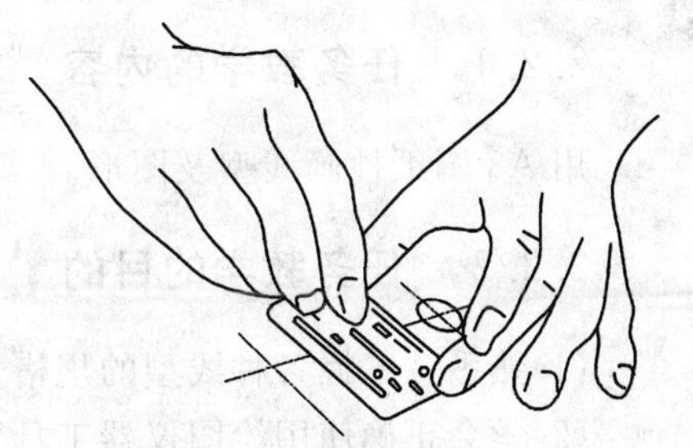

图 2-11　擦线板的用法

2.1.9 比例尺

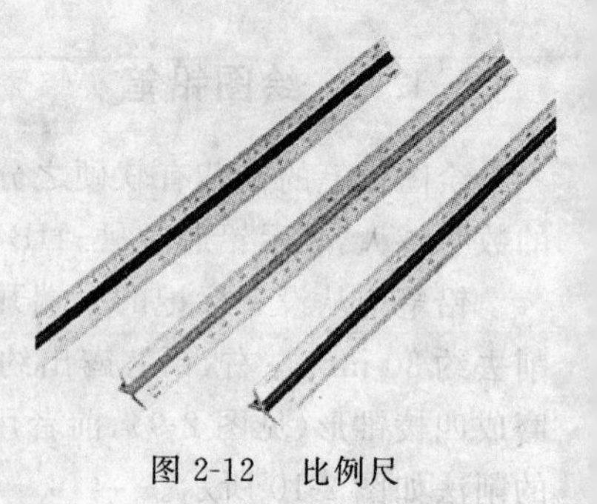
图 2-12 比例尺

比例尺又称三棱尺(见图 2-12)。尺上刻有几种不同比例的刻度,可直接用它在图纸上绘出物体按该比例的实际尺寸,不需计算。常用的比例尺一般刻有六种不同的比例刻度,可根据需要选用。绘图时千万不要把比例尺当做三角板用来画线。

2.1.10 模 板

模板上刻有多种方形孔、圆形孔、建筑图例、轴线号、详图索引号等(见图 2-13)。可用来直接绘出模板上的各种图样和符号。

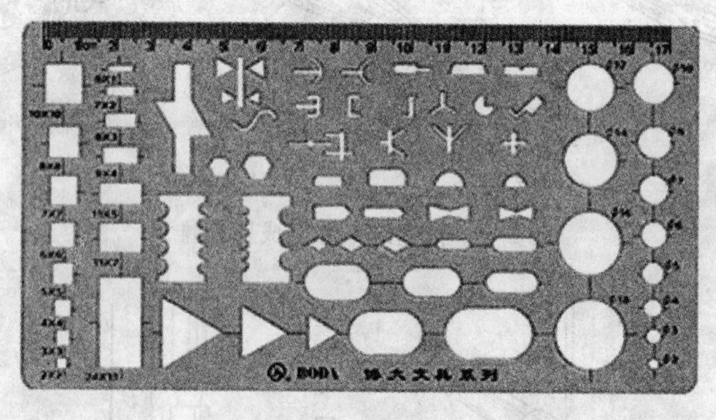
图 2-13 模板

2.1.11 其他用品

(1)胶带纸,用于固定图纸。

(2)橡皮,用于擦去不需要的图线等,应选用软橡皮擦铅笔图线,硬橡皮擦墨线。

(3)小刀,削铅笔用。

(4)刀片,用于修整图纸上的墨线。

(5)软毛刷,用于清扫橡皮屑,保持图面清洁。

(6)砂皮纸,用于修磨铅笔芯。

思考题:常用的制图仪器和工具有哪些?试述它们的组成、用途和使用、保管方法。

2.2 任务一 图线练习

2.2.1 任务教学的内容

用 A3 图纸抄画线型及图形。

2.2.2 任务教学的目的

(1)熟悉并掌握各种线型的规格及画法。

(2)学会正确使用绘图仪器工具。

(3)初步练习画图方法和步骤。

2.2.3 任务教学的要求

(1)遵守国家标准《技术制图与机械制图》中有关图幅、线型规定,不得任意变动。

(2)图线光滑均匀,同类图线粗细一致。

(3)图面整洁,字体工整,严肃认真,一丝不苟。

2.2.4 任务教学相关的基本知识点

图纸幅面代号为A0、A1、A2、A3、A4,如图2-14所示。基本幅面尺寸见表2-1。

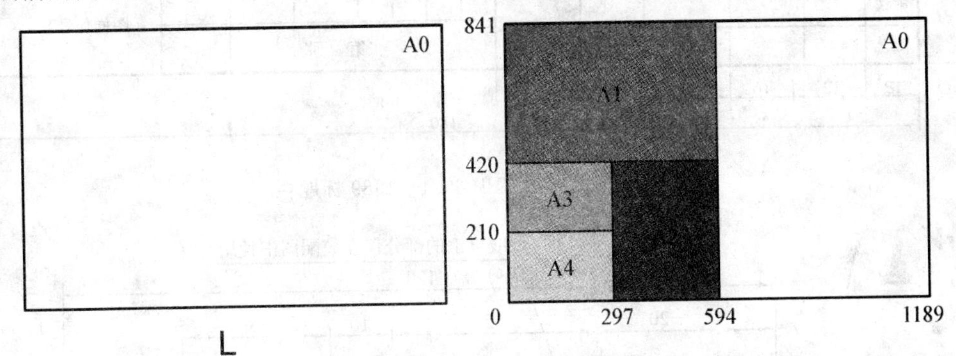

图2-14 A0、A1、A2、A3、A4图纸幅面

表2-1 基本幅面尺寸

幅面代号	A0	A1	A2	A3	A4
$B\times L$	841×1189	594×841	420×594	297×420	210×297
e	20		10		
c	10			5	
a	25				

图纸上限定绘图区域的线框称为图线框。必须用粗实线画出图线框,其格式有留装订边和不留装订边两种,如图2-15所示。

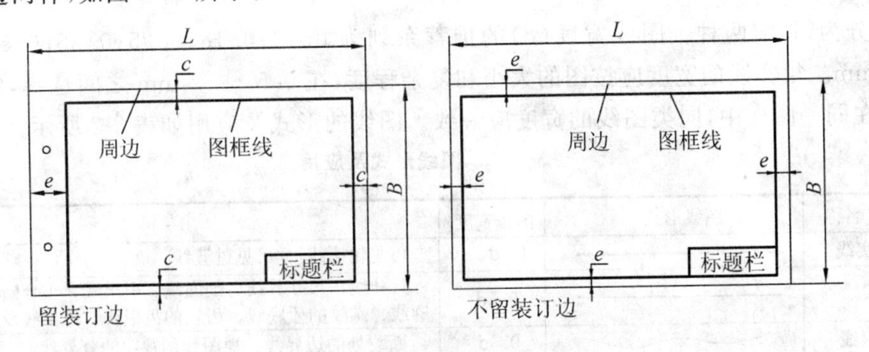

图2-15 图框格式

加长幅面图纸的图框尺寸,按所选用的基本幅面大一号的图框尺寸确定。例如A2×3的图框尺寸,按A1的图框尺寸确定,即e为20(或c为10),而A3×4的图框尺寸,按A2的图框尺寸确定,即e为10(或c为10)。

标题栏的位置应位于图纸的右下角(见图2-15)。标题栏的格式和尺寸由GB/T 1069.1—1989

规定，如图 2-16 所示。制图课学习期间将采用简化的标题栏，如图 2-17 所示。

标记	处数	分区	更改文件	签名	年、月、日	（材料标记）			（单位名称）
设计	（签名）	（日期）	标准化	（签名）	（日期）	阶段标记	重量	比例	（图样名称）
审核									（图样代号）
工艺			批准			共　张第　张			

10　10　16　16　12　16　26　12　12　56　20　10　9　9　18　12　12　16　12　12　16　180

图 2-16　GB/T 1069.1—1989 标题栏

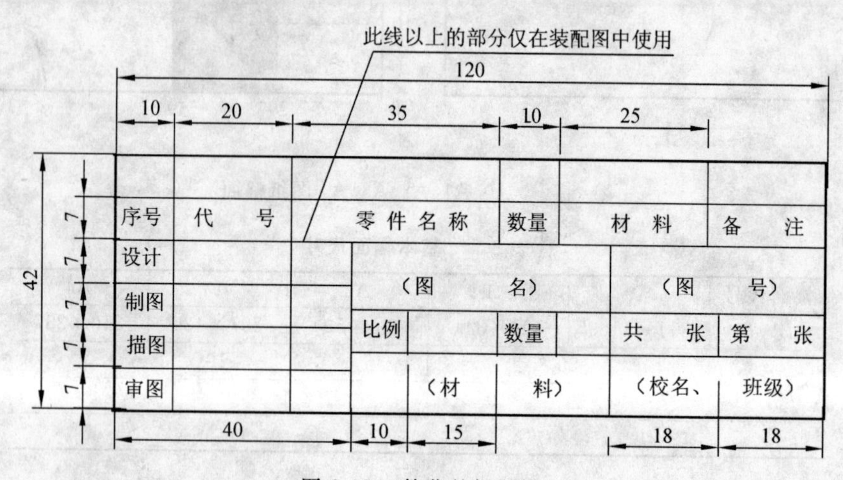

图 2-17　简化的标题栏

3. 线型及其应用

图线分为粗、细两种。图线宽度(d)的推荐系列为 0.13；0.18；0.25；0.35；0.5；0.7；1.0；1.4；2.0 mm。粗实线的宽度应按图的大小和复杂程度，在 0.5 ～ 2 mm 之间选择，细线的宽度约 d/2。在同一图样中，同类图线的宽度应一致。图线的形式及应用如表 2-2 所示。

表 2-2　图线形式及应用

图线名称	图线形式	图线宽度	应用举例
粗实线		d	可见轮廓线、可见过渡线
细实线		0.5d	尺寸线、尺寸界线、剖面线、引出线、重合断面的轮廓线、螺纹的牙底线、齿轮的齿根线、分界线及范围
波浪线		0.5d	断裂处的边界线、视图和剖视图的分界线
双折线		0.5d	断裂处的边界线、视图和剖视图的分界线
虚　线		0.5d	不可见轮廓线、不可见过渡线
点画线		0.5d	轴线、对称中心线、轨迹线、节圆、节线
双点画线		0.5d	相邻辅助零件的轮廓线、极限位置的轮廓线
粗点画线		d	有特殊要求的线或表面的表示线

2.2.5　任务教学的物资准备

(1)绘图室。

(2)丁字尺、图板、三角板、圆规、分规、铅笔、橡皮、图板、图纸等。

2.2.6　任务教学的学习指导

1.准备工作

绘图前的准备工作(见图 2-18)如下：

(1)将绘图工具、仪器和绘图桌擦拭干净，削磨好铅笔和铅芯。

(2)根据图形大小、复杂程度及数量选取标准比例和图幅。

(3)鉴别图纸正面，并将图纸固定在图板左下方适当位置。

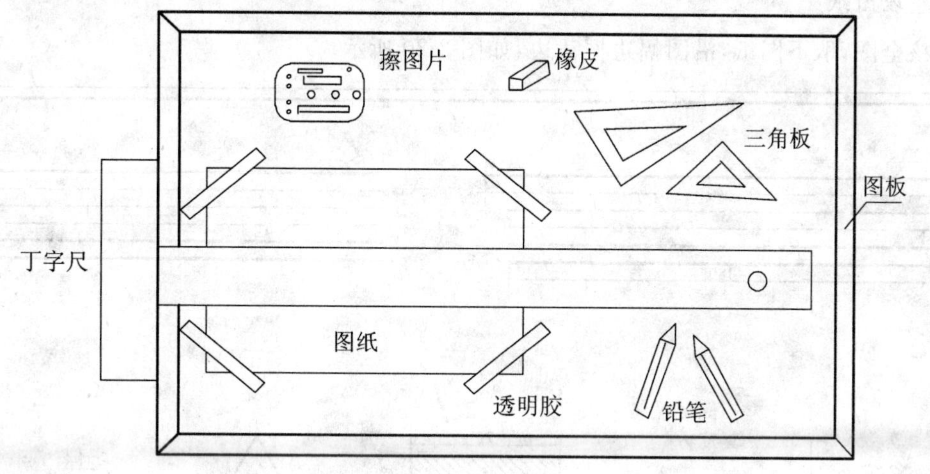

图 2-18　绘图前准备工作

2.布局

绘图区与图框线的间隔一般采用 30%，如图 2-19 所示。

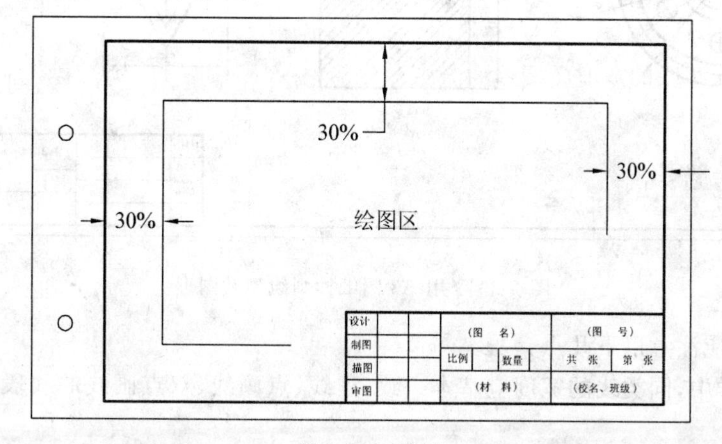

图 2-19　布局

3.画底稿

(1)用 2H 或 H 的铅笔画底稿，图线要画得细而浅。首先画各图形的基准线，如对称中心线等。

(2)画各图形的主要轮廓。

(3)画细节并完成全图底稿。

(4)画尺寸界线和尺寸线。

(5)检查并擦去多余作图线。

4. 加深

用 HB、B 铅笔描深，加深前应检查全图，改正错误，并擦去不需要的图线。描深时用力要均匀，应先描圆弧，后描直线，同类型图线一次描完。粗实线的宽度推荐采用 0.8～1 mm，画粗实线圆弧时，应将圆规换上比加深直线所用铅笔更软一号的铅芯，以保证圆弧的粗细、色度与直线一致。

5. 注写文本，填写标题栏内容

画箭头，注写尺寸数字，填写标题栏及其他文字。

6. 整理图纸

校核全图，取下图纸，沿图幅边框裁边，如图 2-20 所示。

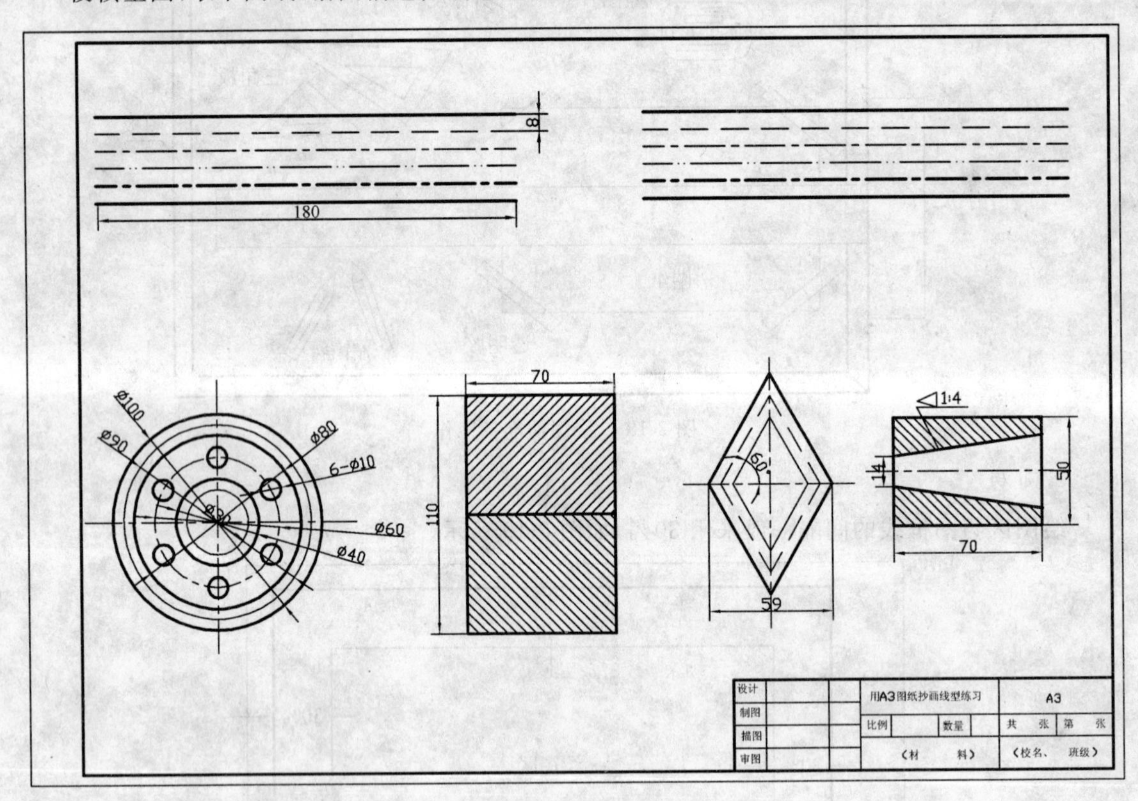

图 2-20　用 A3 图纸抄画线型及图形

图线的画法应注意以下几点：

(1)同一图样中，同类线的宽度应基本一致，虚线、点画线、双点画线的线段长度和间隔应大致相符。

(2)绘制圆的对称中心线时，应注意：

①应超出圆外 2～5 mm。

②首末两端应是线段而不是点。

③圆心是线段的交点。

④当绘制小圆的中心线有困难时，可由细实线代替点画线，如图 2-21 所示。

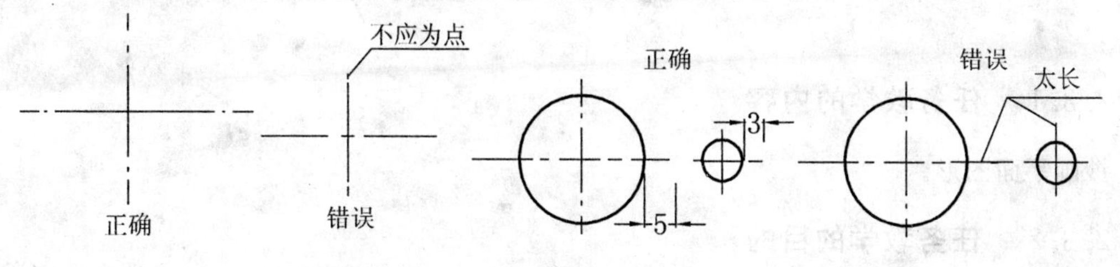

图 2-21　绘制圆的中心线

(3)虚线、点画线或双点画线和实线相交或它们自身相交时，应以“画线”相交，而不应为“点”或“间隔”，如图 2-22 所示。

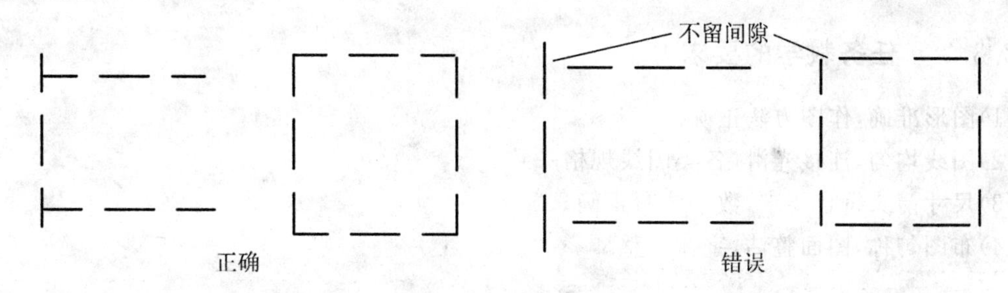

图 2-22　“点”线相交

(4)虚线、点画线或双点画线为实线的延长线时，不得与实线相连，如图 2-23 所示。

(5)图线不得与文字、数字或符号重叠、混淆。不可避免时，应首先保证文字、数字或符号清晰。当某些图线互相重叠时，应按粗实线、虚线、点画线的顺序只画前面的一种，如图 2-23 所示。

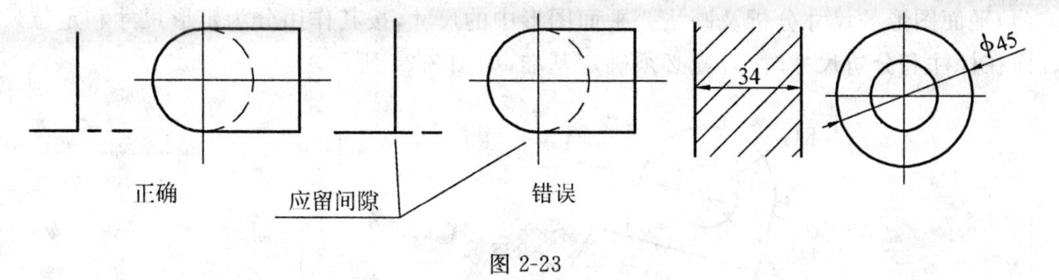

图 2-23

2.2.7　任务一考核

任务一考核内容如表 2-3 所示。

表 2-3　任务一考核内容

序　号	评定内容	应得分	应扣分	单项得分	备　注
1	图形正确	40			
2	线型正确	20			
3	数字、文字工整	10			
4	标题栏、图框	10			
5	图面清洁	5			
6	遵守纪律	10			
7	损害公物	5			
8	合　计	100			

2.3 任务二 抄画平面图形

2.3.1 任务教学的内容

抄画平面图形。

2.3.2 任务教学的目的

(1)学习平面图形的尺寸分析,掌握圆弧连接的作图方法。

(2)掌握画平面图形的方法和步骤。

(3)贯彻国家标准中规定的尺寸注法。

2.3.3 任务教学的要求

(1)图形准确,作图方法正确。

(2)图线均匀,连接光滑,各类图线规格一致。

(3)尺寸箭头符合要求,数字注写正确。

(4)布图匀称,图面整洁,字体工整。

2.3.4 任务教学相关的基本知识点

(1)制图工具和仪器的用法见 2.1 节。

(2)图纸幅面及格式见 2.2 节。

(3)线型及其应用见 2.2 节。

(4)平面图形的尺寸分析及画法。平面图形中的尺寸,按其作用分为定形尺寸和定位尺寸两类。而在标注和分析尺寸时,首先必须确定基准,如图 2-24 所示。

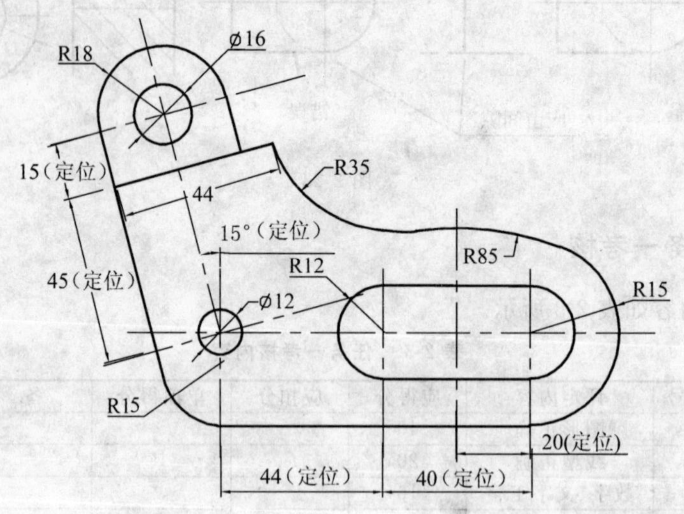

图 2-24 转动导架平面图形的尺寸和线段分析

①定形尺寸。确定组成平面图形的各个部分形状大小的尺寸,称为定形尺寸。如直线的长度、圆及圆弧的半径、角度大小等。

②定位尺寸。确定构成平面图形的各简单的几何图形中线段间相互位置的尺寸，称为定位尺寸。

③基准。标注尺寸的基点，称为尺寸基准。标注尺寸时应考虑基准，一般以图形的对称中心线、较大圆的中心线或图形中的较长直线作为尺寸基准。通常一个平面图形需要 X、Y 两个方向的基准。

④定形尺寸兼作定位尺寸。根据所标注的尺寸和组成图形的各线段间的关系，平面图形中的线段可以分为以下三种：

已知线段：定形尺寸、定位尺寸齐全，可以直接画出的线段。

中间线段：有定形尺寸，而定位尺寸不全，还需根据与相邻线段的一个连接关系才能画出的线段。

连接线段：只有定形尺寸，而无定位尺寸，需要根据两个连接关系才能画出的线段。

(5)平面图形的作图步骤：

①分析图形尺寸，确定画图顺序，画已知线段→中间线段→连接线段。

②分析图形，画出基准线，并根据定位尺寸画出定位线。

③画出已知线段，即那些定形尺寸、定位尺寸齐全的线段。

④画连接线段，即那些只有定形尺寸、定位尺寸不齐全或无定位尺寸的线段。（注：这些线段必须在已知线段画出之后，依靠它们和相邻线段的关系画出。）

⑤擦去不必要的图线，标注尺寸，按线型描深。

2.3.5　任务教学的物资准备

(1)绘图室。

(2)丁字尺、图板、三角板、圆规、分规、铅笔、橡皮、图板、图纸等。

2.3.6　任务教学的学习指导

(1)画出基准线，并根据定位尺寸画出作图定位线，如图 2-25(a)所示。

(2)画出已知直线，如图 2-25(b)所示。

(3)画出中间线段，如图 2-25(c)所示。

(4)画出连接线段，如图 2-25(d)所示。

(5)加深图线，标注尺寸，如图 2-25(e)所示。

以上平面图形的绘图步骤如图 2-25 所示。

在图 2-26、图 2-27、图 2-28 中任选一题，在 A3 图纸上按 1∶1 比例抄画平面图形。

2.2.7　任务二考核

任务二考核内容如表 2-4 所示。

表 2-4　任务二考核内容

序　号	评定内容	应得分	应扣分	单项得分	备　注
1	图形正确	40			
2	线型正确	20			
3	数字、文字工整	10			

续表 2-4

序　号	评定内容	应得分	应扣分	单项得分	备　注
4	标题栏、图框	10			
5	图面清洁	5			
6	遵守纪律	10			
7	损害公物	5			
8	合　计	100			

教师根据学生表现及习作，评出综合成绩，成绩等级分为：优（90 分以上）、良（75～89 分）、合格（60～74 分）和不及格（59 分以下）四等。

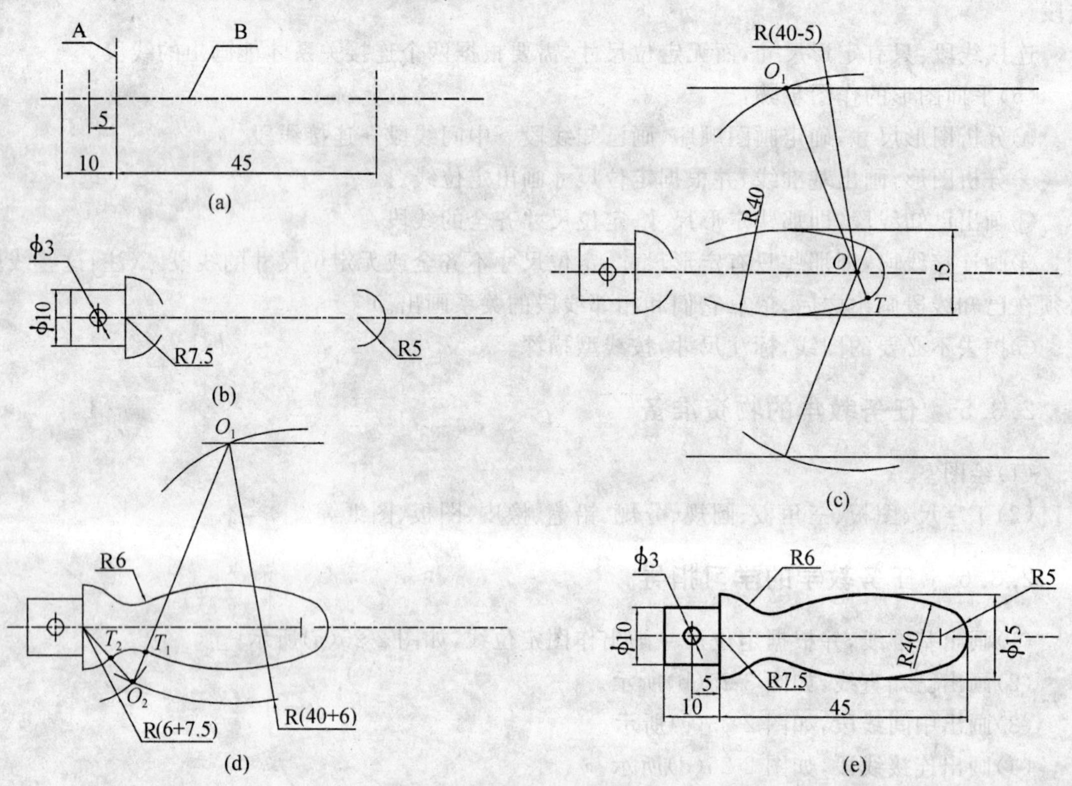

图 2-25　平面图形的绘图步骤

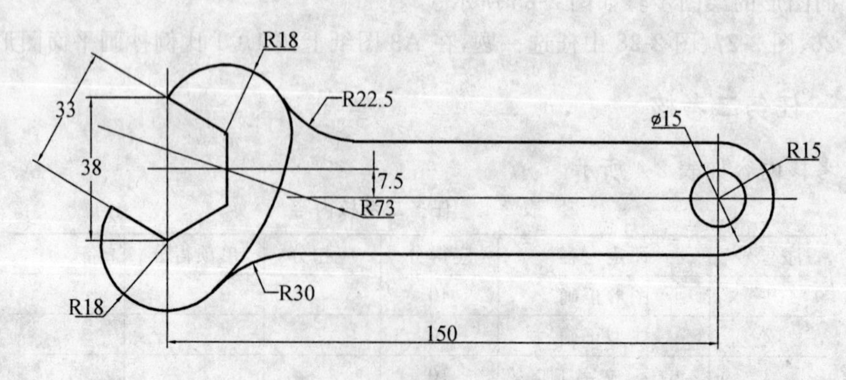

图 2-26

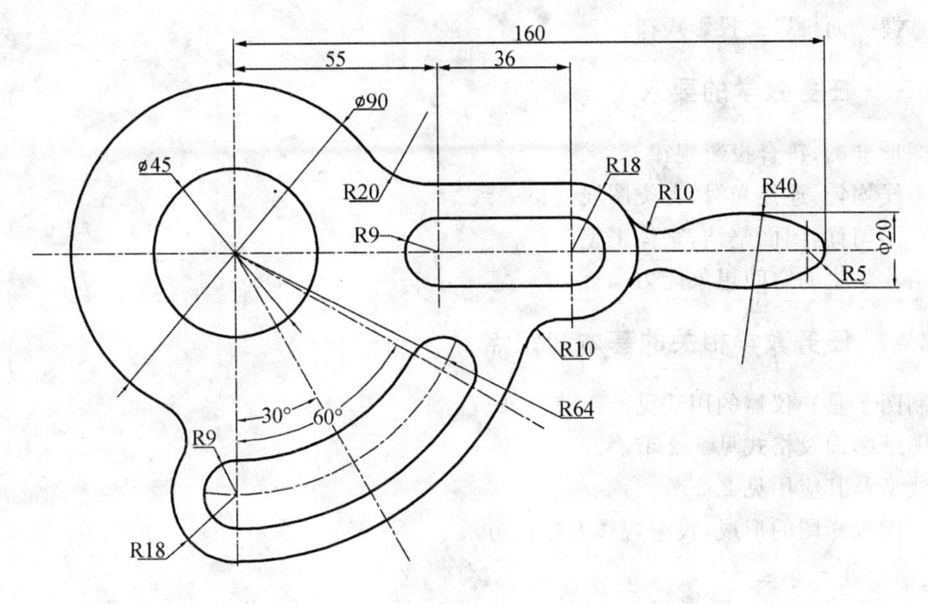

图 2-27

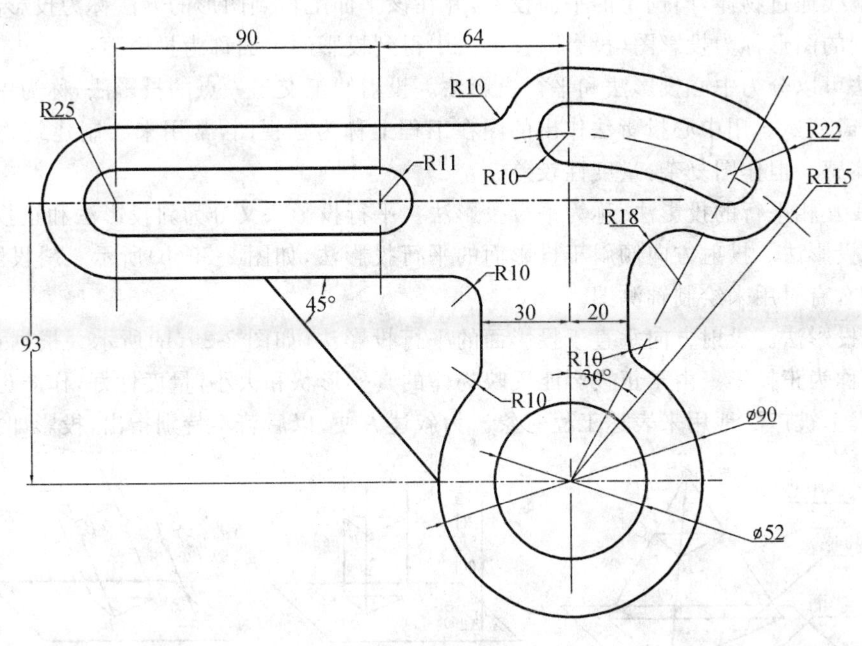

图 2-28

2.4　任务三　画三面投影

2.4.1　任务教学的内容

画三面投影。

2.4.2　任务教学的目的

(1)学习三面投影的形成,掌握三面投影的作图方法。

(2)掌握三面投影的投影规律。

2.4.3　任务教学的要求

(1)图形准确,符合投影规律。

(2)图线均匀,连接光滑,各类图线规格一致。

(3)布图匀称,图面整洁,字体工整。

(4)培养学生的空间想象能力。

2.4.4　任务教学相关的基本知识点

(1)制图工具和仪器的用法见 2.1 节。

(2)图纸幅面及格式见 2.2 节。

(3)线型及其应用见 2.2 节。

(4)三面投影图的形成,投影规律及作图方法。

1.投影法及其分类

将投射线通过物体,向选定的平面投射,并在该平面上得到图形的方法称为投影法。根据投影法所得到的图形称为投影图(投影);投影法中得到投影的平面称为投影面。

投影法可以分为中心投影法和平行投影法。投射线汇交于一点的投影法,称为中心投影法。如图 2-29(a)所示。用中心投影法作出的图在工程上称为透视图,常用来绘制建筑物外观,具有较强的立体感。但作图复杂,量度性较差。

投射线互相平行的投影法,称为平行投影法。平行投影法又分为斜投影法和正投影法。

(1)斜投影法。投射方向倾斜于投影面的平行投影法,如图 2-29(b)所示。斜投影法在工程上用得较少,有时用来绘制轴测图。

(2)正投影法。投射方向垂直于投影面的平行投影法,如图 2-29(b)所示。根据正投影法所得的图形,称为正投影。由于正投影能反映物体的真实形状和大小,量度性好,作图也比较方便,所以在工程上被广泛地用来表达工程对象。为叙述方便,以后若不特别指出,投影即指正投影。

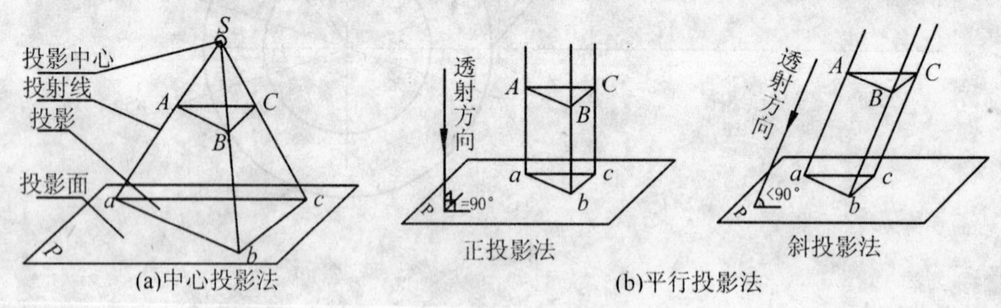

图 2-29　投影法及其分类

2.正投影的特性

(1)真实性。平面(或直线段)平行于投影面时,其投影反映实形(或实长)。这种投影性质称为真实性,如图 2-30(a)所示。

(2)积聚性。平面(或直线段)垂直于投影面时,其投影积聚为线段(或一点)。这种投影性质称为积聚性,如图 2-30(b)所示。

(3)类似性。平面(或直线段)倾斜于投影面时,其投影变小(或变短),但投影形状与原来形状相类似，平面多边形的边数保持不变，这种投影性质称为类似性，如图 2-30(c)所示。

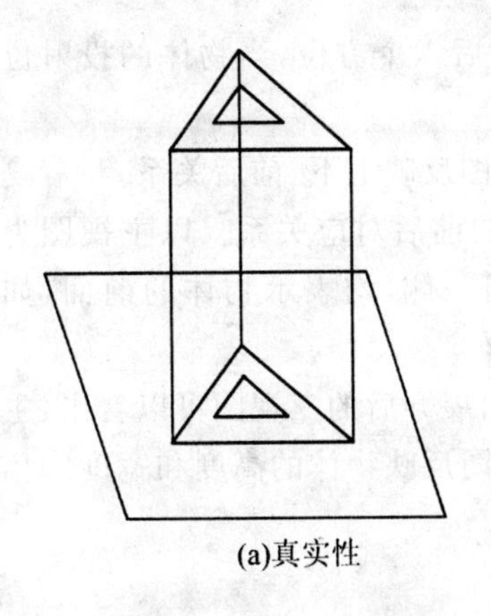

(a)真实性

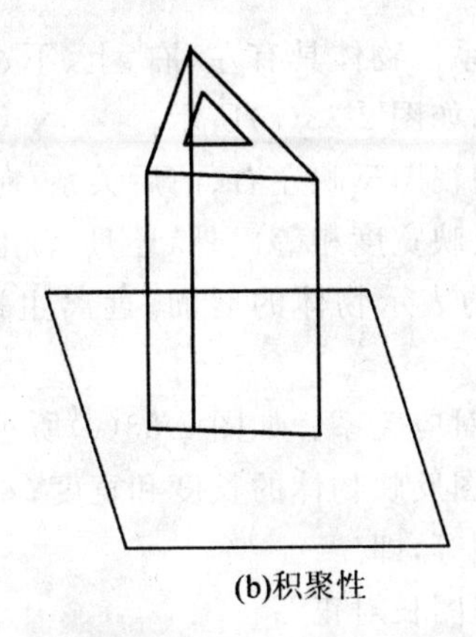

(b)积聚性

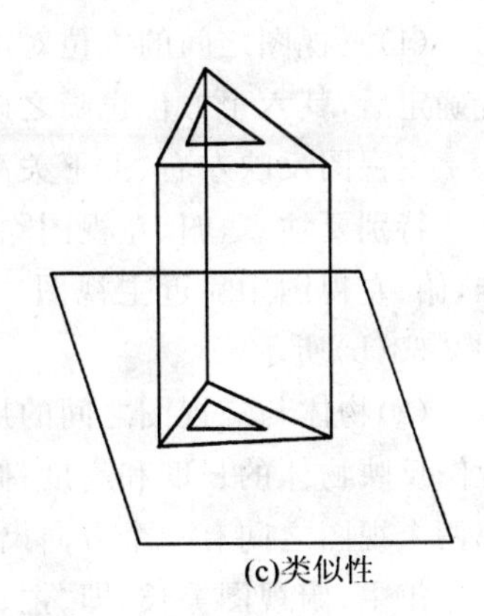

(c)类似性

图 2-30　正投影的特性

3. 三面投影面体系

三个投影面互相垂直，其中 V 表示正投影面；W 表示侧投影面；H 表示水平投影面。V、H 交线表示 OX 轴；H、W 交线表示 OY 轴；V、W 交线表示 OZ 轴，如图 2-31所示。

4. 三面投影的形成

将物体正放在三投影面体系中，用正投影法向三个投影面投影，就得到了物体的三面投影，也叫三视图。

(1)主视图。由前向后投射，在 V 面上所得的视图。

(2)俯视图。由上向下投射，在 H 面上所得的视图。

(3)左视图。由左向右投射，在 W 面上所得的视图，如图 2-32(a)所示。

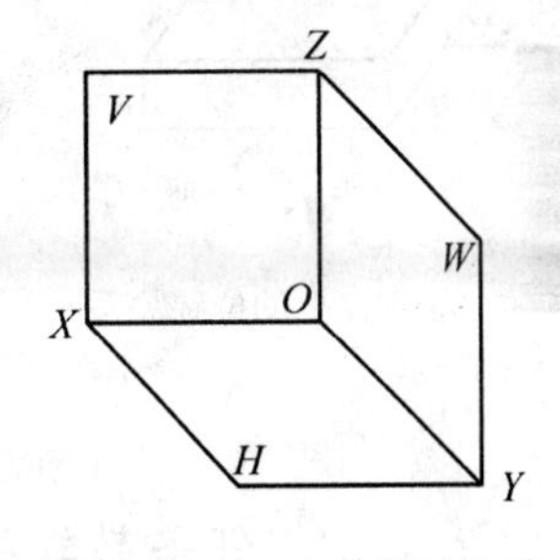

图 2-31　三面投影面体系

为了画图和看图方便，假想地将三个投影面展开、摊平在同一平面(纸面)上，并且规定：正面 V 不动；水平面 H 绕 OX 轴向下旋转 90°；侧面 W 绕 OZ 轴向右旋转 90°，如图 2-32(b)所示。

画图时，投影面的边框线和投影轴均不必画出，同时按上述方法展开，即按投影关系配置视图时，也不需要标明视图名称，最后得到的三视图如图 2-32(c)所示。

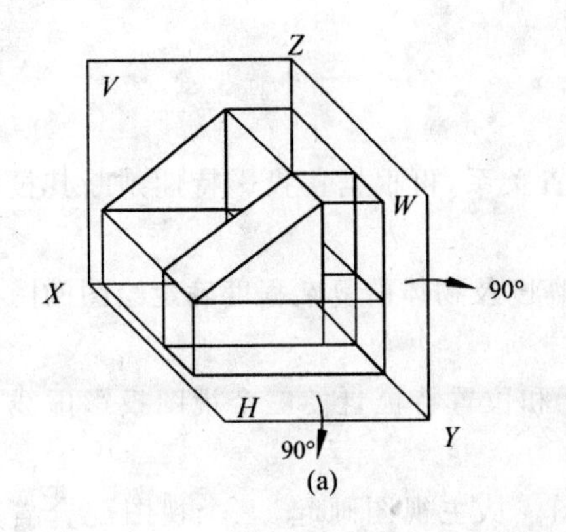

(a)

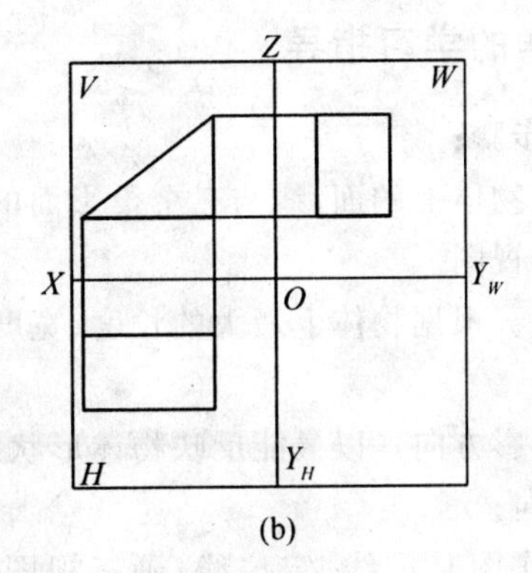

(b)

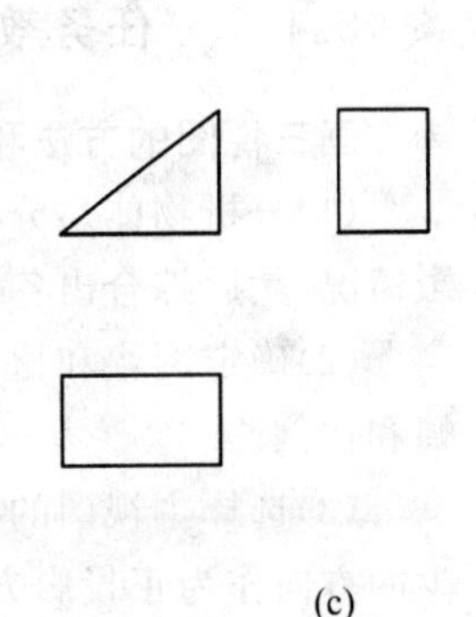

(c)

图 2-32　三视图的形成

5.三视图间的对应关系

(1)三视图之间的方位对应关系。物体具有左、右、上、下、前、后六个方位,当物体的投射位置确定后,其六个方位也随之确定,如图 2-33(a)所示。

主视图反映左右、上下关系;俯视图反映左右、前后关系;左视图反映上下、前后关系。

特别要注意,俯、左视图除了反映宽度相等以外,还具有相同的前后对应关系。以主视图为准,俯、左视图中靠近主视图一侧均表示物体的后面;远离主视图一侧,均表示物体的前面,如图 2-33(b)所示。

(2)物体与三视图之间的尺寸对应关系。如图 2-33(c)所示,由展开后的三视图可以看出:主视图反映物体的长度和高度;俯视图反映物体的长度和宽度;左视图反映物体的高度和宽度。相邻两个视图之间有一个方向尺寸相等,即

①主、俯视图等长,即“主、俯视图长对正”;

②主、左视图等高,即“主、左视图高平齐”;

③俯、左视图等宽,即“俯、左视图宽相等”。

三视图之间存在的“三等”尺寸关系,不仅适用于整个物体,也适用于物体的局部。

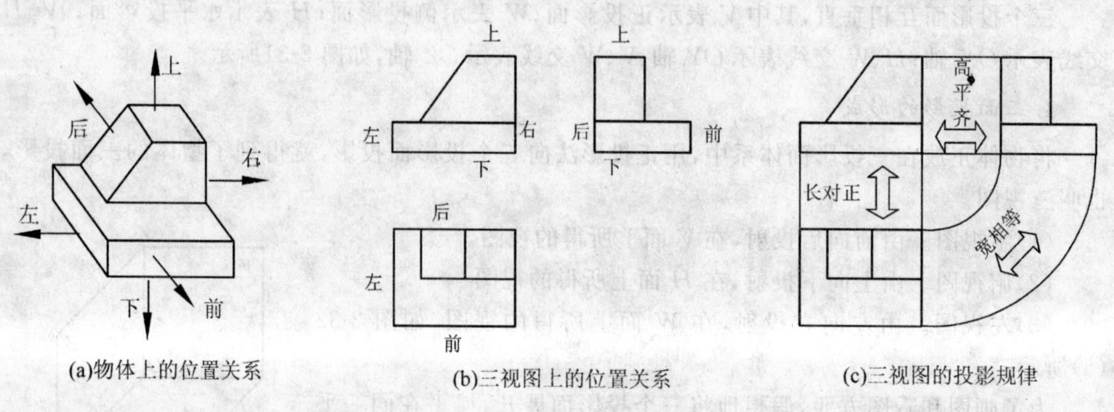

图 2-33 三视图间的对应关系

2.4.5 任务教学的物资准备

(1)绘图室。

(2)丁字尺、图板、三角板、圆规、分规、铅笔、橡皮、图板、图纸等。

2.4.6 任务教学的学习指导

画三视图的方法和步骤:

(1)分析物体。分析物体上的面、线与三个投影面的位置关系,再根据正投影特性判断其投影情况,然后综合出各个视图。

(2)确定图幅和比例。根据物体上最大的长度、宽度和高度及物体的复杂程度确定绘图的图幅和比例。

(3)选择主视图的投影方向。以最能反映物体形状特征和位置特征且使三个视图投影虚线少的方向作为正投影方向。

(4)布图、画底图。作图基准线、定位线;画三视图底图。从主视图画起,三个视图配合着画图。

(5)检查、修改底图。

(6)加深图线,完成三视图,如图 2-34 所示。

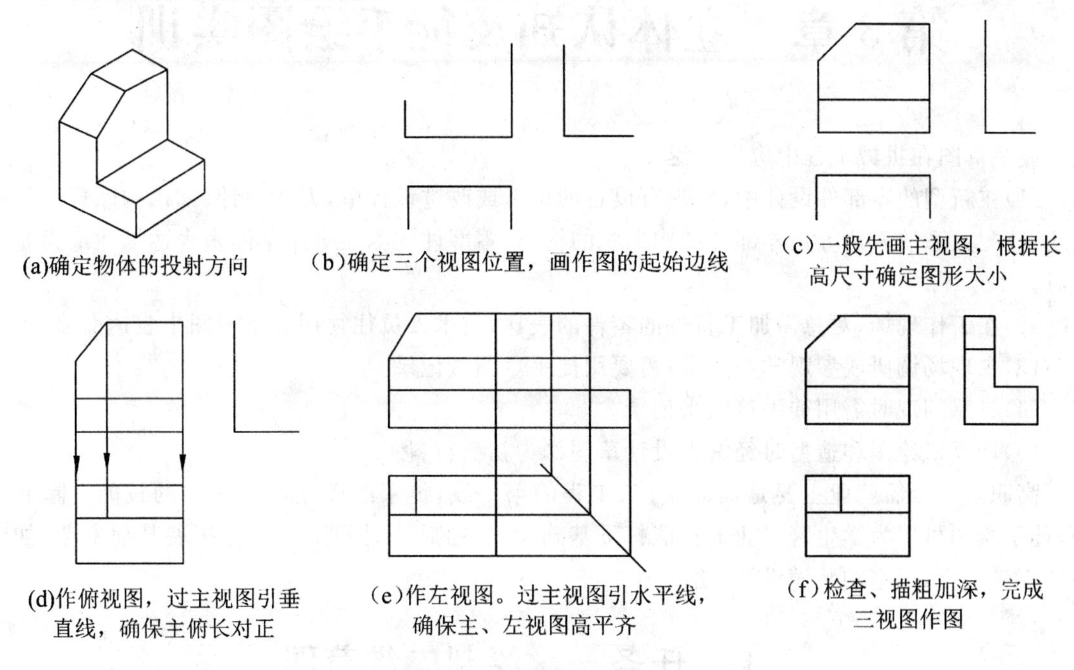

图 2-34　三视图的具体步骤

2.4.7　任务三考核

教师根据学生表现及习作,评出综合成绩,成绩等级分为:优(90 分以上)、良(75～89 分)、合格(60～74 分)、不及格(59 分以下)四等(见表 2-5)。

表 2-5　任务三考核内容

序　号	评定内容	应得分	应扣分	单项得分	备　注
1	符合投影关系	40			
2	图形正确	20			
3	线型正确	10			
4	标题栏、图框	10			
5	图面清洁	5			
6	遵守纪律	10			
7	损害公物	5			
8	合　计	100			

第3章　立体认知及徒手绘图实训

徒手草图在机械工程中应用广泛：

(1)在新型的零部件设计中，对现有设备的仿造或改进设计中，方案设计(如机构原理简图的表达、装配关系的表达等)、零部件结构形状的构思、零部件的测绘等用草图来表达描述最为方便省时。

(2)在工作现场，对急需加工备件的零件的表达，技术人员往往用徒手草图来表达交流。

(3)在现场调研或参观学习技术，需要用徒手草图做记录。

(4)灵感闪现时需用徒手草图来记录。

(5)计算机绘图和造型时经常把设计草图作为初始材料。

高职学生今后就业主要是面向生产、工程的第一线，徒手绘图是必不可少的技能。除此之外，徒手绘图可以为学生跨专业的技能打下基础，学生在后续时间里可自行拓展其他专业，如产品的广告设计，居室的装潢设计、绘图等。

3.1　任务一　绘制二维草图

3.1.1　任务教学的内容

徒手绘制平面草图。

3.1.2　任务教学的目的

掌握徒手绘图的基本要领。

3.1.3　任务教学的要求

快、准、好，即画图速度快，目测比例要准，图面质量要好。

3.1.4　任务教学相关的基本知识点

徒手绘制的图样称为草图，它是不借助绘图工具、用目测来估计物体的形状和大小、徒手绘制的图样。绘制草图是一项很有实用价值的基本技能。

1. 目测的方法

(1)在画中、小型物体时，可用铅笔直接放在物体上测定各部分的大小，然后画出草图。

(2)在画较大物体时，用手握铅笔进行目测度量，在目测时，人位置保持不动，握铅笔的手要伸直，人和物的距离大小应根据所需图形的大小确定，保持物体各部分的比例。

2. 握笔的方法

手握笔的位置要比用绘图仪绘图时高一些，以利于运笔和观察目标。笔杆与纸面成45°～60°，持笔稳而有力。一般选用HB或B的铅笔，用印有方格的图纸绘图。

3. 徒手直线的画法

画直线时，握笔的手要放松，手腕靠着纸面，沿着画线的方向移动，眼睛注意线的终点方向，便于控制图线。

画水平线时，图纸可放斜一点，将图纸转动到画线最为顺手的位置。画垂直线时，自上而下运笔。画斜线时可以转动图纸到便于画线的位置。画短线，常用手腕运笔，画长线则用手臂动作，如图 3-1 所示。

图 3-1　徒手画直线

4. 徒手圆及圆弧的画法

画圆时，先定出圆心的位置，过圆心画出互相垂直的两条中心线，再在对称中心线上距圆心等于半径处目测截取四点，过四点分段画成。画稍大的圆时，可加画一对十字线，并同时截取 4 点，过 8 点画圆，如图 3-2 所示。

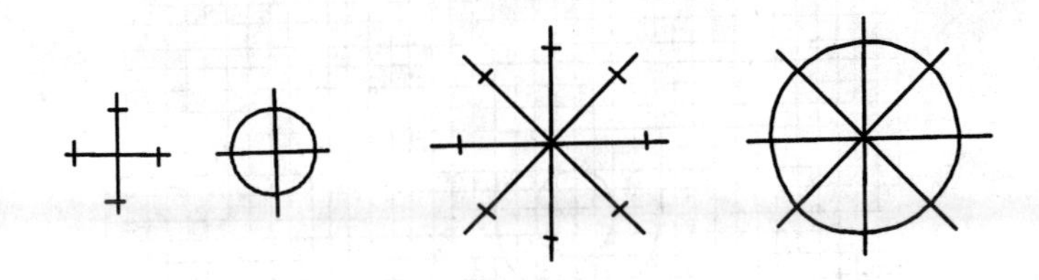

图 3-2　徒手画圆及圆弧

5. 曲线的画法

画圆弧、椭圆等曲线时，尽量利用其与正方形、长方形、菱形相切的特点，同样用目测定出曲线上若干点，光滑连接即可，如图 3-3 所示。

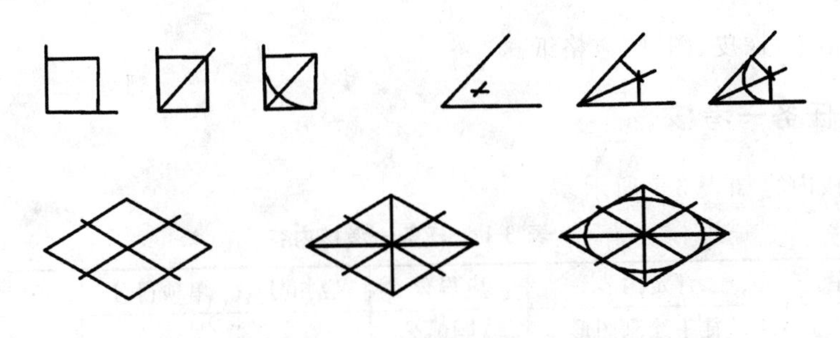

图 3-3　徒手曲线

6. 角度的画法

画 30°、45°、60°等特殊角度时，可利用两直角边的比例关系近似地画出，如图 3-4 所示。

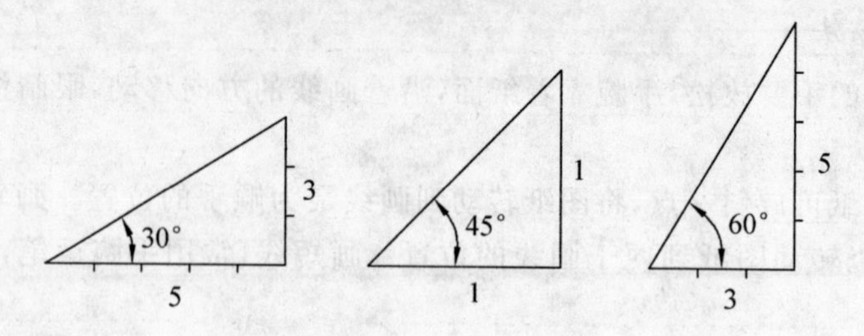

图 3-4 特殊角度的画法

7.复杂图形画法

当遇到较复杂形状时，采用勾描轮廓和拓印的方法。如果平面能接触纸面时，用色描法，直接用铅笔沿轮廓画出线来。

当然还可以利用方格纸绘制草图，如图 3-5 所示。

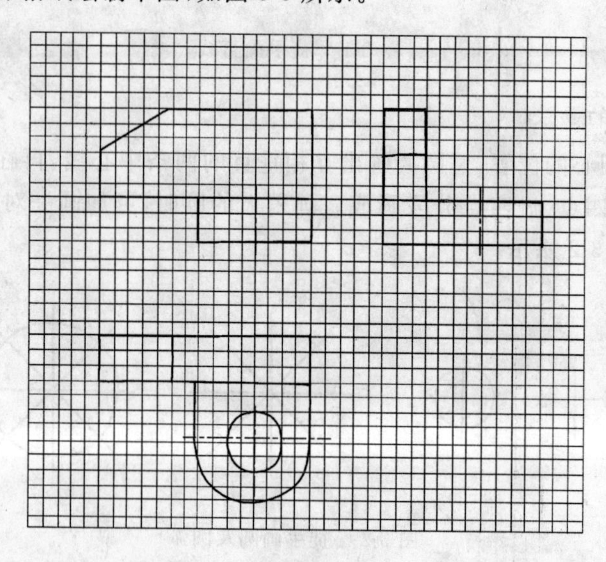

图 3-5 利用方格纸绘制草图

3.1.5 任务教学的物资准备

(1)绘图室。

(2)图板、铅笔、橡皮、图纸、方格纸。

3.1.6 任务一考核

任务一考核内容如表 3-1 所示。

表 3-1 任务一考核内容

序 号	评定内容	应得分	应扣分	单项得分	备 注
1	徒手绘制图形	40			
2	线型分明	20			
3	数字、文字端正	10			
4	比例匀称	10			

续表 3-1

序 号	评定内容	应得分	应扣分	单项得分	备 注
5	图面整洁	10			
6	遵守纪律	5			
7	损害公物	5			
8	合 计	100			

练习:草图绘制:直接在图 3-6 中量取(数值取整),标注尺寸。

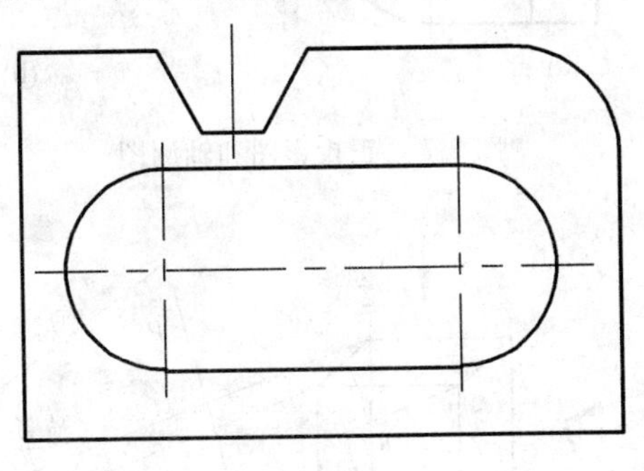

图 3-6

3.2 任务二 徒手绘制简单平面基本体的正等轴测图

3.2.1 任务教学的内容

徒手绘制平面基本体以及简单截切的基本体的平面正等轴测图。

3.2.2 任务教学的目的

掌握徒手绘制正等轴测图的基本要领。

3.2.3 任务教学的要求

快、准、好,即画图速度快,目测比例要准,图面质量要好。

3.2.4 任务教学相关的基本知识点

1.轴测图的概述

如图 3-7(a)所示是物体的正投影图,它能确切地表示物体的形状,且作图简单,但由于缺乏立体感,对没有读图能力的人来说,不容易想象出物体的形状。

如图 3-7(b)所示是同一物体的轴测图,它的优点是富有立体感,缺点是产生变形,不能确切地表示物体的真实大小,且作图较复杂,所以只能作为辅助图样使用。

2.轴测图的形成

图 3-8 表示物体的正投影图和轴测图的形成方法。

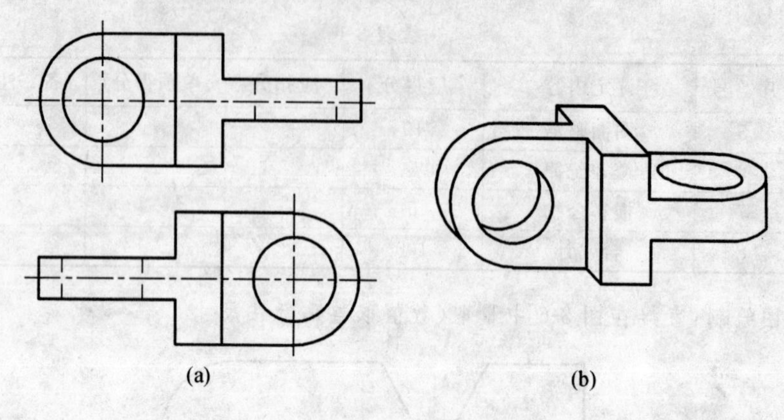

图 3-7　正投影图和轴测图

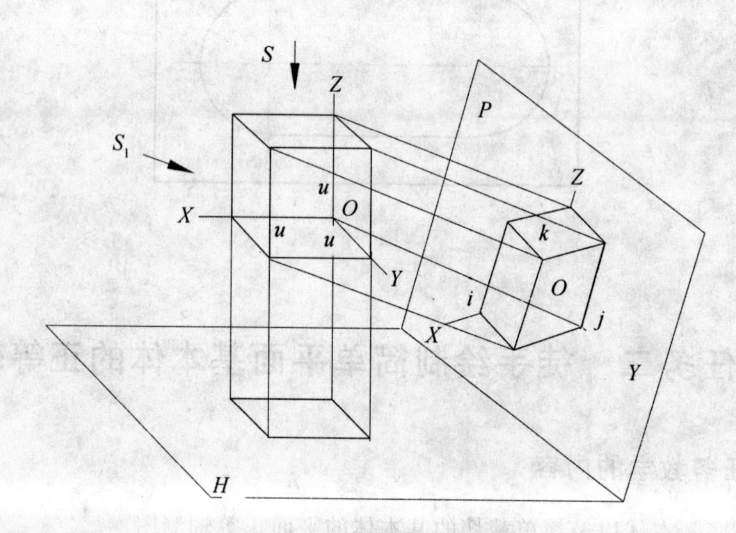

图 3-8　轴测图的形成方法

如图 3-8 所示，假如以垂直于投影面 H 的 S 为投射方向，用平行投影法将物体向 H 面投射所得到的投影图为正投影图，它只表示出 X、Y 两个坐标方向，立体感较差。假如将物体连同其直角坐标系，沿不平行于任一坐标平面的方向 S_1，用平行投影法将其投射在单一投影面上所得到的图形，称为轴测图。

图中的平面 P 称为轴测投影面。空间直角坐标轴 OX、OY、OZ 在轴测投影面上的投影称为轴测投影轴，简称轴测轴。轴测图中，任意两直角坐标轴在轴测投影面上的投影之间的夹角称为轴间角。直角坐标轴的轴测投影的单位长度与相应直角坐标轴上的单位长度的比值为轴向伸缩系数。在图 3-8 中，设 u 为直角坐标轴上的单位长度，i、j、k 为相应直角坐标轴的轴测投影的单位长度，则 i、j、k 与 u 的比值分别为 OX、OY、OZ 轴的轴向伸缩系数，并以 $p = i / u$，$q = j / u$，$r = k / u$ 表示 OX、OY、OZ 轴的轴向伸缩系数。

3. 轴测图的基本特性

由于轴测图是由平行投影得到的一种投影图，它具有以下平行投影的特性：

(1)直线的投影一般为直线，特殊情况下积聚为点。

(2)点在直线上，则点的轴测投影仍在该直线的轴测投影上，且点分该直线的比值不变。

(3)空间平行的线段，其轴测投影仍平行，且长度比不变。

由以上平行投影的投影特性可知，当点在坐标轴上时，该点的轴测投影一定在该坐标轴的轴测投影上；当线段平行于坐标轴时，该线段的轴测投影一定平行于该坐标轴的轴测投影，且该线段的轴测投影与其实长的比值等于相应轴向伸缩系数。

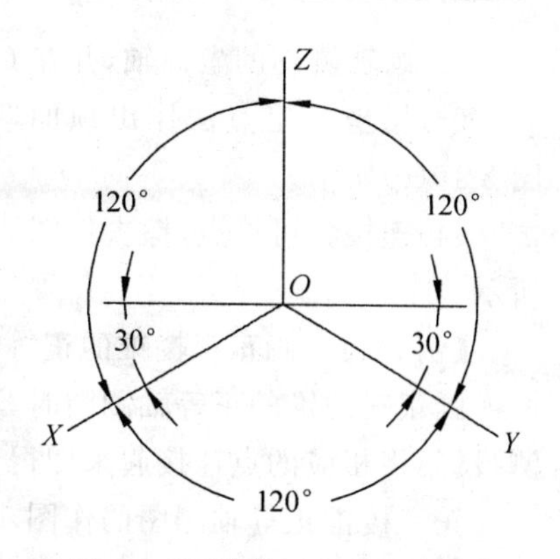

图 3-9　正等轴测图的轴间角

3. 正等轴测图的轴间角和轴向伸缩系数

(1)轴间角。正等轴测图的轴间角为120°，即$\angle XOY=\angle XOZ=\angle YOZ$。正等轴测图中的坐标轴如图3-9所示，一般使$OZ$处于铅直位置，$OX$、$OY$分别与水平线成30°。

(2)轴向伸缩系数。根据计算，正等轴测图的轴向伸缩系数为$p=q=r=0.82$。为了作图方便，常采用简化轴向伸缩系数$p=q=r=1$。用简化轴向伸缩系数画的正等测图，其形状不变，只是三个轴向尺寸比用轴向伸缩系数为0.82所画的正等轴测图放大$1/0.82\approx1.22$倍。

3.2.5　任务教学的物资准备

(1)绘图室。

(2)图板、铅笔、橡皮、图纸、方格纸。

3.2.6　任务教学的学习指导

1. 平面立体的正等轴测图

画平面立体的轴测图时，最基本的方法是坐标定点法。根据物体形状的特点，选定恰当的坐标轴及坐标原点，再按物体上各点的坐标关系画出各点的轴测投影，连接各点的轴测投影即为物体的轴测图，这样的方法称为坐标定点法。现举例说明平面立体正等轴测图的画法。

【例3-1】　画正六棱柱的正等轴测图。

画正六棱柱的正等轴测图时，可用坐标定点法作出正六棱柱上各顶点的正等轴测投影，将相应的点连接起来即得到正六棱柱的正等轴测图。为了图形清晰，轴测图上一般不画不可见轮廓线。

正六棱柱正等轴测图的作图步骤如下：

(1)在正投影图中选择顶面中心O作为坐标原点，并确定坐标轴，如图3-10(a)所示。

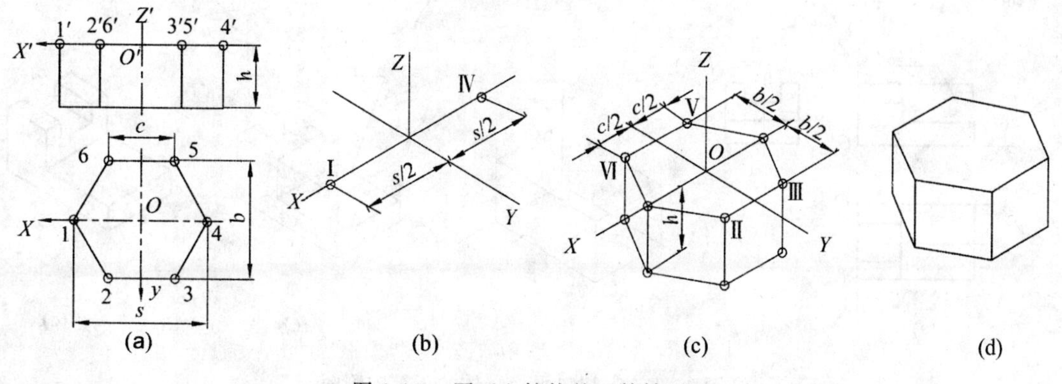

图 3-10　画正六棱柱的正等轴测图

(2)画轴测图的坐标轴，并在 OX 轴上取两点Ⅰ、Ⅳ，使 OⅠ$=O$Ⅳ$=s/2$，如图 3-10(b)所示。

(3)用坐标定点法作出顶面四点Ⅱ、Ⅲ、Ⅴ、Ⅵ，再按 h 作出底面各可见点的轴测投影，如图 3-10(c)所示。

(4)连接各可见点，擦去作图线，加深可见棱线，即得正六棱柱的正等轴测图，如图 3-10(d)所示。

【例 3-2】 画正三棱锥的正等轴测图。

画正三棱锥的正等轴测图时，可用坐标定点法作出正三棱锥上 S、A、B、C 四顶点的正等轴测投影，将相应的点连接起来即得到正三棱锥的正等轴测图。

正三棱锥正等轴测图的作图步骤如下：

(1)在正投影图中，选择顶点 B 作为坐标原点 O，并确定坐标轴，如图 3-11(a)所示。

(2)画轴测图的坐标轴，并在 OX 轴上直接取 A、B 两点，使 $OA=ab$，再按 C_X、C_Y 确定 C，按 S_X、S_Y、S_Z 确定 S，如图 3-11(b)所示。

(3)连接 S、A、B、C 点，擦去作图线，加深可见棱线，即得正三棱锥的正等轴测图，如图 3-11(c)所示。

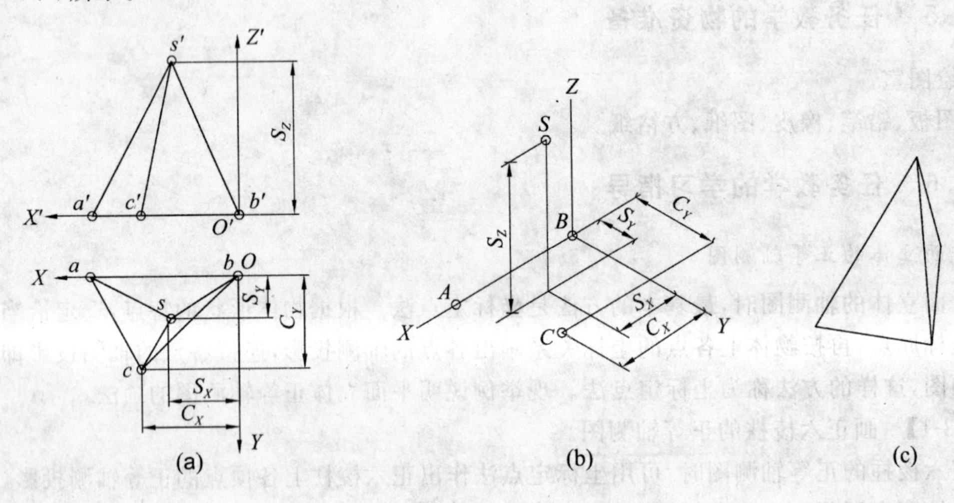

图 3-11　画正三棱锥的正等轴测图

【例 3-3】 画带切口平面立体的正等轴测图。

图 3-12(a)是一带切口平面立体的正投影图，可以把它看成是一完整的长方体被切割掉Ⅰ、Ⅱ两部分。

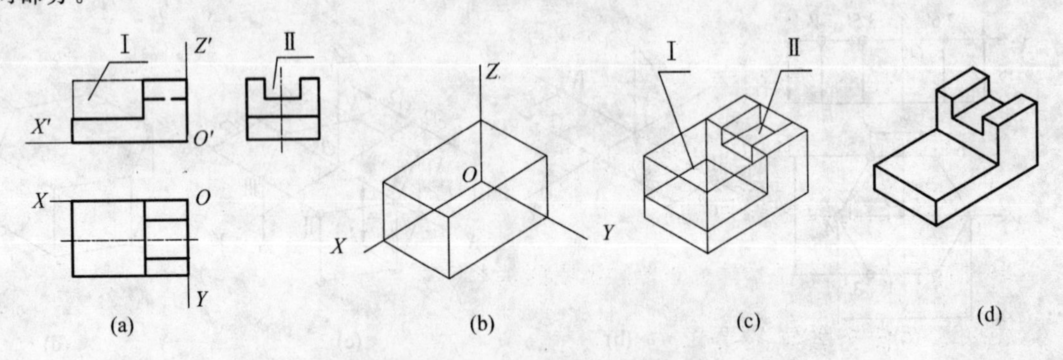

图 3-12　带切口平面立体的正等轴测图

根据该平面立体的形状特征，画图时可先按完整的长方体来画，如图 3-12(b)所示；再画被切去Ⅰ、Ⅱ两部分的正等轴测图，如图 3-12(c)所示；最后擦去被切割部分的多余作图线，加深可见轮廓线，即得到平面立体的正等轴测图，如图 3-12(d)所示。

3.2.7　任务二考核

任务二考核内容如表 3-2 所示。

表 3-2　任务二考核内容

序　号	评定内容	应得分	应扣分	单项得分	备　注
1	徒手绘制图形	50			
2	线型分明	10			
3	数字、文字端正	10			
4	比例匀称	10			
5	图面整洁	10			
6	遵守纪律	5			
7	损害公物	5			
8	合　计	100			

练习：已知棱柱的投影如图 3-13 所示，绘制棱柱的正等轴测图。

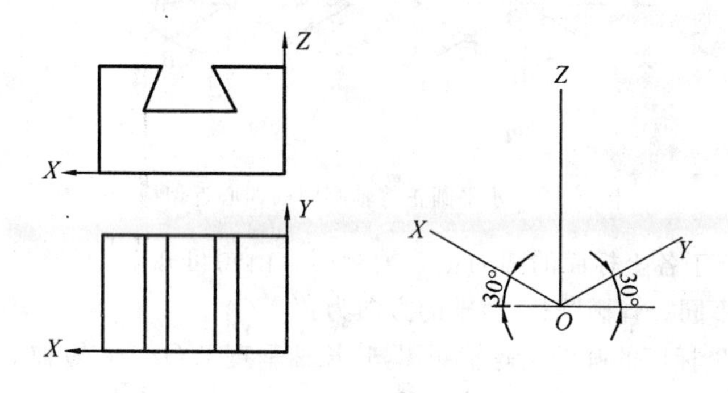

图 3-13　棱柱的投影

3.3　任务三　徒手绘制曲面基本体的正等轴测图

3.3.1　任务教学的内容

徒手绘制曲面基本体的正等轴测图。

3.3.2　任务教学的目的

掌握徒手绘制曲面基本体的正等轴测图的基本要领。

3.3.3　任务教学的要求

快、准、好，即画图速度快，目测比例要准，图面质量要好。

3.3.4　任务教学相关的基本知识点

(1)正等轴测图的基本知识参考第 3 章“3.2.4 任务教学相关的基本知识点”。

(2)平行于坐标面的圆的正等轴测图。平行于坐标面的圆，其轴测图是椭圆。画图方法有坐标定点法和四心近似椭圆画法。由于坐标定点法作图较繁琐，所以常用四心近似椭圆画法。

四心近似椭圆画法，是用光滑连接的四段圆弧代替椭圆。作图时需要求出这四段圆弧的圆心、切点及半径。下面以图 3-14(a)的水平圆为例说明四心近似椭圆画法的作图步骤。

①以圆心 O 为坐标原点，OX、OY 为坐标轴，作圆的外切正方形，a、b、c、d 为四个切点，如图 3-14(a)所示。

②在 OX、OY 轴上，按 $OA=OB=OC=OD=d_1/2$ 得到四点，并作圆外切正方形的正等轴测图——菱形，其长对角线为椭圆长轴方向，短对角线为椭圆短轴方向，如图 3-14(b)所示。

③分别以Ⅰ、Ⅱ为圆心，ⅠD、ⅡB 为半径作大圆弧，并以 O 为圆心做两大圆弧的内切圆交长轴于Ⅲ、Ⅳ两点，如图 3-14(c)所示。

④连接Ⅰ和Ⅲ、Ⅱ和Ⅲ、Ⅱ和Ⅳ、Ⅰ和Ⅳ分别交两大圆弧于 H、E、F、G。以Ⅲ、Ⅳ为圆心，ⅢE、ⅣG 为半径作小圆弧 $\overset{\frown}{EH}$、$\overset{\frown}{GF}$，即得到近似椭圆，如图 3-14(d)所示。

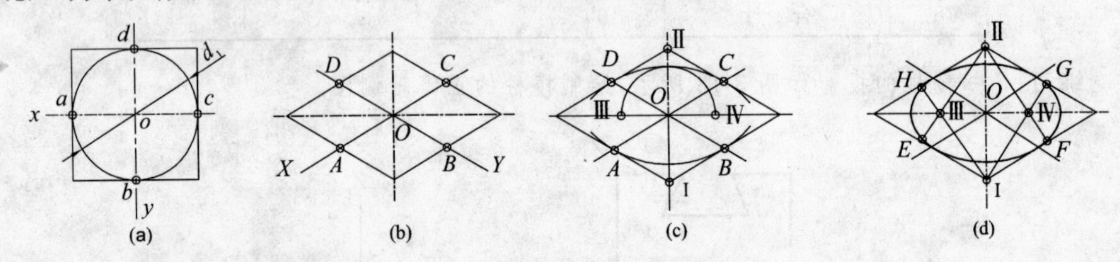

图 3-14　水平圆正等轴测图的四心近似椭圆画法

图 3-15 是平行于各坐标面的圆的正等轴测图。由图可知，它们形状、大小相同，画法一样，只是长、短轴方向不同。各椭圆长、短轴的方向为：

平行于 XOY 坐标面的圆的正等轴测图，其长轴垂直于 OZ 轴，短轴平行于 OZ 轴；

平行于 XOZ 坐标面的圆的正等轴测图，其长轴垂直于 OY 轴，短轴平行于 OY 轴；

平行于 YOZ 坐标面的圆的正等轴测图，其长轴垂直于 OX 轴，短轴平行于 OX 轴；

各椭圆的长轴≈1.22d，短轴≈0.7d(d 为圆的直径)。

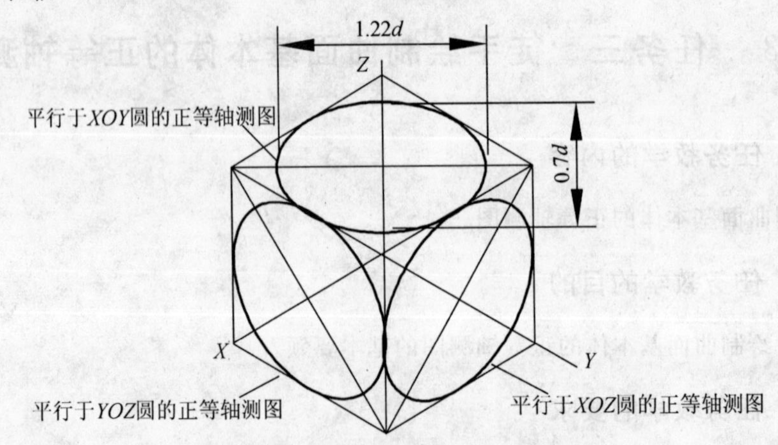

图 3-15　平行于各坐标面的圆的正等轴测图

3.3.5　任务教学的物资准备

(1)绘图室。

(2)图板、铅笔、橡皮、图纸、方格纸。

3.3.6　任务教学的学习指导

常见的回转体有圆柱、圆锥、球等。在画它们的正等轴测图时，首先用四心近似椭圆画法画出回转体中平行坐标面的圆的正等轴测图，然后再画出整个回转体的正等轴测图。

【例 3-4】 画圆柱的正等轴测图。

作图步骤如下：

(1)在正投影图中选定坐标原点和坐标轴，如图 3-16(a)所示。

(2)画轴测图的坐标轴，按 h 确定上、下底中心，并作上、下底菱形，如图 3-16(b)所示。

(3)用四心近似椭圆画法画出上、下底椭圆，如图 3-16(c)所示。

(4)作上、下底椭圆的公切线，擦去作图线，加深可见轮廓线，完成全图，如图 3-16(d)所示。

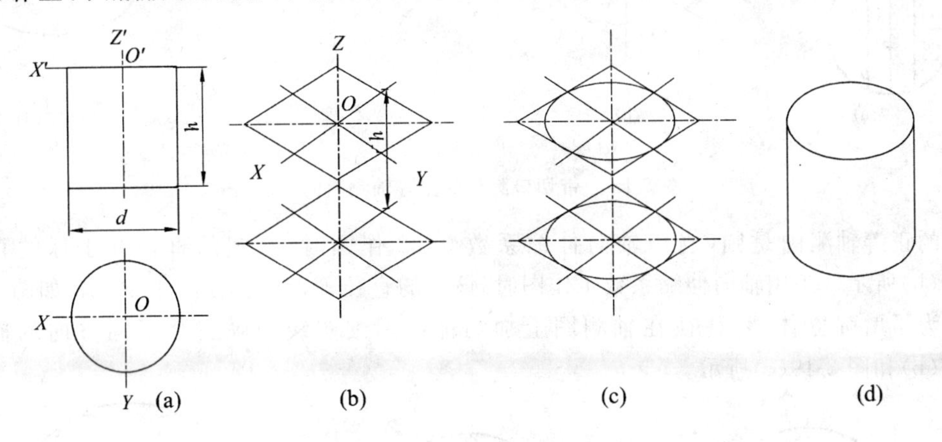

图 3-16　圆柱的正等轴测图的画法

【例 3-5】 画圆台的正等轴测图。

作图步骤如下：

(1)画轴测图的坐标轴，按 h、d_1、d_2 分别作上、下底菱形，如图 3-17(b)所示。

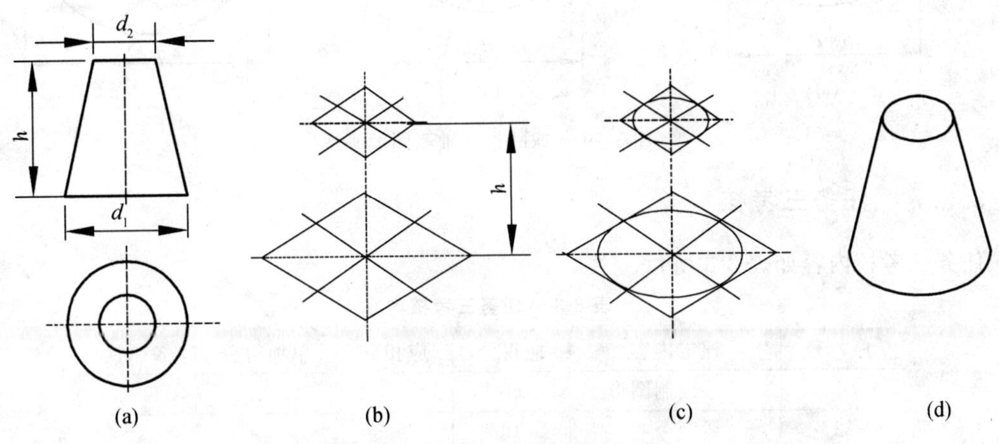

图 3-17　圆柱的正等轴测图的画法

(2)用四心近似椭圆画法画出上、下底椭圆,如图 3-17(c)所示。

(3)作上、下底椭圆的公切线,擦去作图线,加深可见轮廓线,完成全图,如图 3-17(d)所示。

【例 3-6】 画带切口圆柱体的正等轴测图。

作图步骤如下:

(1)画完整圆柱的正等轴测图,如图 3-18(b)所示。

(2)按 s、h 画截交线(矩形和圆弧)的正等轴测图(平行四边形和椭圆弧),如图 3-18(c)所示。

(3)擦去作图线,加深可见轮廓线,完成全图,如图 3-18(d)所示。

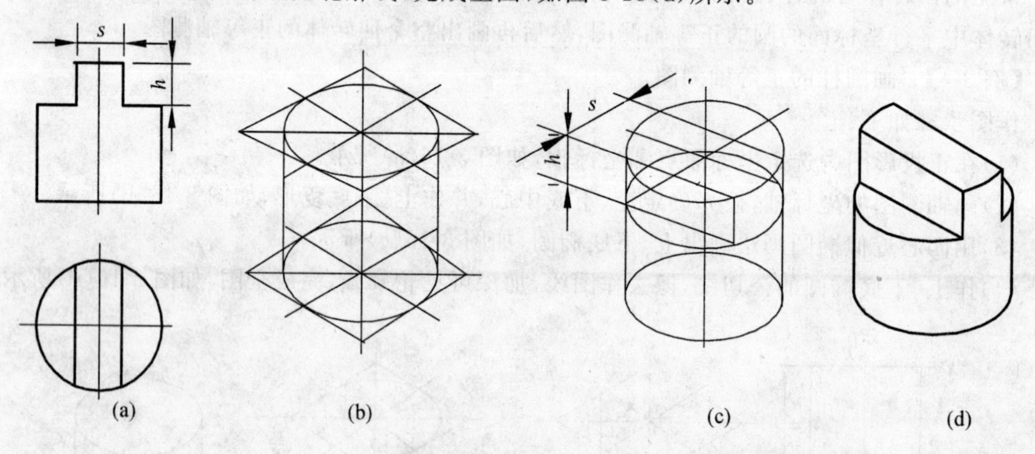

图 3-18　带切口圆柱的正等轴测图的画法

球的正等轴测图是圆,当用轴向伸缩系数 0.82 作图时,该圆的直径等于球的直径,如图 3-19(b)所示。当用轴向伸缩系数 1 作图时,该圆的直径等于球直径的 1.22 倍,如图 3-19(c)所示。为了增强立体感,往往在轴测图上加润饰或用细实线加画三个不同方向的椭圆,如图 3-19(b)和图 3-19(c)所示。

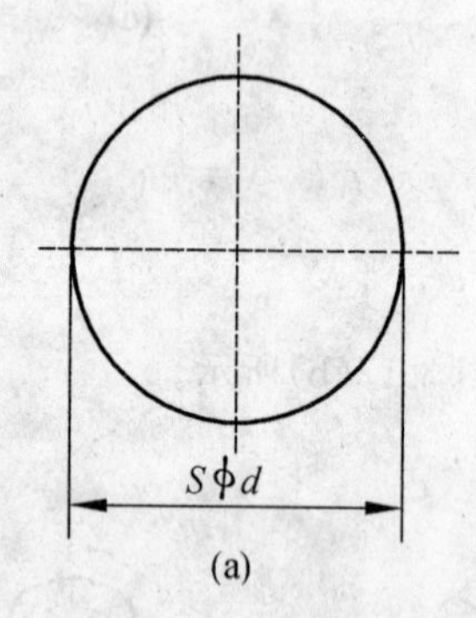

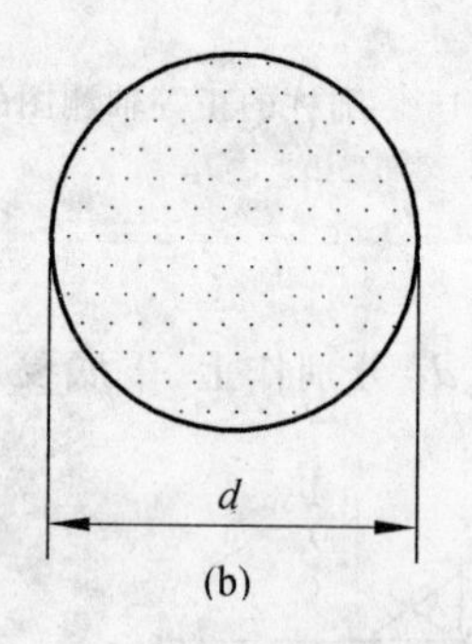

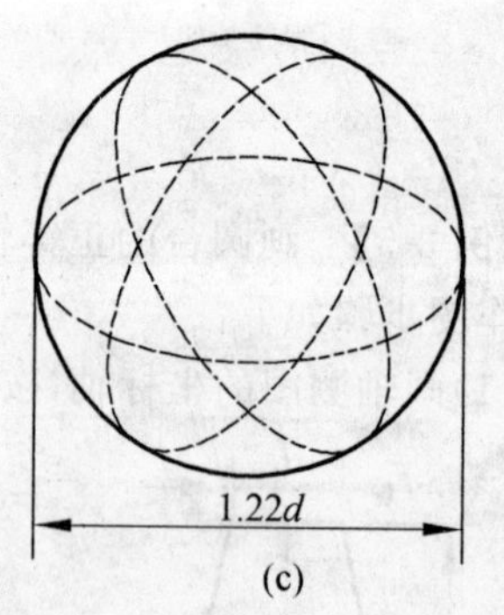

图 3-19　球的正等轴测图的画法

3.3.7　任务三考核

任务三考核内容如表 3-3 所示。

表 3-3　任务三考核内容

序　号	评定内容	应得分	应扣分	单项得分	备　注
1	徒手绘制图形	50			
2	线型分明	10			

续表 3-3

序　号	评定内容	应得分	应扣分	单项得分	备　注
3	数字、文字端正	10			
4	比例匀称	10			
5	图面整洁	10			
6	遵守纪律	5			
7	损害公物	5			
8	合　计	100			

3.4　任务四　组合体的正等轴测图

3.4.1　任务教学的内容

徒手绘制组合体的正等轴测图。

3.4.2　任务教学的目的

掌握徒手绘制组合体的正等轴测图的基本要领。

3.4.3　任务教学的要求

快、准、好，即画图速度快，目测比例要准，图面质量要好。

3.4.4　任务教学相关的基本知识点

(1)轴测图的基本知识参考第 3 章“3.2.4 任务教学相关的基本知识点”。

(2)简单平面基本体的正等轴测图参考第 3 章“3.2.4 任务教学相关的基本知识点”。

(3)简单曲面基本体的正等轴测图参考第 3 章“3.3.4 任务教学相关的基本知识点”。

(4)圆角的正等轴测图近似画法。图 3-20(a)是带两个圆角的长方形板，其圆角部分可采用近似画法，作图步骤如下：

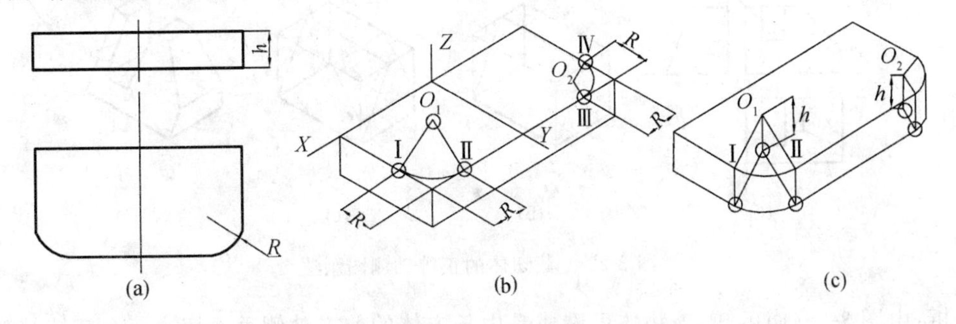

图 3-20　圆角的正等轴测图近似画法

①画轴测图的坐标轴和长方形板的正等轴测图，对于顶面的圆弧可用近似画法作它们的正等轴测图。作图时先按 R 确定切点Ⅰ、Ⅱ、Ⅲ、Ⅳ，再由Ⅰ、Ⅱ、Ⅲ、Ⅳ作相应边的垂线，其交点为 O_1、O_2。最后以 O_1、O_2 为圆心，O_1Ⅰ、O_2Ⅲ为半径，作ⅠⅡ弧和Ⅲ Ⅳ弧，如图 3-20(b)所示。

②把圆心 O_1、O_2，切点Ⅰ、Ⅱ、Ⅲ、Ⅳ向下平移，画出底面圆弧的正等轴测图，如图 3-20(c)所示。

3.4.5 任务教学的物资准备

(1)绘图室。

(2)图板、铅笔、橡皮、图纸、方格纸。

3.4.6 任务教学的学习指导

1. 组合体的正等轴测图

组合体一般由若干基本立体组成。画组合体的轴测图，只要分别画出各基本立体的轴测图，并注意它们之间的相对位置即可。

图 3-21(a)为一组合体的正投影图，其正等轴测图的作图步骤如下：

(1)画轴测图的坐标轴，分别画出底板、立板和三角形肋板的正等轴测图，如图 3-21(b)所示。

(2)画出立板半圆柱和圆柱孔、底板圆角和小圆柱孔的正等轴测图，如图 3-21(c)所示。

(3)擦去作图线，加深可见轮廓线，完成全图，如图 3-21(d)所示。

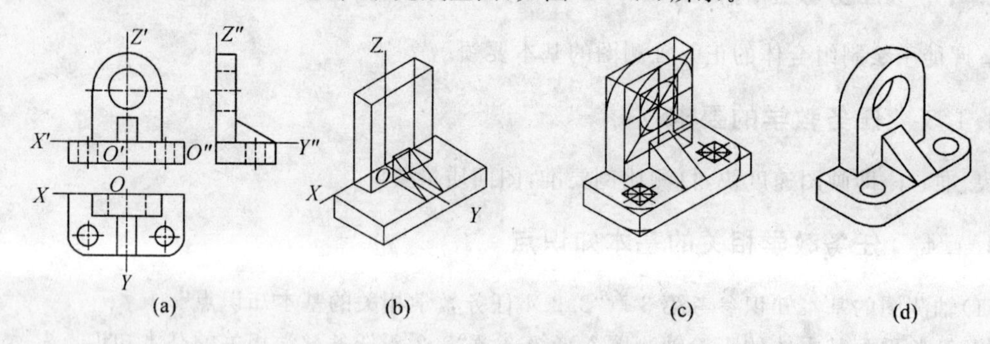

图 3-21 组合体的正等轴测图画法

【例 3-7】 画出图 3-22(a)所示物体的正等轴测图。

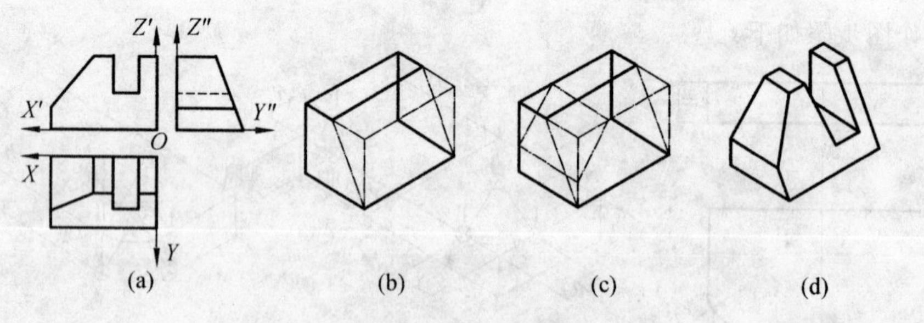

图 3-22 截切体的正等轴测图画法

分析：由图 3-22(a)可知，该物体可看成是由长方体的前方被侧垂面切去一个三棱柱，左上方被正垂面切去一角，顶面由两侧平面和一个水平面开了个通槽形成的挖切式立体。

作图步骤如下：

(1)在投影图上选定坐标原点和坐标轴，如图 3-22(a)所示。

(2)画出轴测轴，画出完整长方体及被侧垂面切去一个三棱柱的正等轴测图，如图 3-22(b)所示。

(3)画出左上方被正垂面切去的斜三棱柱，如图 3-22(c)所示。

(4)画出由两侧平面和一个水平面开的通槽，擦去作图线，整理加深图线，完成立体的正等轴测图，如图 3-22(d)所示。

【例 3-8】 画出图 3-23(a)所示带切口圆柱的正等轴测图。

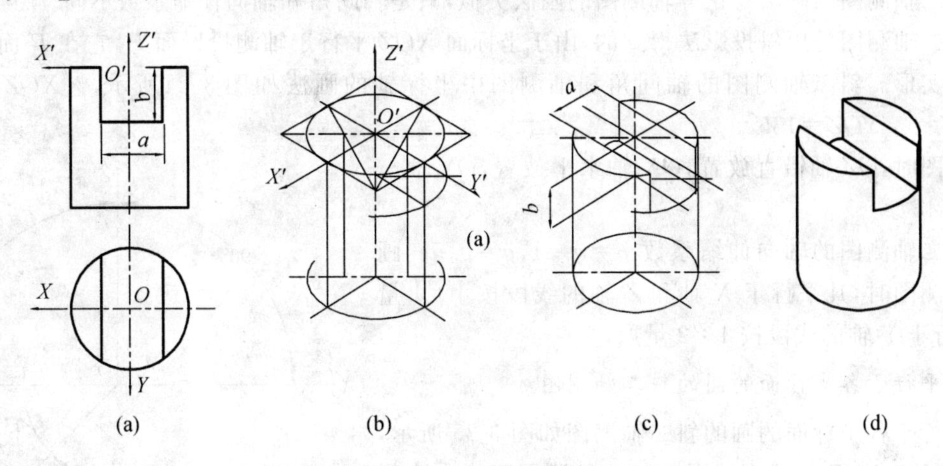

图 3-23 带切口圆柱的正等轴测图画法

3.4.7 任务四考核

任务四考核内容如表 3-4 所示。

表 3-4 任务四考核内容

序 号	评定内容	应得分	应扣分	单项得分	备 注
1	徒手绘制图形	50			
2	线型分明	10			
3	数字、文字端正	10			
4	比例匀称	10			
5	图面整洁	10			
6	遵守纪律	5			
7	损害公物	5			
8	合 计	100			

3.5 任务五 斜二轴测图

3.5.1 任务教学的内容

徒手绘制简单物体的斜二轴测图。

3.5.2 任务教学的目的

掌握徒手绘制斜二轴测图的基本要领。

3.5.3 任务教学的要求

快、准、好，即画图速度快，目测比例要准，图面质量要好。

3.5.4 任务教学相关的基本知识点

1. 斜二轴测图的轴间角和轴向伸缩系数

斜二轴测图的画法与正等轴测图的画法类似，只是轴间角和轴向伸缩系数不同。

斜二轴测图是用斜投影法得到的，由于坐标面 XOZ 平行于轴测投影面 P，它在 P 面上的投影反映实形。斜二轴测图的轴间角和轴测图中坐标轴的画法如图 3-24 所示，$\angle XOZ=90°$，$\angle XOY=\angle YOZ=135°$。

画图时，OZ 轴铅直放置，OX 轴水平放置，OY 轴与水平成 45°。

斜二轴测图的轴向伸缩系数 $p=q=1,q=0.5$。画斜二轴测图时，凡平行于 X 轴和 Z 轴的线段按 1∶1 量取，平行于 Y 轴的线段按 1∶2 量取。

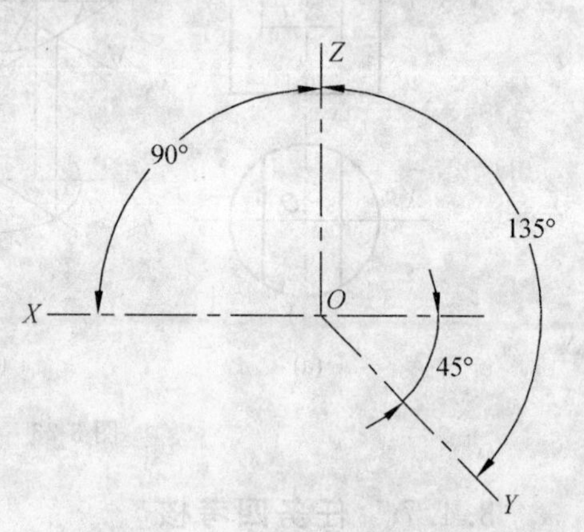

图 3-24 斜二轴测图的轴间角

2. 平行于各坐标面的圆的斜二轴测图

平行于各坐标面的圆的斜二轴测图如图 3-25 所示，其中平行于 XOZ 坐标面的圆的斜二轴测图仍为大小相等的圆；平行于 XOY 和 YOZ 坐标面的圆的斜二轴测图都是椭圆，它们形状相同，作图方法一样，只是椭圆长、短轴方向不同。

由于平行于 XOZ 坐标面的圆的斜二轴测图仍为圆，所以，当机件一个投影方向上有较多的圆和圆弧时，宜采用斜二轴测图。

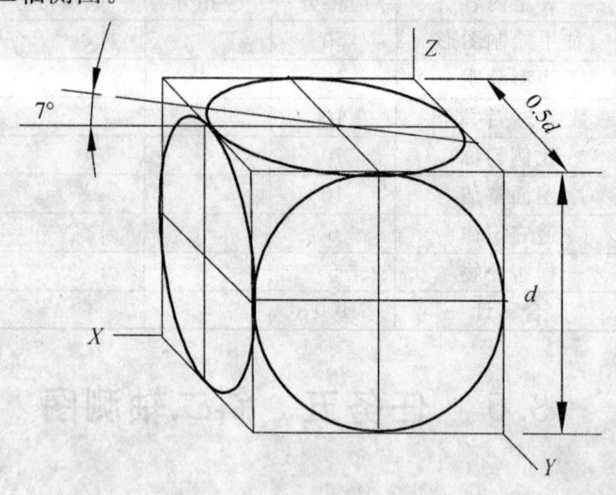

图 3-25 平行于各坐标面的圆的斜二轴测图

图 3-26 是平行于 XOY 坐标面的圆的斜二轴测图——椭圆的近似画法。作图步骤如下：

(1)在正投影图中选定坐标原点和坐标轴，如图 3-26(a)所示。

(2)画轴测图的坐标轴，在 OX、OY 轴上分别作 A、B、C、D，使 $OA=OC=d_1/2$，$OB=OD=d_1/4$，并作平行四边形。过 O 作与 OX 成 7°的直线，该直线即为长轴位置，过 O 作长轴的垂线即为短轴位置，如图 3-26(b)所示。

(3)在短轴上取 OⅠ、OⅢ等于 d_1，连接ⅢA、ⅠC 交长轴于Ⅱ、Ⅳ两点。分别以Ⅰ、Ⅲ为圆心，ⅠC、ⅢA 为半径作圆弧 CF、AE，连接ⅠⅡ、ⅢⅣ，并延长交圆弧于 F、E，如图 3-26(c)所示。

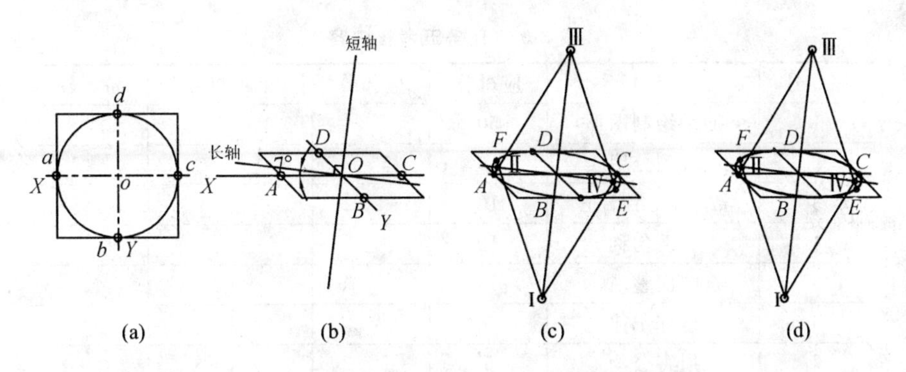

图 3-26　平行于 XOY 坐标面的圆的斜二轴测图——椭圆的近似画法

(4)以Ⅱ、Ⅳ为圆心，ⅡA、ⅣC 为半径作小圆弧 AF、CE，即完成椭圆的作图，如图 3-26(d)所示。

3.5.5　任务教学的物资准备

(1)绘图室。

(2)图板、铅笔、橡皮、图纸、方格纸。

3.5.6　任务教学的学习指导

1. 斜二轴测图的画法

图 3-27 是一机件的正投影图。由图可知，该机件由圆筒及支板两部分组成，它们的前后端面均有平行于 XOZ 坐标面的圆及圆弧。因此，画斜二轴测图时，首先确定各端面圆的圆心位置。作图步骤如下：

(1)在正投影图中选定坐标原点和坐标轴，如图 3-27(a)所示。

(2)画轴测图的坐标轴，作主要轴线，确定各圆心Ⅰ、Ⅱ、Ⅲ、Ⅳ、Ⅴ的轴测投影位置，如图 3-27(b)所示。

(3)按正投影图上不同半径由前往后分别作各端面的圆或圆弧，如图 3-27(c)所示。

(4)作各圆或圆弧的公切线，擦去多余作图线，加深可见轮廓线，完成全图，如图 3-27(d)所示。

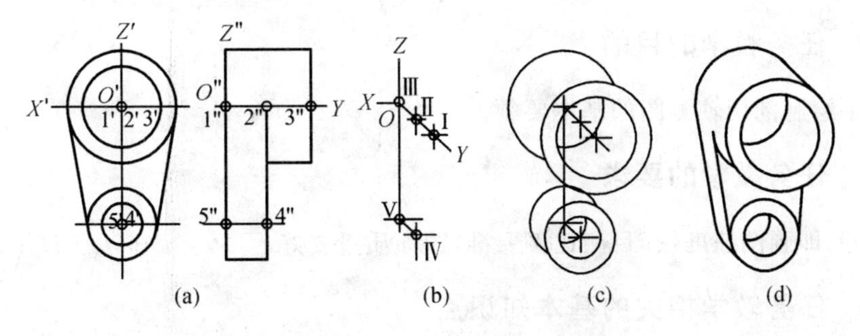

图 3-27　斜二轴测图的画法

3.5.7　任务五考核

任务五考核内容如表 3-5 所示。

表 3-5　任务五考核内容

序　号	评定内容	应得分	应扣分	单项得分	备　注
1	徒手绘制图形	50			
2	线型分明	10			
3	数字、文字端正	10			
4	比例匀称	10			
5	图面整洁	10			
6	遵守纪律	5			
7	损害公物	5			
8	合　计	100			

练习：绘制图 3-28 正投影图的剖切斜二轴测图。

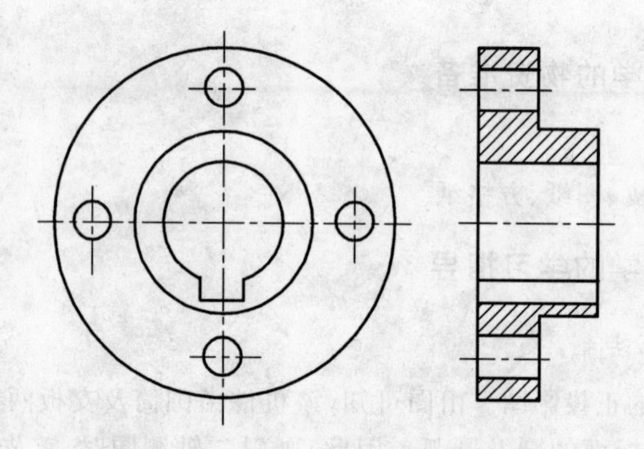

图 3-28　绘制正投影图的剖切斜二轴测图

3.6　任务六　轴测图上的交线及剖切画法

3.6.1　任务教学的内容

徒手绘制机件的剖切轴测图。

3.6.2　任务教学的目的

掌握徒手绘制剖切轴测图的基本要领。

3.6.3　任务教学的要求

快、准、好，即画图速度快，目测比例要准，图面质量要好。

3.6.4　任务教学相关的基本知识点

1. 轴测图上的交线的画法

(1)辅助平面法。辅助平面法即运用辅助平面求得交线上的一系列点。

【例 3-9】　画出如图 3-29 三视图所示两相交圆柱的正等轴测图。

作图步骤如下：

①画出轴测轴，将两个圆柱按正投影图所给定的相对位置画出轴测图。

②用辅助面法求作轴测图上的相贯线，首先在正投影图中作一系列辅助面，然后在轴测图上作出相应的辅助面，分别得到辅助交线，辅助交线的交点即为相贯线上的点，连接各点即为相贯线。

③去掉作图线，加深可见轮廓线，完成全图，如图 3-30 所示。

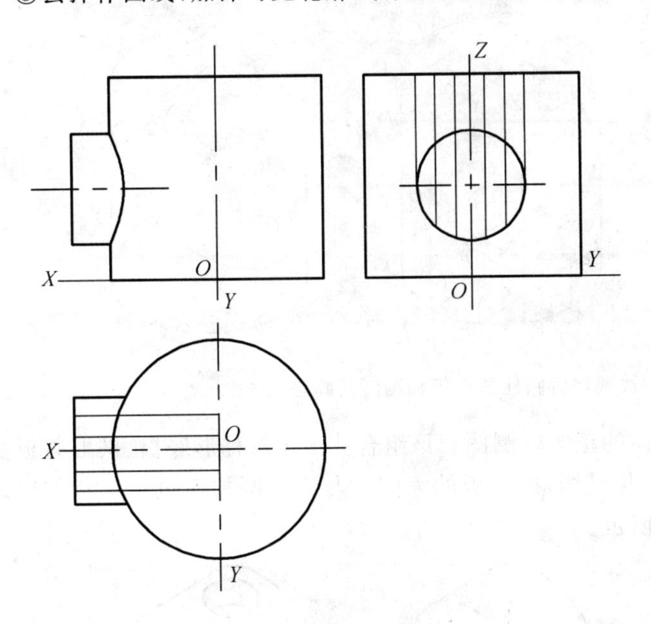

图 3-29　两相交圆柱的三视图

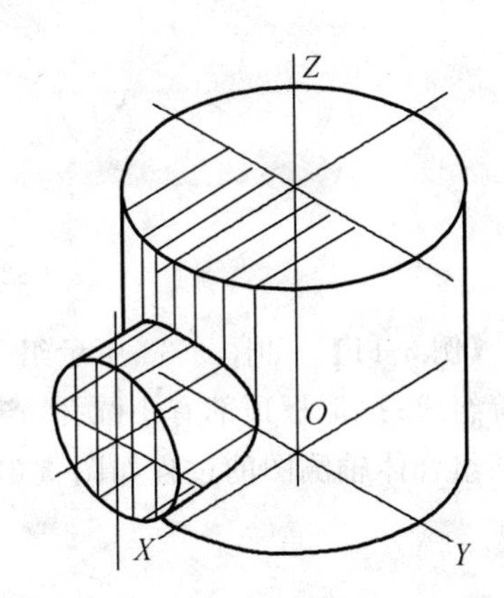

图 3-30　两相交圆柱的正等轴测图

(2)坐标法。坐标法的特点是交线上各点的轴测投影，均按投影图示出的坐标值(x,y,z)逐点作出，然后光滑连接。

【例 3-10】　画出如图 3-31 所示被截切后圆柱的正等轴测图。

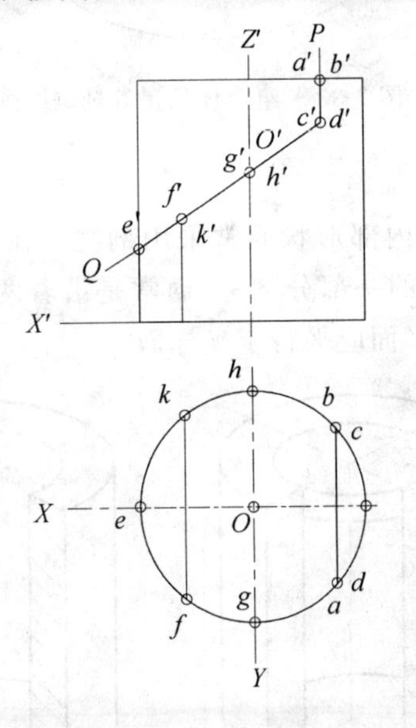

图 3-31　组合体的三视图

作图过程如图 3-32 所示。

①画轴测轴，采用简化伸缩系数作图，首先画成完整的圆柱。

②在圆柱的轴测图上，定出平面 P 的位置，得到所截矩形 $ABCD$。按坐标关系定出 C、H、K、E、F、G、D 各点，光滑连接成部分椭圆。

③去掉作图线及不可见线，加深可见轮廓线后，即为所求轴测图。

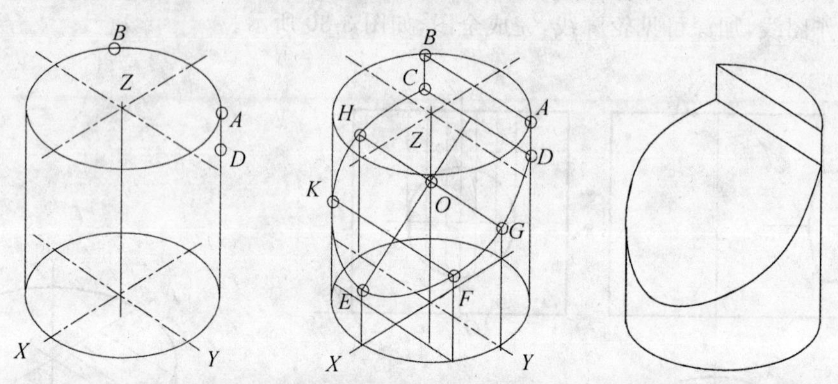

图 3-32 被截切后圆柱的正等轴测图的画法

【例 3-11】 如图 3-33 所示组合体的正等轴测图。该组合体由半圆柱形底板、拱形立板及肋板等组成；拱形板顶部有小圆孔，产生相贯线，拱形板的大圆孔与底板圆柱面也产生相贯线。绘制该组合体轴测图的过程如图 3-33 所示。

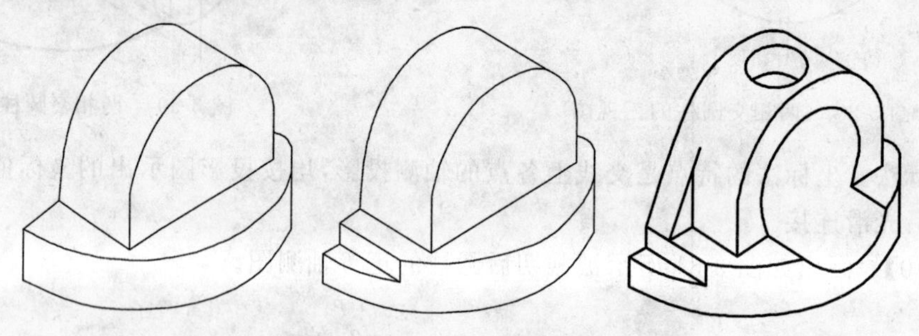

图 3-33 组合体的正等轴测图画法

2.轴测图上的剖切画法

在正投影图中，表达机件的内部形状通常采用剖视。在轴测图中，为了表达机件的内部形状，也可假想用剖切平面将机件的一部分剖去，通常是沿着两个坐标平面将机件剖去 1/4，作出轴测剖视图（见图 3-34）。剖切平面应平行于坐标面。

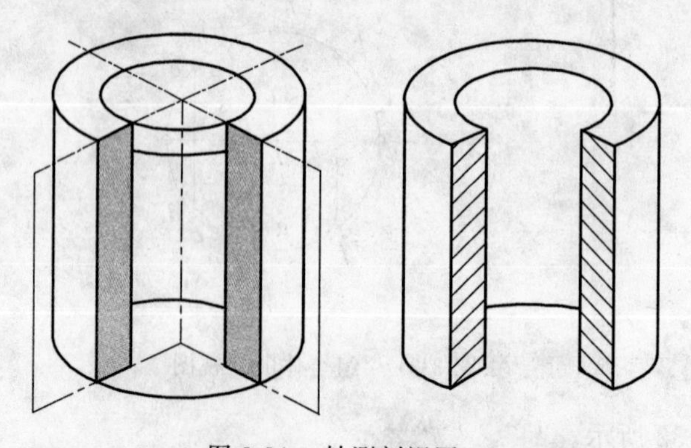

图 3-34 轴测剖视图

轴测剖切画法的一些规定：

(1)轴测图中剖面线的方向应按图 3-35 绘制。注意平行于三个坐标面的剖面区域上剖面线方向是不同的。

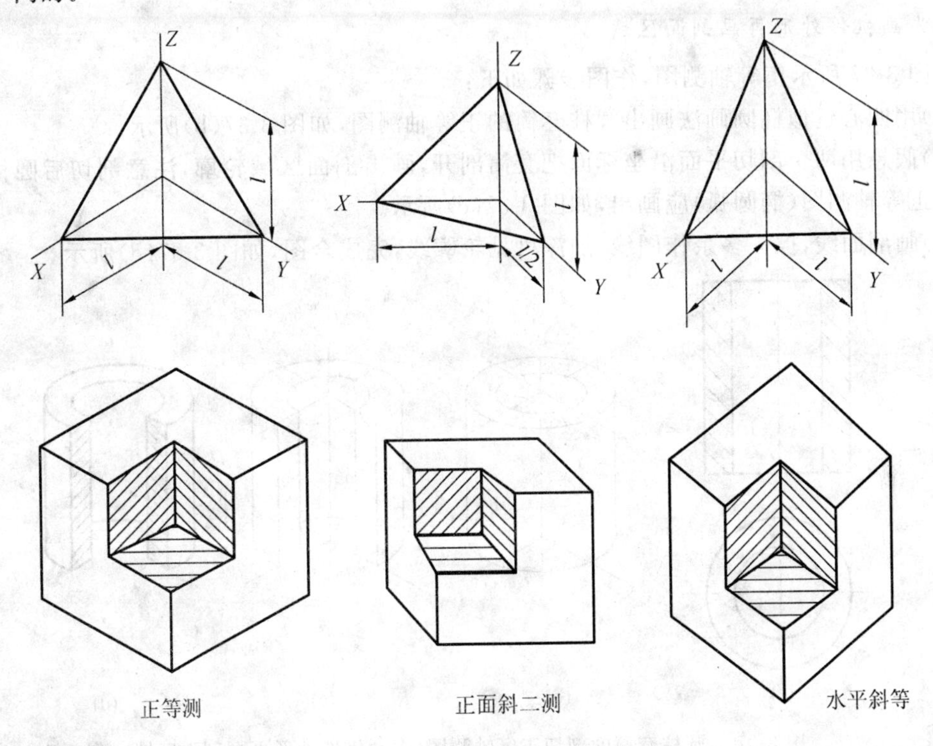

图 3-35　轴测图中剖面线的方向规定

(2)当剖切平面通过机件的肋或薄壁等结构的纵向对称平面时，这些结构都不画剖面线，而用粗实线将它与邻接部分分开，如图 3-36 所示。若在图中表示不够清晰时，也允许在肋或薄壁部分用细点画线表示被剖切部分。

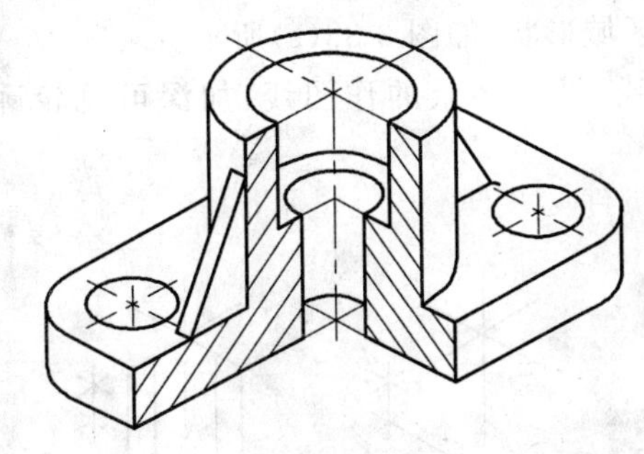

图 3-36　组合体的肋板按不剖绘制

(3)表示机件中间折断或局部断裂时，断裂处的边界线应画波浪线，并在可见断裂面内加画细点画线以代替剖面线。

3.6.5　任务教学的物资准备

(1)绘图室。

(2)图板、铅笔、橡皮、图纸、方格纸。

3.6.6 任务教学的学习指导

剖切轴测图的画法有两种：

1. 先画机件外形再画剖面区域

如图 3-37 所示正等轴测图，作图步骤如下：

(1)用四心近似椭圆画法画出圆柱套筒的正等轴测图，如图 3-37(b)所示。

(2)假想用两个剖切平面沿坐标面把套筒剖开，画出剖面区域轮廓，注意剖切后圆柱孔底圆的部分正等轴测图（椭圆弧）应画出，如图 3-37(c)所示。

(3)画剖面线，擦去多余作图线，加深可见轮廓线，完成全图，如图 3-37(d)所示。

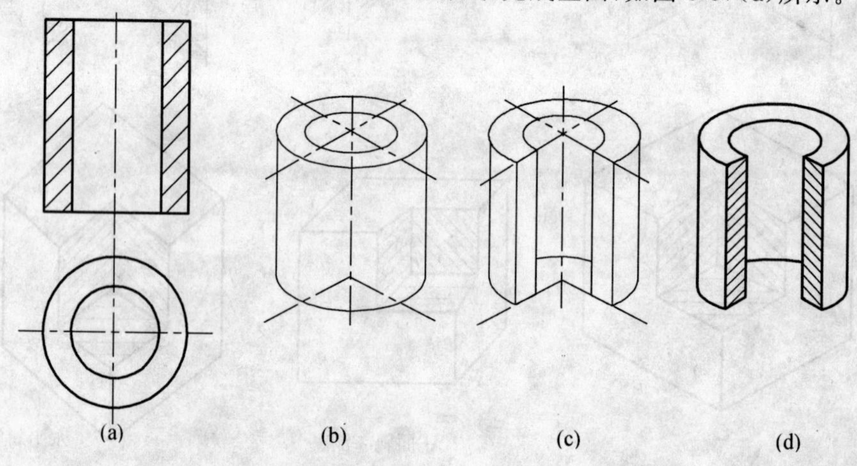

图 3-37 圆柱套筒的剖切正等轴测图（先画机件外形再画剖面区域）

2. 先画机件剖面区域再画机件外形

如图 3-38 所示正等轴测图，作图步骤如下：

(1)画轴测图的坐标轴及主要中心线，如图 3-38(b)所示。

(2)画剖切部分的剖面区域形状，如图 3-38(c)所示。

(3)画其余部分和剖面线，擦去多余的作图线，加深可见轮廓线，完成全图，如图 3-38(d)所示。

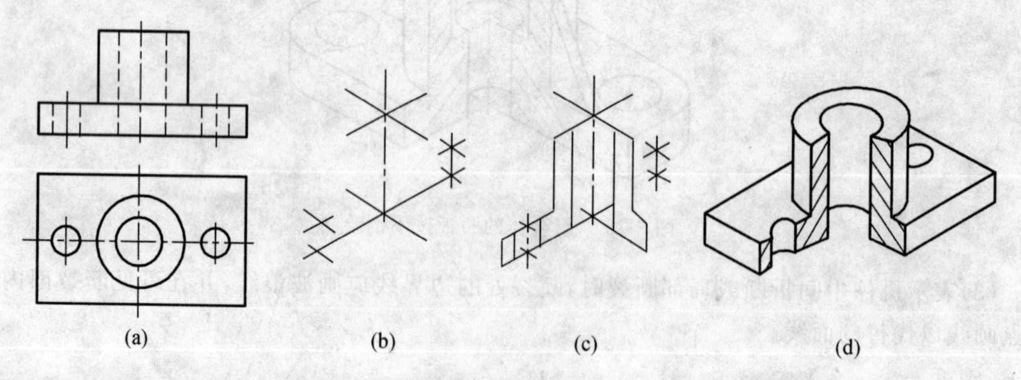

图 3-38 组合体的剖切正等轴测图（先画机件剖面区域再画机件外形）

【例 3-12】 绘制如图 3-39 所示的立体的斜二轴测剖视图。

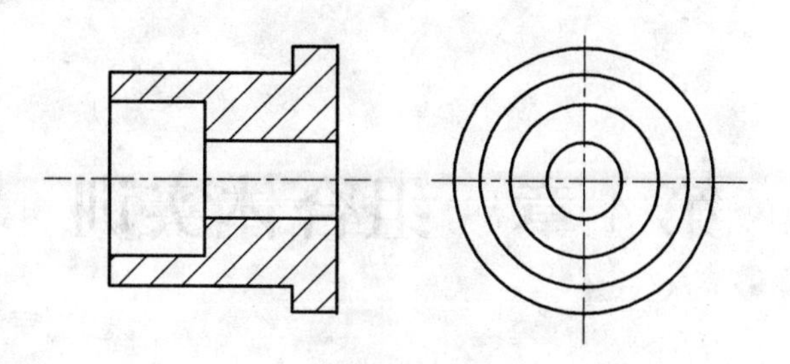

图 3-39　组合体的三视图

方法一:后画先剖,即先画立体外形,然后剖切,再擦掉多余的外形轮廓,并在剖面部分画上剖面线,最后描深,如图 3-40(a)、(b)、(c)所示。

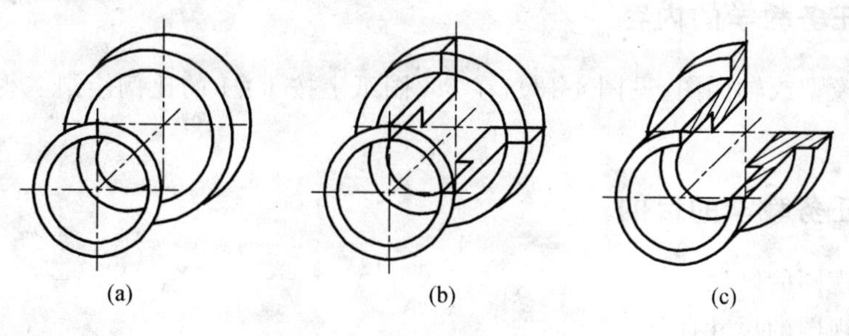

图 3-40　先剖后画

方法二:先剖后画,即先画出剖面形状的轴测图,然后补全内、外轮廓,最后画剖面线并描深,如图 3-41(a)、(b)、(c)所示。

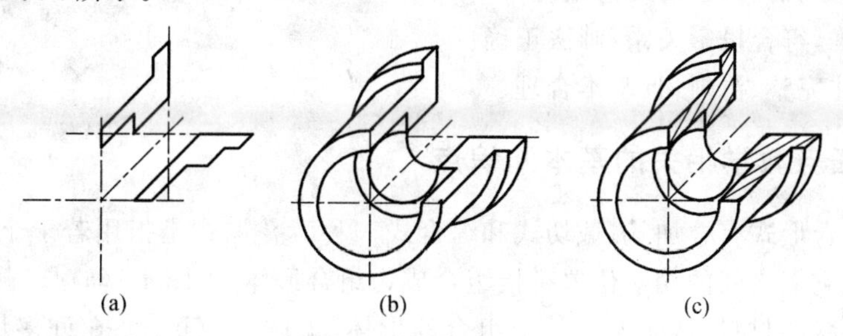

图 3-41　先画后剖

3.6.7　任务六考核

任务六考核内容如表 3-5 所示。

表 3-5　任务六考核内容

序　号	评定内容	应得分	应扣分	单项得分	备　注
1	徒手绘制图形	50			
2	线型分明	10			
3	数字、文字端正	10			
4	比例匀称	10			
5	图面整洁	10			
6	遵守纪律	5			
7	损害公物	5			
8	合　计	100			

第4章　组合体实训

4.1　任务一　叠加式组合体

4.1.1　任务教学的内容

根据实物、模型或轴测图(见图4-13),在A4图纸上按1∶1的比例绘制三视图,并标注全部的尺寸。

4.1.2　任务教学的目的

(1)组合体视图的画法。

(2)组合体视图的尺寸标注。

4.1.3　任务教学的要求

(1)主视图选用恰当,且简明清晰。

(2)图形准确,符合投影关系,画法正确。

(3)尺寸标注完整、清晰,且基本合理。

4.1.4　任务教学相关的基本知识点

组合体的组合形式有叠加式、截切式和综合式三种。叠加式是指用若干个基本体类似于搭积木的方式按照它们之间的相对位置拼接组合成为组合形体[见图4-1(a)]。截切式是从基本材料上切除部分形状的材料,从而形成一个组合的形体[见图4-1(b)]。在许多情况下,往往是同一物体既有叠加又有切割的综合式[图4-1(c)]。

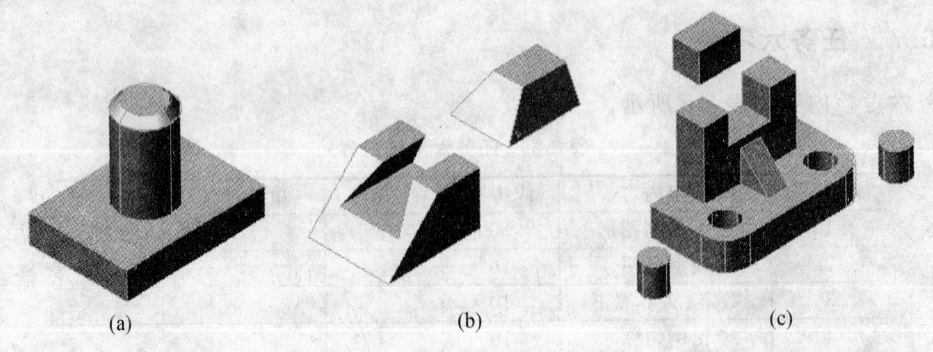

图4-1　组合体的组合方式

1. 形体分析

分析该形体由哪些基本形体组成,每个形体的形状尺寸以及相对位置。

在实践中，机器的零部件更接近于组合体，而任何组合体总可以分解成若干个基本几何形体组成，因此，只要掌握分解组合体的方法，组合体投影图也就迎刃而解了。

2. 视图选择

选择最能表达形体形状特征的投影作为形体的主视图，兼顾考虑其他视图。

选择主视图的原则：

(1)组合体应按自然位置放置，即保持组合体自然稳定的位置。

(2)主视图应较多地反映出组合体的结构形状特征，即把反映组合体的各基本几何体和它们之间相对位置关系最多的方向作为主视图的投影方向。

(3)在主视图中尽量较少产生虚线，即在选择组合体的安放位置和投影方向时，要同时考虑各视图，以尽量减少各视图中的虚线。

3. 选择比例、定图幅

画图时，应遵照国家标准，尽量选用 1 : 1 的比例，这样可以从图上直接看出物体的真实大小。选定比例后，由物体的长、宽、高尺寸计算三个视图所占的面积，并在视图之间留出标注尺寸的位置和适当的间距。根据估算的结果，选用恰当的标准图幅。

4. 组合体视图的绘制方法

对于叠加类和综合类组合体，画三视图宜用形体分析法，分别画出每个组成部分的视图，然后处理它们的表面交线及相对位置；而对于切割类组合体，则宜先进行形体分析，确定基本体，画出基本体的三视图，然后再把各个切去部分三视图画出的方法。

5. 组合体的尺寸标注

标注尺寸时，需要做到：

(1)尺寸标注要正确，符合国家制图标准关于尺寸标注的规定。

(2)标注的尺寸要齐全，不遗漏，不重复。

(3)尺寸在视图中要标注清晰，相对集中，便于看图。

尺寸标注和度量的起点，称为尺寸基准。选择尺寸基准时应注意以下几点：

(1)长、宽、高三个方向上，一般最少应有一个尺寸基准。

(2)通常将尺寸基准设置在形体比较重要的端面、底面、对称面等，回转形体的尺寸基准应放置在轴线上。

(3)回转结构的定位，一般应指明其轴线的位置。

(4)以对称面作为基准标注尺寸时，一般应直接标注对称面两侧相同结构的相对距离，而不能从对称面开始标注尺寸。

6. 检查、描深、完成全图

底稿画完后，按照形体及画图顺序和投影规律进行逐个检查，不仅组合体的整体要符合“三等”规律，组成组合体的各基本形体也应符合“三等”规律。纠正错误和补充遗漏(不能多线、漏线)。检查无误后，再用标准图线加深、描粗，最后填写标题栏，完成全图。

4.1.5　任务教学的物资准备

(1)绘图室。

(2)丁字尺、图板、三角板、圆规、分规、铅笔、橡皮、图板、图纸等。

4.1.6　任务教学的学习指导

1. 形体分析

形体分析如图 4-2 所示。

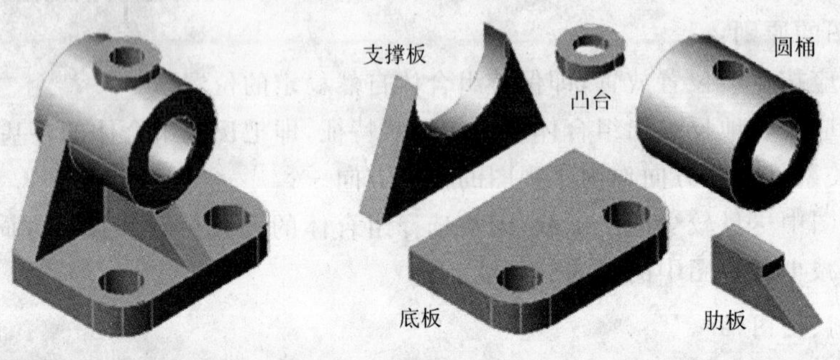

图 4-2　形体分析

2. 选择正面投影

正面投影图是三面投影的主要投影图。选择正面投影图时必须考虑组合体的安放位置和正面投影方向。

正面投影方向一般是选择最能反映组合体各部分的形状特性和相互位置关系的方向，同时还要考虑其他投影图虚线较少和图幅的合理应用。

3. 确定比例和图幅

图纸幅面：A4(210×297)

比例：1∶1

布局：是指确定各视图在图纸上的位置。布图前先把图纸的边框和标题的边框画出来，各视图的位置要匀称。并注意两视图之间要留出适当距离，用以标注尺寸，推荐间隙见图 4-3。

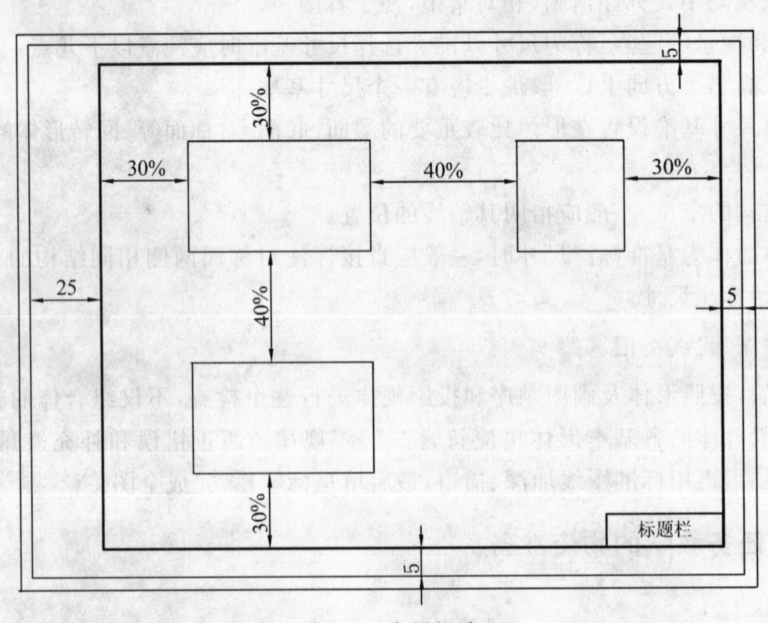

图 4-3　布局间隙

长度的间隙：420－30（图框尺寸）＝390－投影图总长＝余数÷3

宽度的间隙：297－10（图框尺寸）＝287－投影图总高＝余数÷3

大致确定各视图的位置后，画作图基准线。（基准线一般为：对称中心线、轴线，确定主要表面的基准线）。基准线也是画图时测量尺寸的基准，每个视图应画出与相应坐标轴对应的两个方向的基准线，如图 4-4 所示。

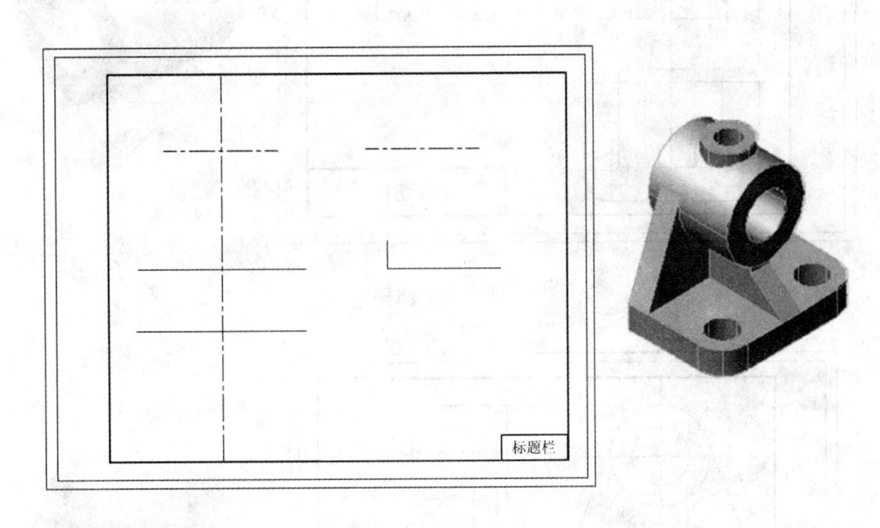

图 4-4　布局

4. 布置视图、画底稿线

画图时，要先用细实线轻而清晰地画出各视图的底稿。画底稿的顺序如下：

(1)先画主要形体，后画次要形体。

(2)先画外形轮廓，后化内部细节。

(3)先画可见部分，后画不可见部分。对称中心线和轴线可用点画线直接画出，不可见部分的虚线也可直接画出。

分块画图：①底板，见图 4-5；②圆桶，见图 4-6；③支撑板，见图 4-7；④肋板，见图 4-8；⑤凸台，见图 4-9。

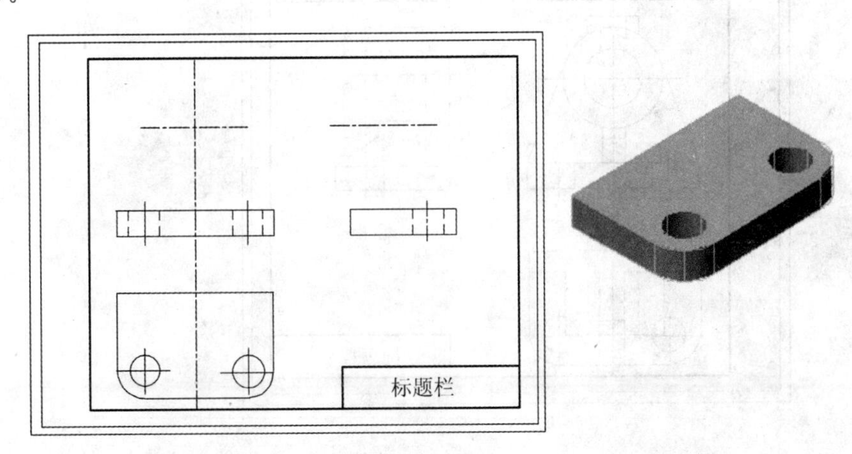

图 4-5　底板

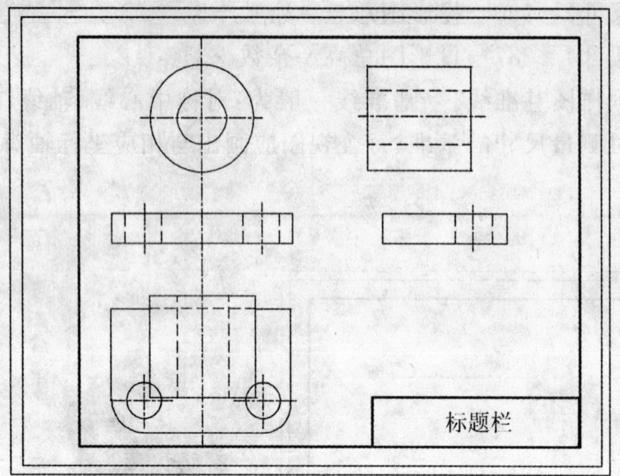

图 4-6　圆桶

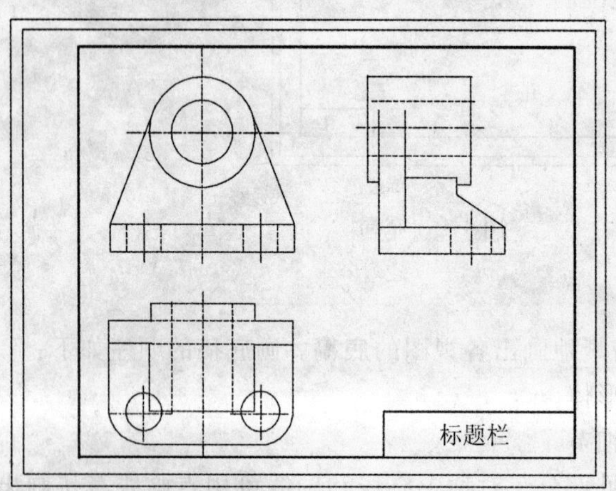

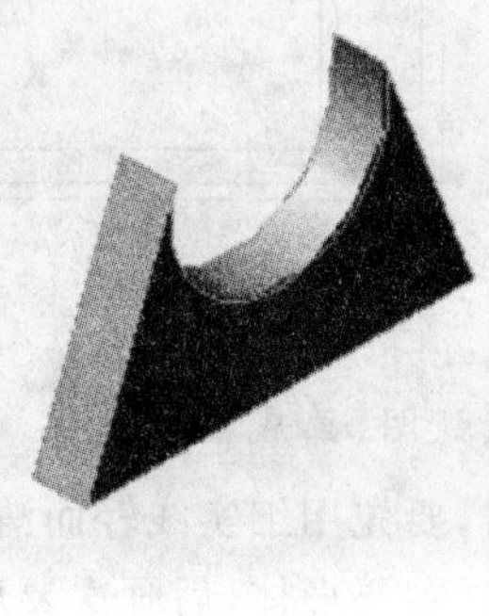

图 4-7　支撑板

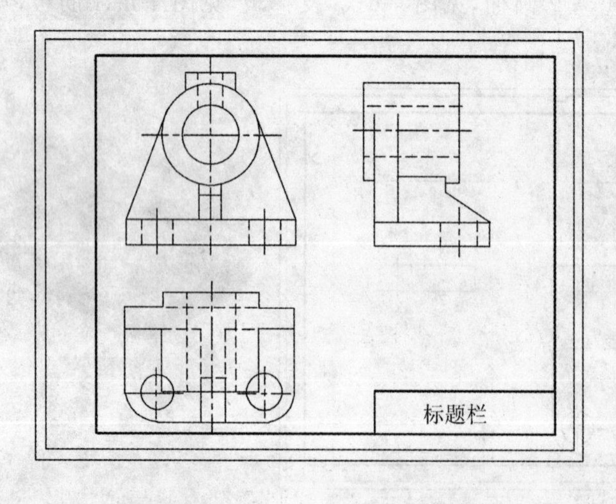

图 4-8　肋板

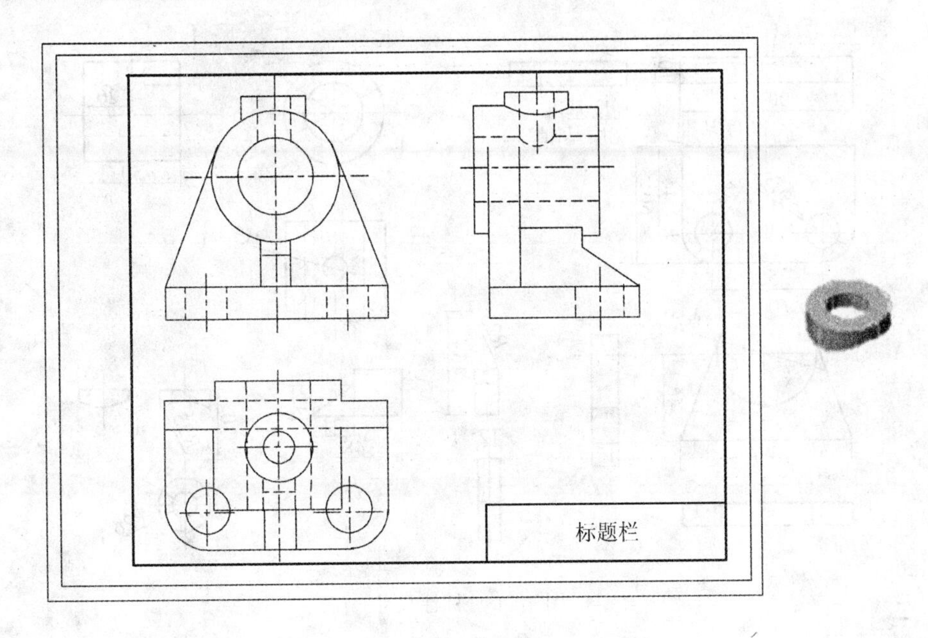

图 4-9　凸台

检查无误后，再用标准图线加深、描粗，最后填写标题栏，完成全图，如图 4-10 所示。

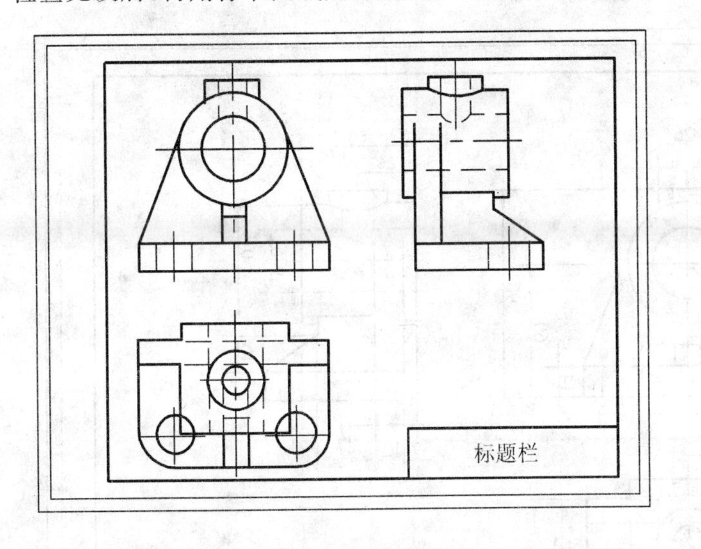

图 4-10　加深、描粗

5. 标注尺寸

画完底稿后，可标注出组合体的定形尺寸和定位尺寸，如图 4-11 所示。标注视图尺寸时，不能完全照搬轴测图上的尺寸标法，要重新考虑各视图的尺寸配置，避免多标注或漏注尺寸。

(1)先注主要形体，后注次要形体。各形体的定形尺寸和定位尺寸应尽量标注在表示形体特征最明显的视图上。

(2)形体中的同类结构相对于基准对称分布时，应直接标注两者之间的距离。

按照如下顺序：选择尺寸基准→标注底板尺寸→标注圆桶尺寸→标注支撑板尺寸→标注肋板尺寸→标注凸台尺寸。

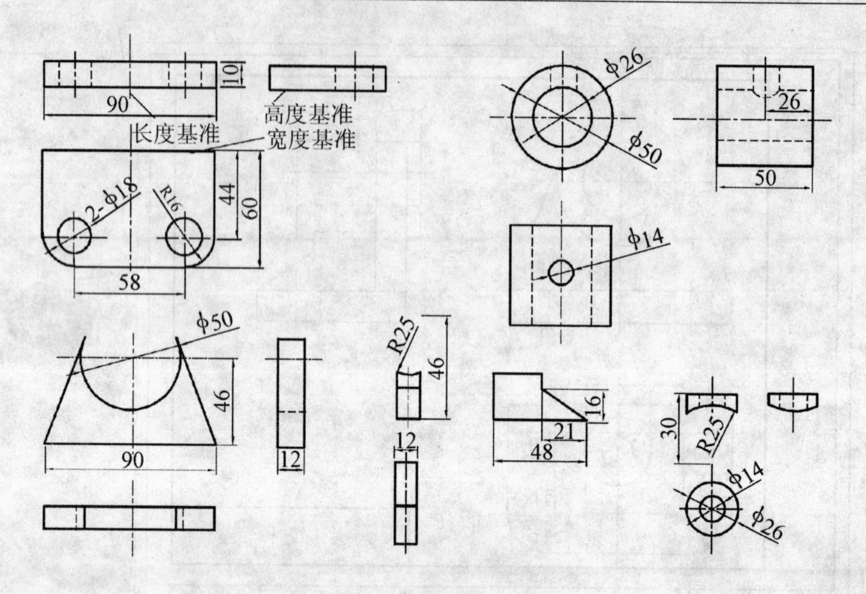

图 4-11　标注尺寸

6. 检查、描深，完成全图

检查、描深，完成全图，如图 4-12 所示。

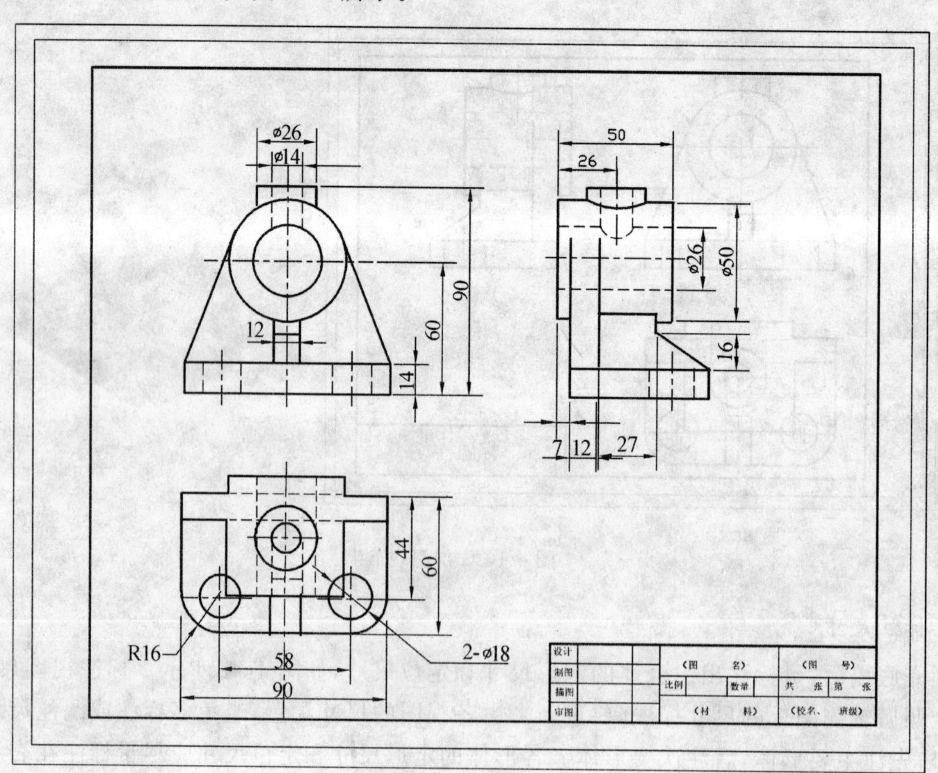

图 4-12　完成全图

4.1.7　任务一考核

任务一考核内容如表 4-1 所示。

表 4-1　任务一考核内容

序　号	评定内容	应得分	应扣分	单项得分	备　注
1	合理布图、投影关系	40			
2	图线标准、比例	5			
3	尺寸标注及准确度	30			
4	数字、文字工整	5			
5	标题栏、图框	5			
6	图面清洁	5			
7	遵守纪律	5			
8	损害公物	5			
9	合　计	100			

练习：根据图 4-13 所示在图纸上绘制三视图并标注尺寸。

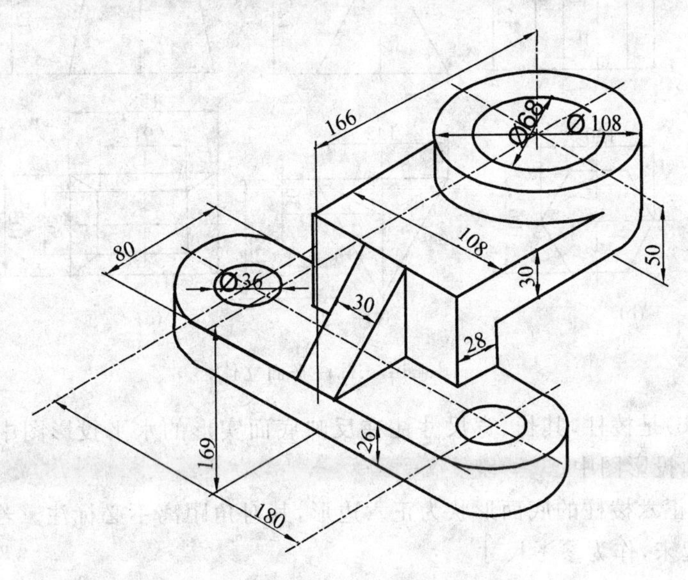

图 4-13　轴测图

4.2　任务二　截切式组合体

4.2.1　任务教学的内容

根据实物、模型或轴测图(见图 4-24)，在图纸上绘制出 1～2 个组合体的三视图，并标注全部的尺寸。

4.2.2　任务教学的目的

熟悉组合体三视图的表达方法，练习较复杂形体的尺寸标注。

4.2.3　任务教学的要求

(1)三个视图选用恰当，且简明清晰。

(2)图形准确，符合投影关系，画法正确。

(3)尺寸标注完整、清晰，且基本合理。

4.2.4　任务教学相关的基本知识点

参看“4.1.4 任务教学相关的基本知识点”。

1.平面立体的尺寸注法

基本立体一般只需注出长、宽、高三个方向的尺寸。

标注平面立体如棱柱、棱锥的尺寸时，应注出底面(或上、下底面)的形状和高度尺寸，如图 4-14所示。

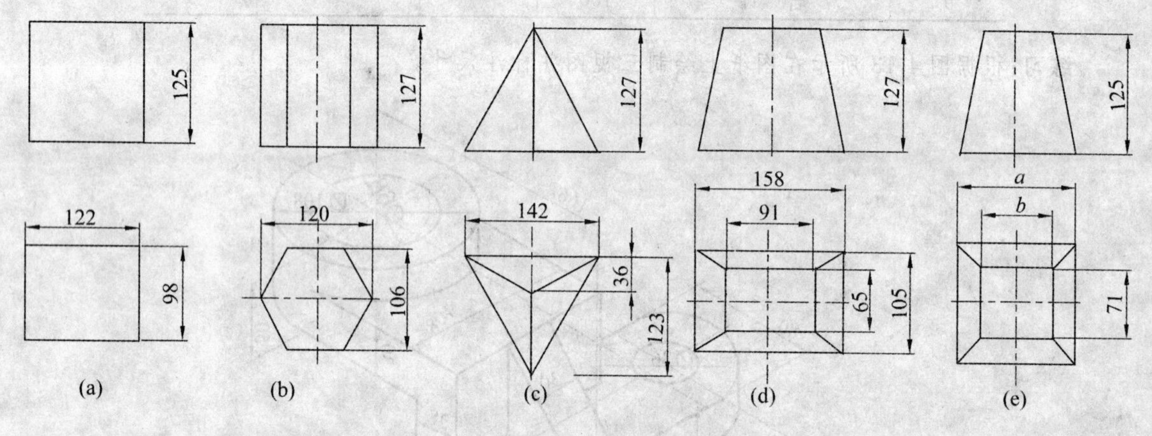

图 4-14　标注平面立体

图 4-14(a)、(b)是棱柱，其长、宽尺寸注在反映底面实形的水平投影图中，高度尺寸注在反映棱柱高度的正面投影图中。

图 4-14(b)中正六棱柱的底面形状为正六边形，其对角距离不必标注。若要标注，则应把尺寸数字用括号括起来，作为参考尺寸。

图 4-14(c)是三棱锥，除了注出长、宽、高三个尺寸外，还要在反映底面实形的水平投影图中注出锥顶的定位尺寸。

图 4-14(d)、(e)是棱台，标注尺寸时要注出顶面、底面和高度尺寸。

图 4-14(e)中的尺寸 a、b 是正方形的边长。

2.回转体的尺寸注法

(1) 圆柱和圆锥(台)的尺寸。标注圆柱和圆锥(台)的尺寸时，需要标注底圆的直径尺寸和高度尺寸。一般把这些尺寸注在非圆投影图中，且在直径尺寸数字前加注符号 ϕ，如图 4-15(a)、图 4-15(b)所示。

(2) 球体的尺寸。球体的尺寸应在 ϕ 或 R 前加注字母 S，如图 4-15(d)所示。

(3) 环的尺寸。圆环的尺寸应注出母线圆和中心圆的直径，如图 4-15(c)所示。

(4) 一般回转体的尺寸。一般回转体的尺寸还应标注出确定其母线形状的尺寸，标注法如图 4-15(e)所示。

应当注意：

(1)当立体大小和截平面位置确定后，截交线也就确定了，所以截交线不应标注尺寸。

图 4-16(a)为正确注法，该图既标注出了圆柱的定形尺寸 $\phi 40$ 和 36，又标注出了截平面的定

位尺寸 23 和 16，这样侧面投影图中两截交线也就自然确定了。图 4-16(b)中不标注定位尺寸 23，却标注两截交线的距离 30，这是错误的。

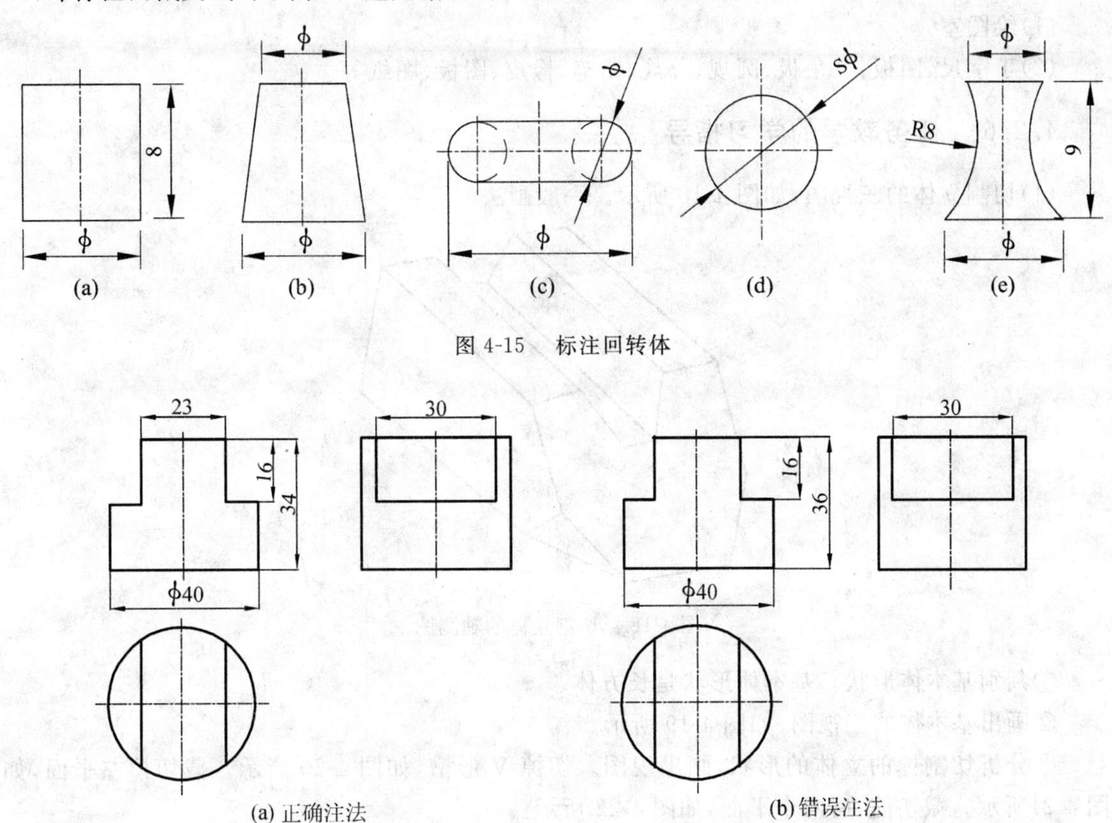

图 4-15　标注回转体

图 4-16　切割体尺寸标注的正误对比

(2)当两相贯立体的大小和相互位置确定后，相贯线也就确定，因此，相贯线也不应标注尺寸。

如图 4-17(b)中注出相贯线尺寸 $R20$(实际上并非圆弧)是错误的。该图中定位尺寸 16 和 8 也是错误的，因为这两个尺寸是以圆柱轮廓线为尺寸基准的，而轮廓线一般不能作为尺寸基准。正确标注法应如图 4-17(a)那样，标注出定位尺寸 36 和 20。

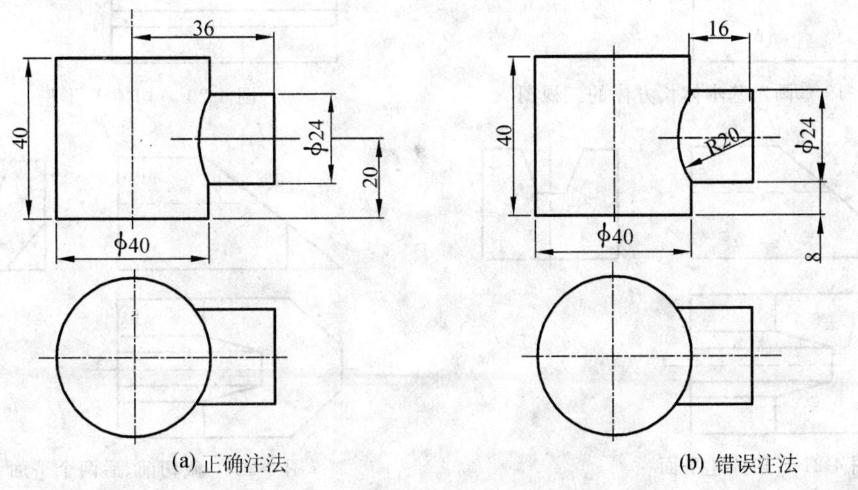

图 4-17　相贯立体尺寸标注正误对比

4.2.5　任务教学的物资准备

(1)绘图室。

(2)丁字尺、图板、三角板、圆规、分规、铅笔、橡皮、图板、图纸等。

4.2.6　任务教学的学习指导

(1)切割立体的三视图,如图 4-18 所示。一般画法如下:

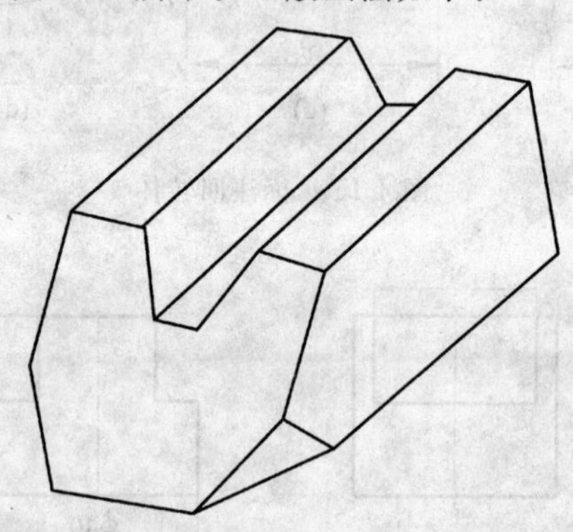

图 4-18　切割立体的轴测图

①判别基本体形状。基本体形状是长方体。

②画出基本体的三视图,如图 4-19 所示。

③分析切割掉的立体的形状,画出视图。切掉 V 形槽,如图 4-20 所示。截切掉左平面,如图 4-21所示。截切前、后两个平面,如图 4-22 所示。

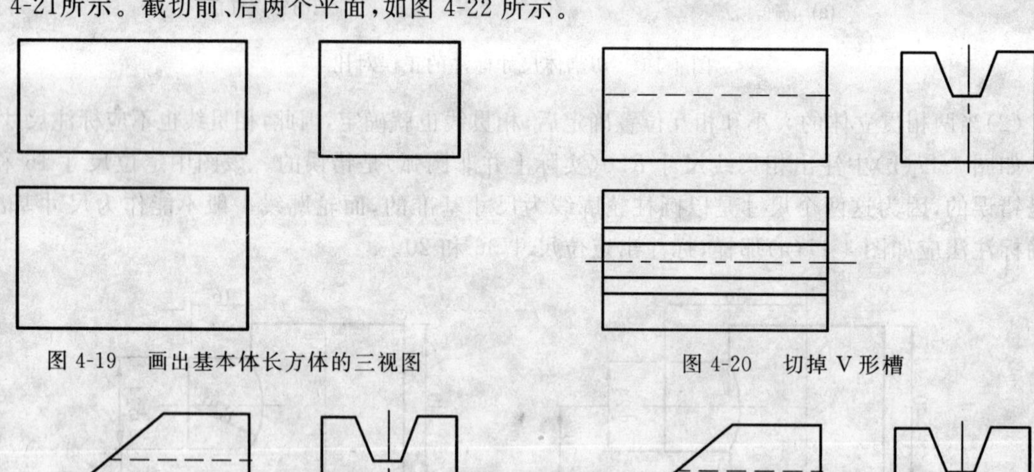

图 4-19　画出基本体长方体的三视图　　　图 4-20　切掉 V 形槽

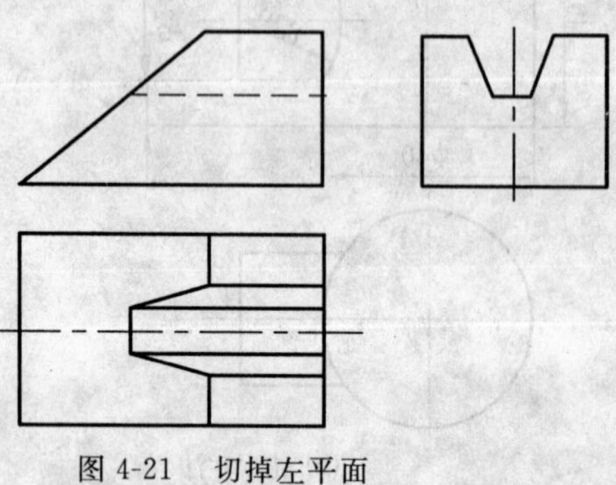

图 4-21　切掉左平面

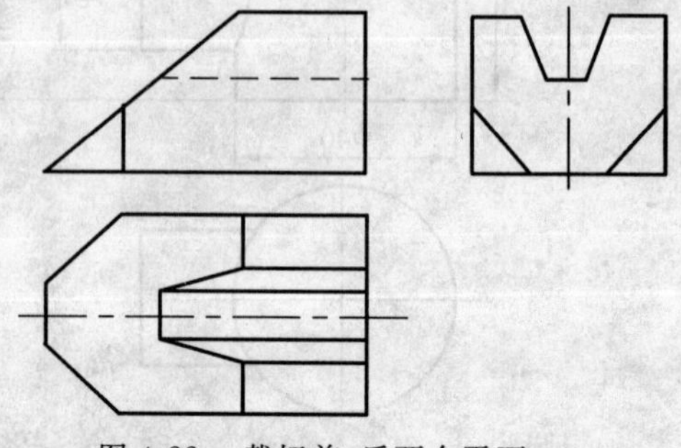

图 4-22　截切前、后两个平面

④整理轮廓线。

(2)切割立体的三视图的尺寸标注,如图 4-23 所示。

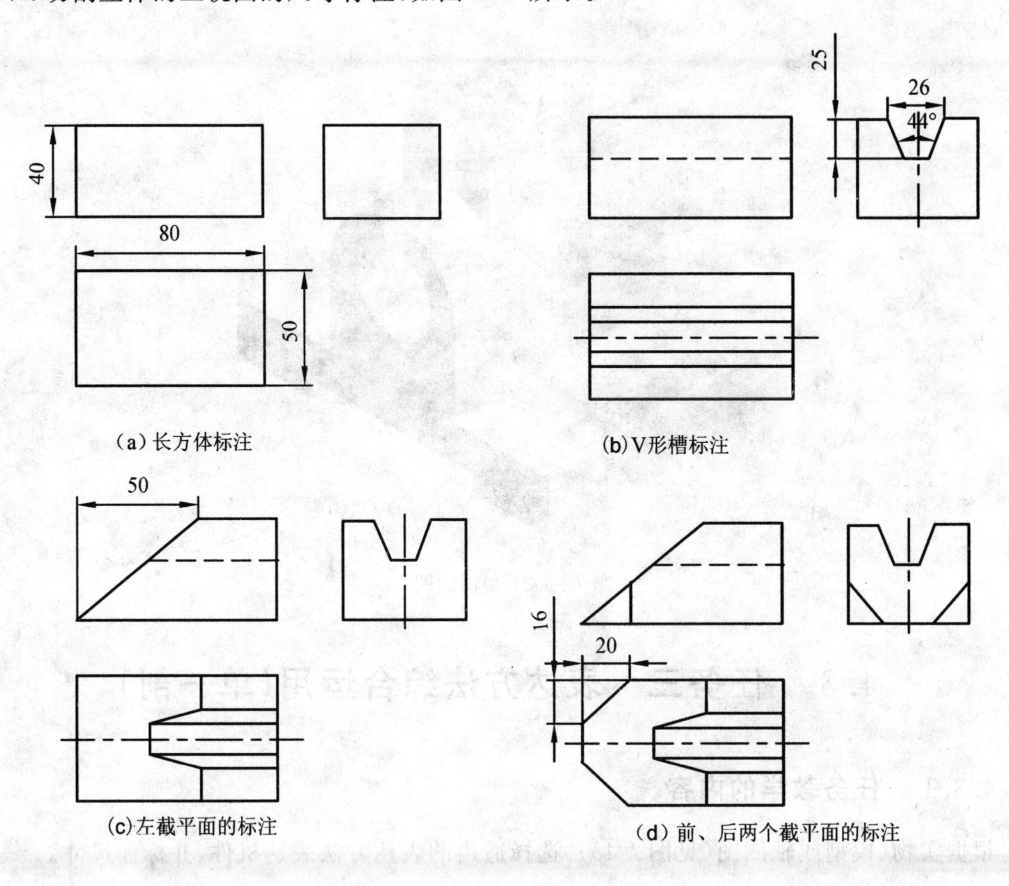

(a)长方体标注

(b)V形槽标注

(c)左截平面的标注

(d)前、后两个截平面的标注

图 4-23　切割立体的三视图的尺寸标注

4.2.7　任务二考核

任务二考核内容如表 4-2 所示。

表 4-2　任务二考核内容

序　号	评定内容	应得分	应扣分	单项得分	备　注
1	合理布图、投影关系	40			
2	尺寸标注及准确度	30			
3	图线标准、比例	5			
4	数字、文字工整	5			
5	标题栏、图框	5			
6	图面清洁	5			
7	遵守纪律	5			
8	损害公物	5			
9	合　计	100			

练习：根据图 4-24 所示实物在 A3 图纸上按 1∶1 绘制出 1～2 个组合体的三视图并标注尺寸。

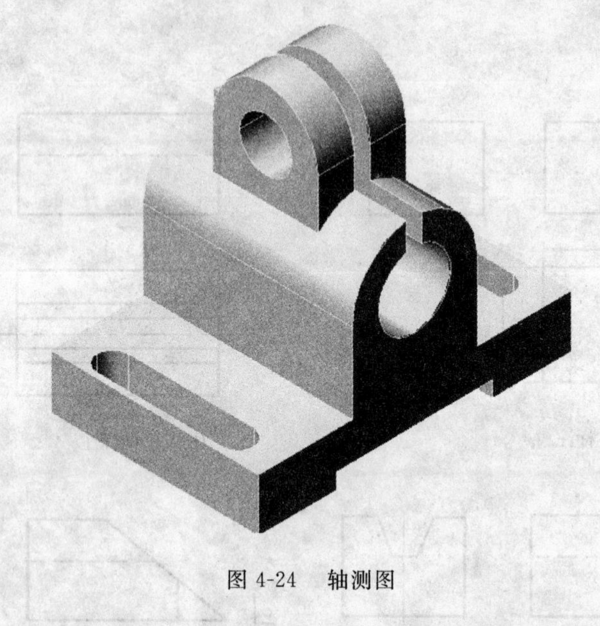

图 4-24 轴测图

4.3 任务三 表达方法综合运用(单一剖)

4.3.1 任务教学的内容

根据实物、模型或轴测图(见图 4-45)，选择适当的表达方法表达机件，并标注尺寸。

4.3.2 任务教学的目的

(1)能灵活运用机体的各种表达方法，将机件形状充分表达清楚。
(2)掌握在剖视图上标注尺寸的方法。

4.3.3 任务教学的要求

(1)正确确定表达方案，机件上各形体的形状及其相对位置的表达，既无遗漏，又不应重复。
(2)所采用的各种表达方法(包括简化画法)，应符合国家标准中的规定。
(3)尺寸标注、图线应用、图形布置等应符合有关要求。

4.3.4 任务教学相关的基本知识点

1. 视图

视图通常有基本视图、向视图、局部视图、斜视图、旋转视图。

(1)基本视图。机件向基本投影面投影所得的视图，称为基本视图。《机械制图》GB/T 14689—93 规定，采用正六面体的六个面作为基本投影面，将物体放在其中，分别向六个投影面投影(见图 4-25)，得到六个基本视图：主视图、俯视图、左视图、右视图、仰视图、后视图，这六个视图称为基本视图。

展开方法均按第一角投影法，如图 4-26 所示（正立面不动）。

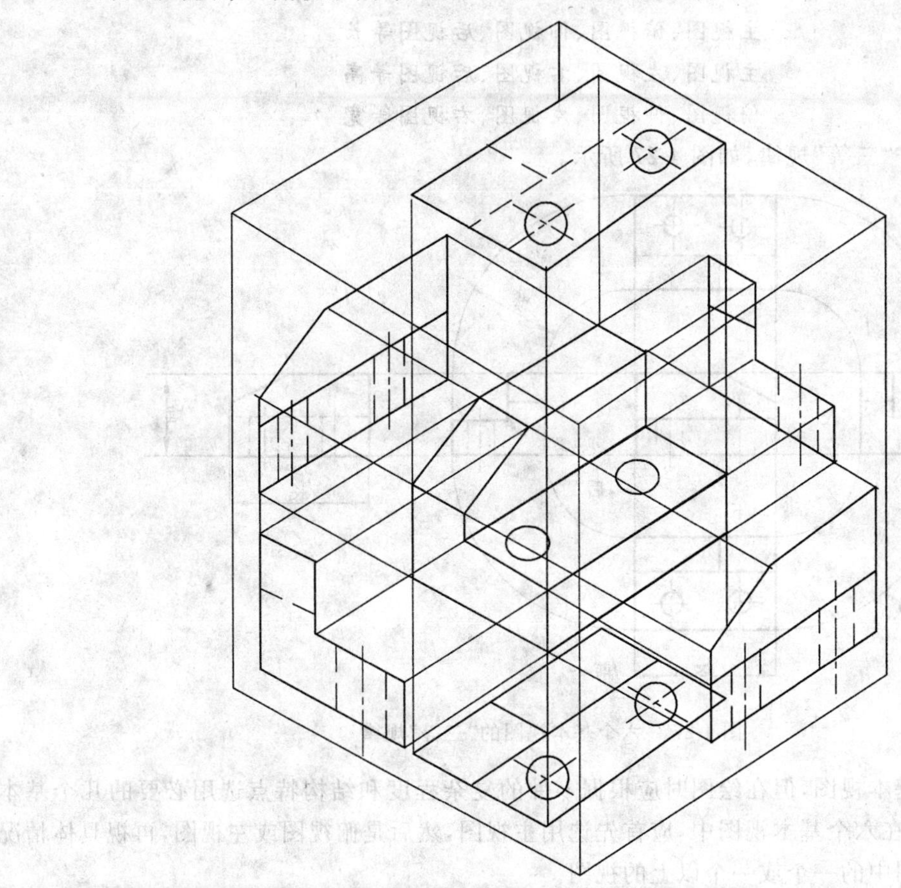

图 4-25　正六面体的六个面作为基本投影面

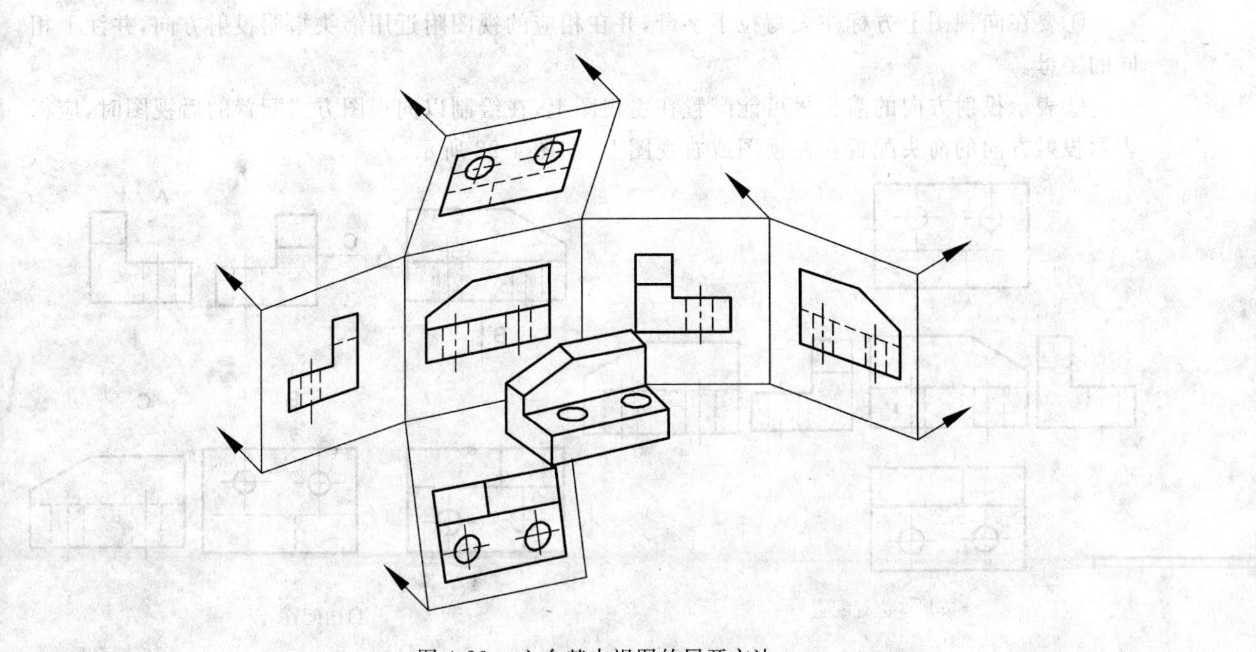

图 4-26　六个基本视图的展开方法

六个基本视图的关系：

主视图、俯视图、仰视图、后视图等长

主视图、左视图、右视图、后视图等高

俯视图、仰视图、左视图、右视图等宽

视图仍然遵守“三等”规律，如图 4-27 所示。

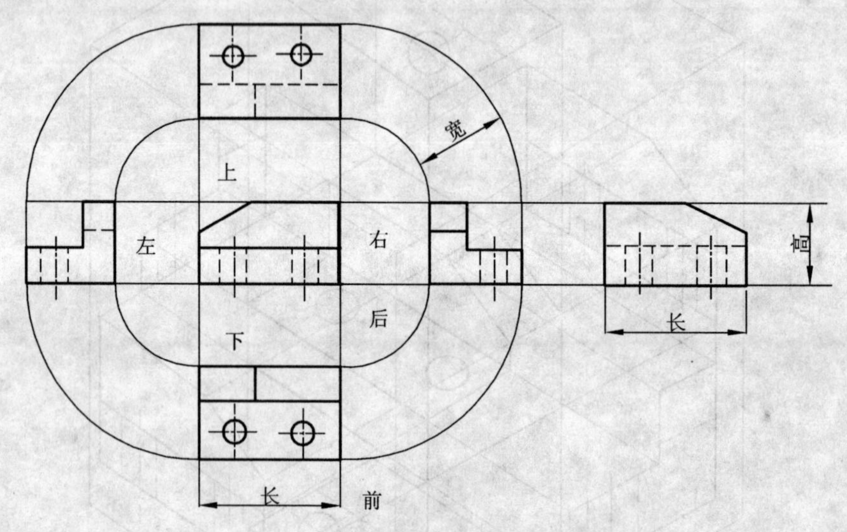

图 4-27　六个基本视图的“三等”规律

虽然有六个基本视图，但在绘图时应根据零件的复杂程度和结构特点选用必要的几个基本视图。一般而言，在六个基本视图中，应首先选用主视图，然后是俯视图或左视图，再视具体情况选择其他三个视图中的一个或一个以上的视图。

(2)向视图。向视图是可自由配置的视图。向视图的标注方法如下：

①要在向视图上方标注大写拉丁字母，并在相应的视图附近用箭头指明投射方向，并注上相同的字母。

②表示投射方向的箭头尽可能配置在主视图上，在绘制以向视图方式配置的后视图时，应将表示投射方向的箭头配置在左视图或右视图上，如图 4-28 所示。

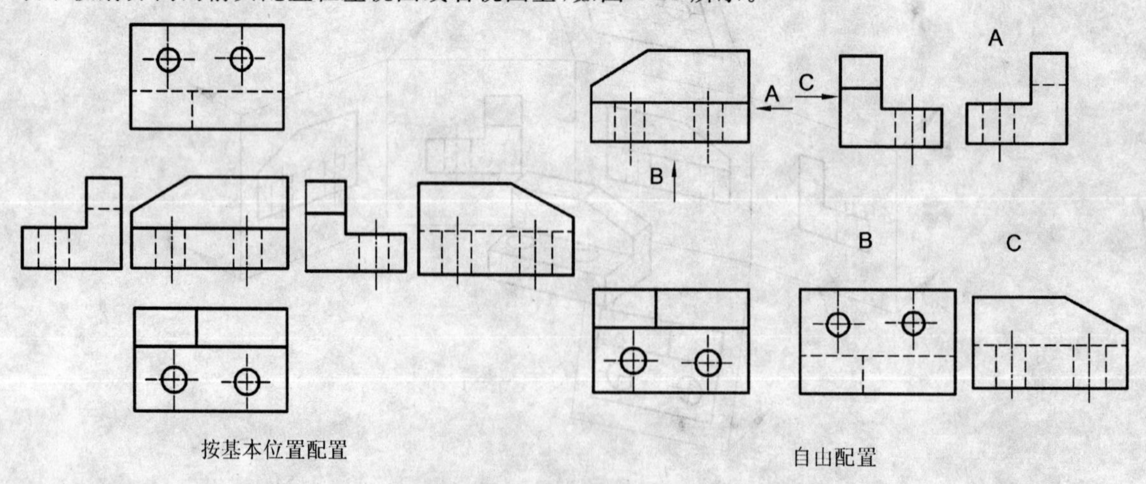

图 4-28　向视图

(3)局部视图。将机件的某一部分向基本投影面投影所得的视图,称为局部视图。

局部视图可按基本视图的配置形式配置,也可按向视图的配置形式配置。用带字母的箭头指明要表达的部位和投射方向,并注明视图名称。

局部视图的断裂边界用波浪线表示。当局部视图所表示的局部结构是完整的,且外轮廓线又成封闭时,波浪线可省略不画,如图4-29所示。

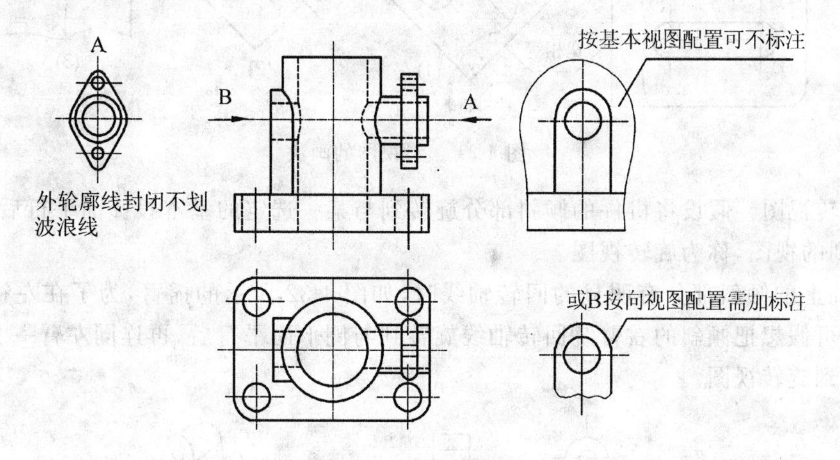

图4-29　局部视图

(4)斜视图。机件向不平行于任何基本投影面的平面投影所得的视图,称为斜视图。

当机件上的倾斜部分在基本视图中不能反映出真实形状时,可重新设立一个与机件倾斜部分平行的辅助投影面(辅助投影面又必须与某一基本投影面垂直)。将机件的倾斜部分向辅助投影面进行投影,即可得到机件倾斜部分在辅助投影面上反映实形的投影——斜视图,如图4-30所示。

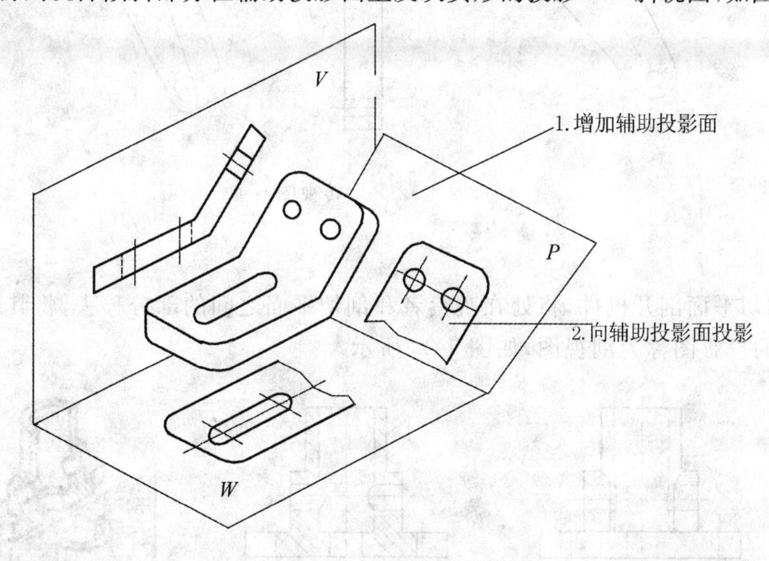

图4-30　斜视图

斜视图一般按投影关系配置,如图4-31中“(1)”所示,也可以配置在其他位置,如图4-31中“(2)”所示,也允许将图形转正,如图中“(3)”所示。

斜视图必须在视图上方用大写拉丁字母表示视图的名称,在相应的视图附近用箭头指明投射方向,并注上相同字母。斜视图旋转后要加注旋转符号,如图4-31所示。

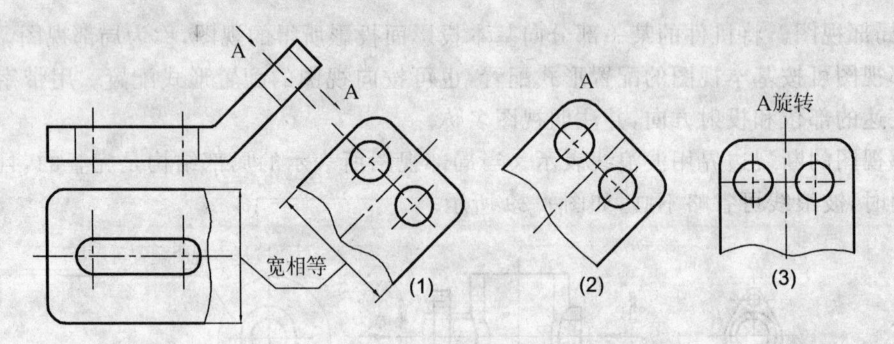

图 4-31　斜视图的画法

(5)旋转视图。假设将机件的倾斜部分旋转到与某一选定的基本投影面平行后,向该投影面投影所得到的视图,称为旋转视图。

当机件上的倾斜部分有明显的回转轴线时,如图 4-32 所示的摇臂,为了在左视图表示出右臂的实长,可假想把倾斜的右臂绕回转轴线旋转到与侧平面平行后,再连同左臂一起画出它的左视图,即得到旋转视图。

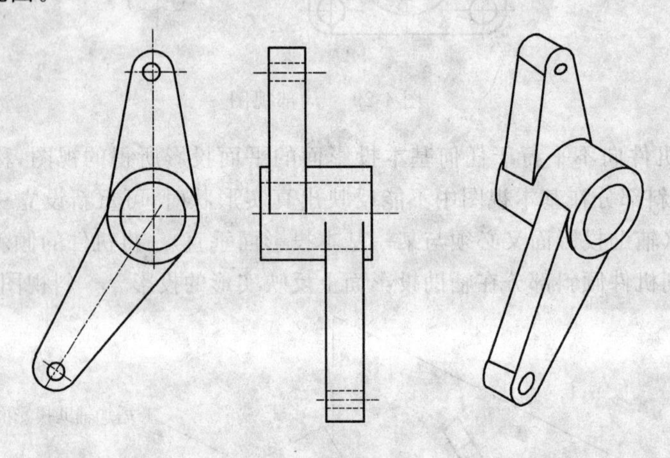

图 4-32　旋转视图

2. 剖视图

假想用剖切平面剖开机件,将处在观察者和剖切平面之间的部分移去,将其余部分向投影面投影,所得到的投影图称为剖视图,如图 4-33 所示。

图 4-33　剖视图

剖视图由两部分组成，一是剖面区域，如图4-34所示。另一部分是剖切面后边的可见部分的投影。

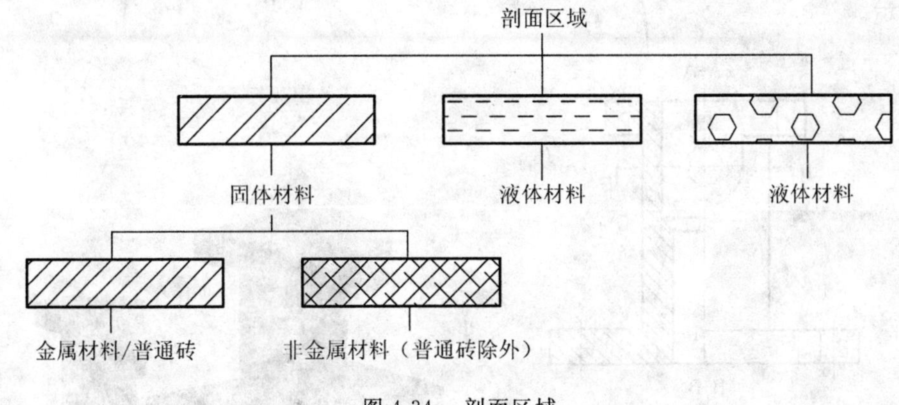

图4-34　剖面区域

(1)剖视图画法要点。剖视图是假想将机件剖切后画出的图形，因此要画好剖视图应做到：

①剖切位置应适当。剖切面应尽量通过较多的内部结构（孔、槽）的轴线或对称中心线。剖切平面一般应平行于相应的投影面。

②内部轮廓要补全。假想剖开机件后，处在剖切平面之后的所有可见轮廓都应该补全，不得遗漏。

③剖视图是假想剖切画出的，所以与其相关的视图仍应保持完整，由剖视图已表达清楚的结构，视图中虚线可省略。

④剖面符号要正确。用粗实线画出机件被剖切后截面的轮廓线及机件上处于截断面后面的可见轮廓线，并且在截断面上画出相应材料的剖面符号。《机械制图》GB/T 14689—93规定了各种材料剖面符号的画法。其中金属材料的符号用与水平成45°的间隔均匀、互相平行的细实线表示，这种线称为剖面线。注意：同一机件的剖面线倾斜方向和间隔应该一致。

(2)剖视图的标注。一般应在剖视图的上方用字母标注出剖视图的名称"×－×"，在相应视图上用剖切符号表示剖切位置，用箭头表示投影方向，并注上同样的字母，如图4-33所示。

3. 几种常用的剖视图

按剖切范围的大小，剖视可分为全剖视、半剖视、局部剖视。

(1)全剖视图。用剖切面完全地剖开物体所得的剖视图，如图4-35所示。

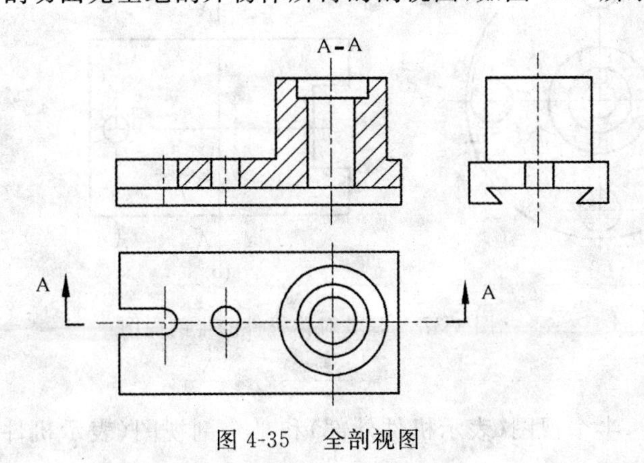

图4-35　全剖视图

适用范围：外形较简单，内形较复杂，而图形又不对称时。

(2)半剖视图。以对称中线为界一半画成剖视图，另一半画成视图，称为半剖视图，如图 4-36所示。

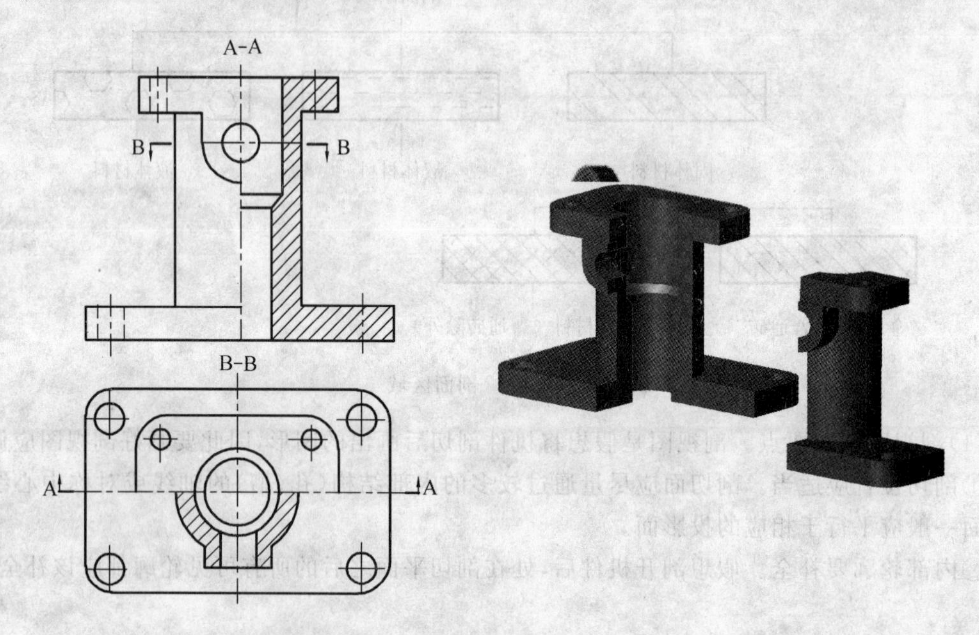

图 4-36 半剖视图

适用范围：内、外形都较复杂的对称机件(或基本对称的机件)。

半剖视图的标注：与全剖视图相同，当剖切平面未通过机件对称平面时必须标出剖切位置和名称，箭头可省略；

标注尺寸时，尺寸线上只能画出一端箭头，而另一端只需超过中心线而不画箭头；

基本对称机件也可画成半剖视图，如图 4-37 所示。

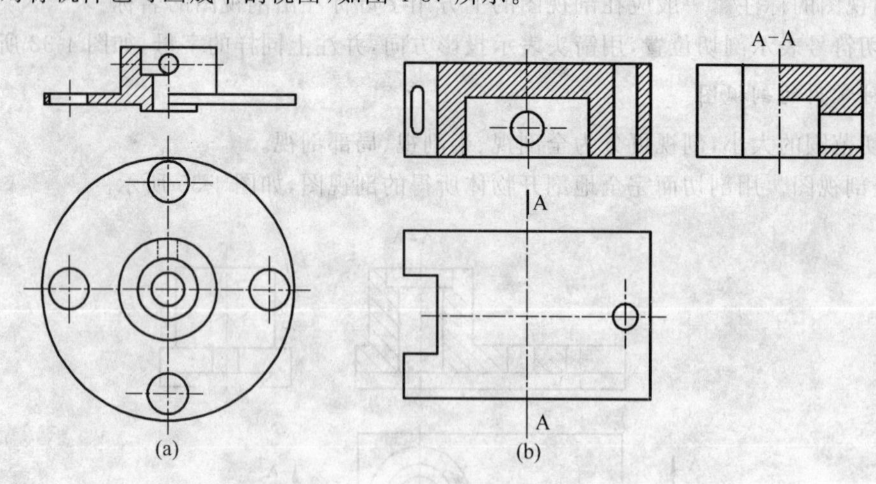

图 4-37 基本对称机件的半剖视图

应注意的问题：

①在半剖视图中，半个视图(表示机件外部)和半个剖视图(表示机件内部)的分界线是对称中心线，不能画成粗实线。

②在半个视图中应省略表示内部形状的虚线(如图形对称),因机件内形已在半个剖视图中表达清楚。

③半个剖视图,对于主视图和左视图应处于对称中心线右半部,对于俯视图应处于对称中心线前半部,如图 4-36 所示。

(3)局部剖视图。用剖切平面局部地剖开机件,所得的剖视图,称为局部剖视图。

适用范围:局部剖视图主要用于机件内、外结构和形状都比较复杂、不对称的情况。局部剖视图与视图的分界线一般是波浪线,如图 4-38 所示。

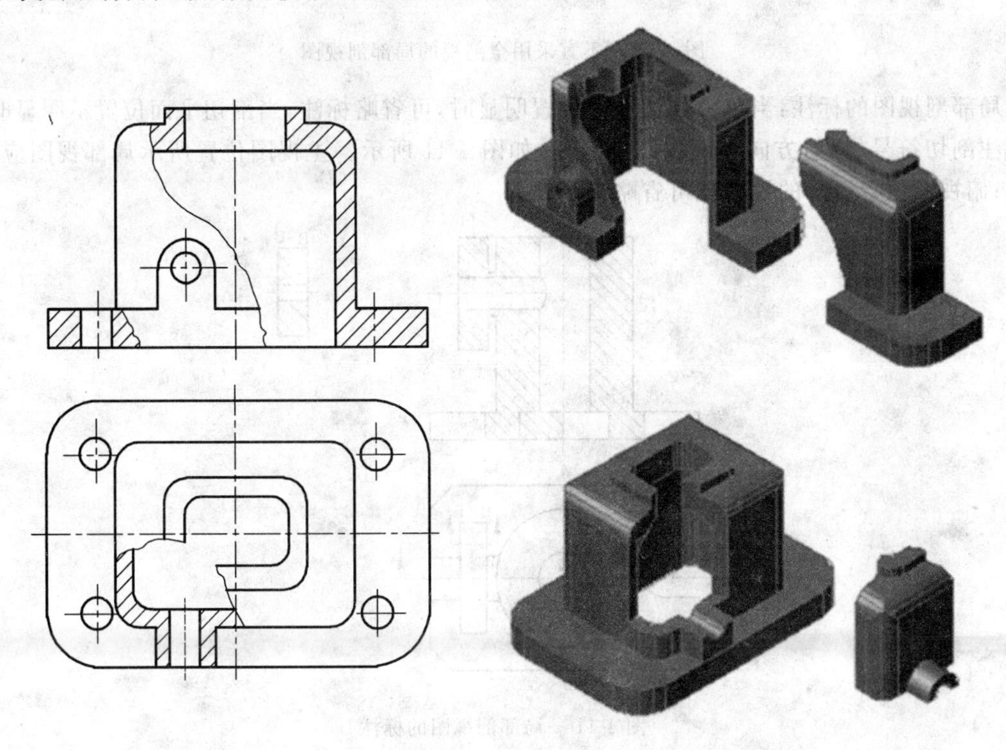

图 4-38　局部剖视图

以下两种情况不宜采用半剖视图,宜采用局部剖视图:

①虽有对称平面但轮廓线与对称中心线重合,不宜采用半剖视图时,如图 4-39 所示。

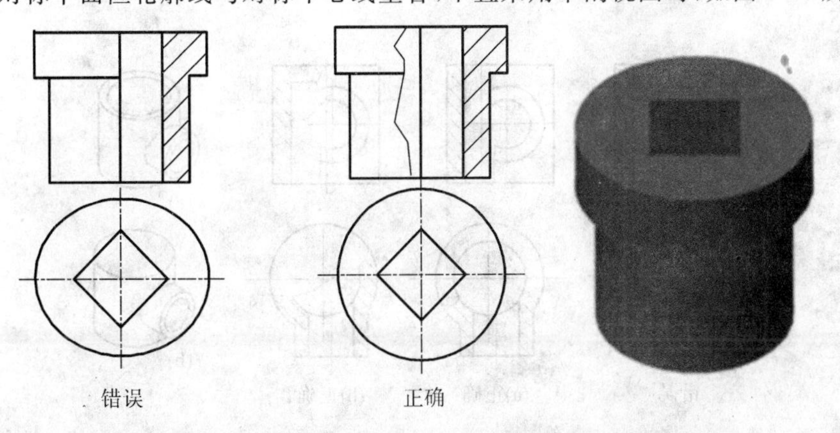

图 4-39　不宜采用半剖视的局部剖图

②当机件需要表达局部内形和结构，而又不宜采用全剖视图时，如轴、连杆、螺钉等实心零件上的某些孔或槽等结构，如图 4-40 所示。

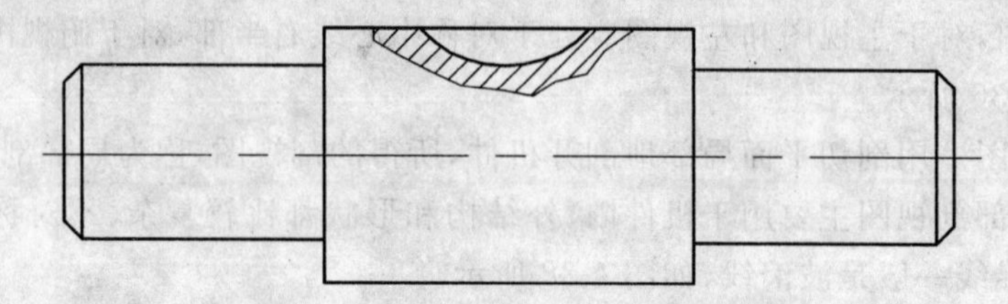

图 4-40　不宜采用全剖视的局部剖视图

局部剖视图的标注：当单一剖切平面位置明显时，可省略标注，当剖切平面位置不明显时，必须标注剖切符号、投射方向和剖视图的名称，如图 4-41 所示。主视图位置所示局部视图应进行标注；俯视图位置所示的视图就可省略标注。

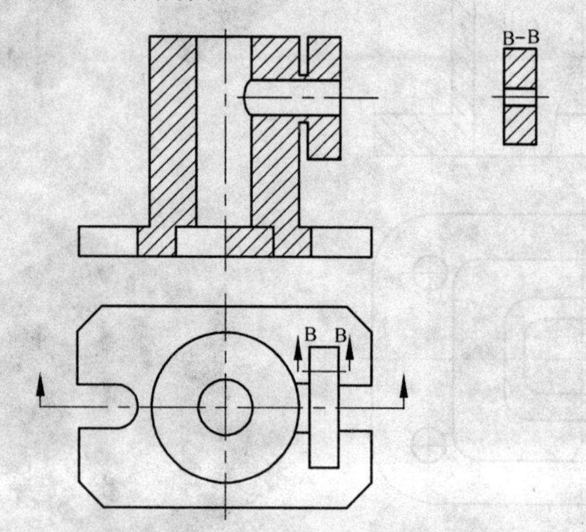

图 4-41　局部剖视图的标注

注意的问题：

①波浪线不能超出剖切部分的图形轮廓线。

②剖切平面和观察者之间的通孔、通槽内不能画波浪线（即波浪线不能穿空而过），如图 4-42所示。

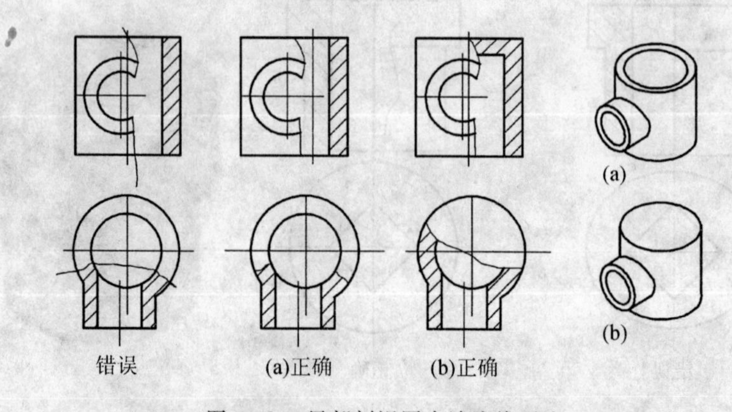

图 4-42　局部剖视图中波浪线画法

③波浪线不能用图形轮廓线代替或画在轮廓线的延长线上，如图 4-43 所示。

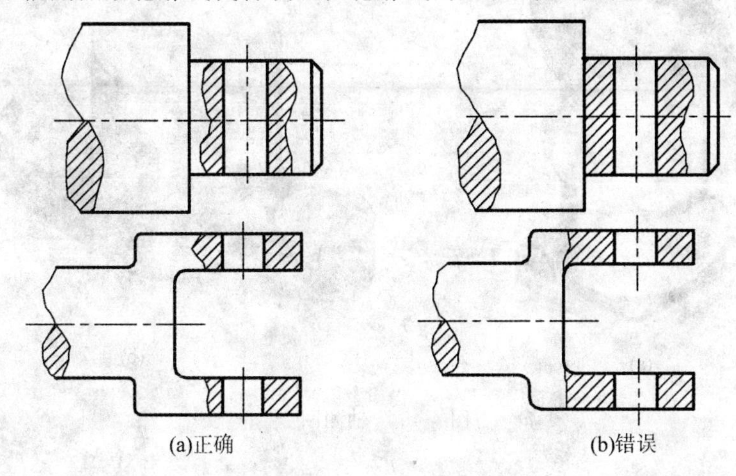

图 4-43　波浪线不能用图形轮廓线代替或画在轮廓线的延长线上

4.3.5　任务教学的物资准备

(1)绘图室。

(2)丁字尺、图板、三角板、圆规、分规、铅笔、橡皮、图板、图纸等。

4.3.6　任务教学的学习指导

(1)先对机件进行结构分析，研究其结构特点，选好主视图。在此基础上再选择其他的视图，经过分析比较，确定一个可行方案。

方案建议：图 4-44 轴测图主视图采用全剖，俯视图采用视图即可。

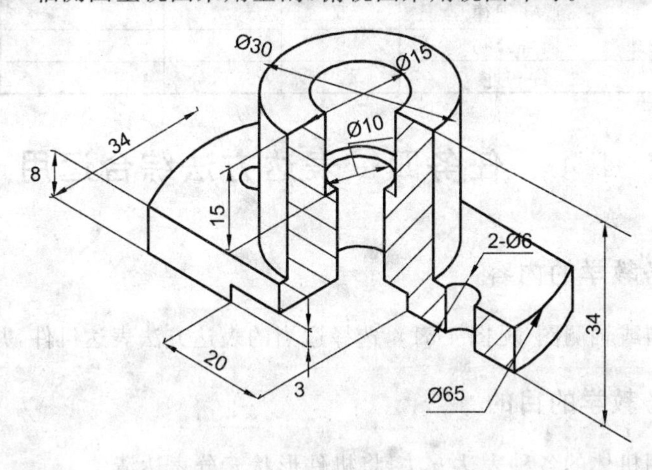

图 4-44　轴测图

方案建议：图 4-45 的两个立体图主视图采用全剖，另外加 4 个局部视图。本方案有多种，学生可自己再开动脑筋想一想。

(2)根据图幅和比例，合理布置各图形的位置。

(3)按正确的作图方法逐步画出所需要的图形，完成底稿。

(4)经仔细校核后，加深图线，并标注尺寸。

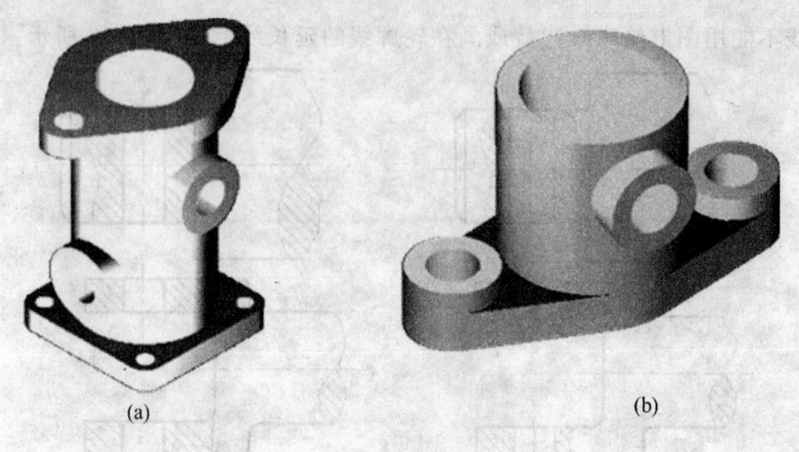

图 4-45　轴测图

4.3.7　任务三考核

任务三考核内容表 4-3 所示。

表 4-3　任务三考核内容

序　号	评定内容	应得分	应扣分	单项得分	备　注
1	图形表达方案	20			
2	合理布图、投影关系	30			
3	尺寸标注及准确度	20			
4	图线标准、比例	5			
5	数字、文字工整	5			
6	标题栏、图框	5			
7	图面清洁	5			
8	遵守纪律	5			
9	损害公物	5			
10	合　计	100			

4.4　任务四　表达方法综合运用

4.3.1　任务教学的内容

根据实物、模型或轴测图(见图 4-51),选择适当的表达方法表达机件,并标注尺寸。

4.3.2　任务教学的目的

(1)能灵活运用机体的各种表达方法,将机件形状充分表达清楚。

(2)掌握在剖视图上标注尺寸的方法。

4.3.3　任务教学的要求

(1)正确确定表达方案,机件上各形体的形状及其相对位置的表达,既无遗漏,又不应重复。

(2)所采用的各种表达方法,应符合国家标准中的规定。

(3)尺寸标注、图线应用、图形布置等应符合国标有关要求。

4.3.4　任务教学相关的基本知识点

国家标准《机械制图》规定的剖切方法有五种：单一剖切平面（全剖、半剖、局部剖）；几个互相平行的剖切平面（阶梯剖）；两相交的剖切平面（旋转剖）；组合的剖切平面（复合剖）；不平行于任何基本投影面的剖切平面（斜剖）。

1. 单一剖切平面

前面所讲的全剖、半剖、局部剖均采用单一剖切平面，此不重复。

2. 阶梯剖

几个相互平行的剖切平面在同时剖切一机件，所得的剖视图，如图4-46所示。

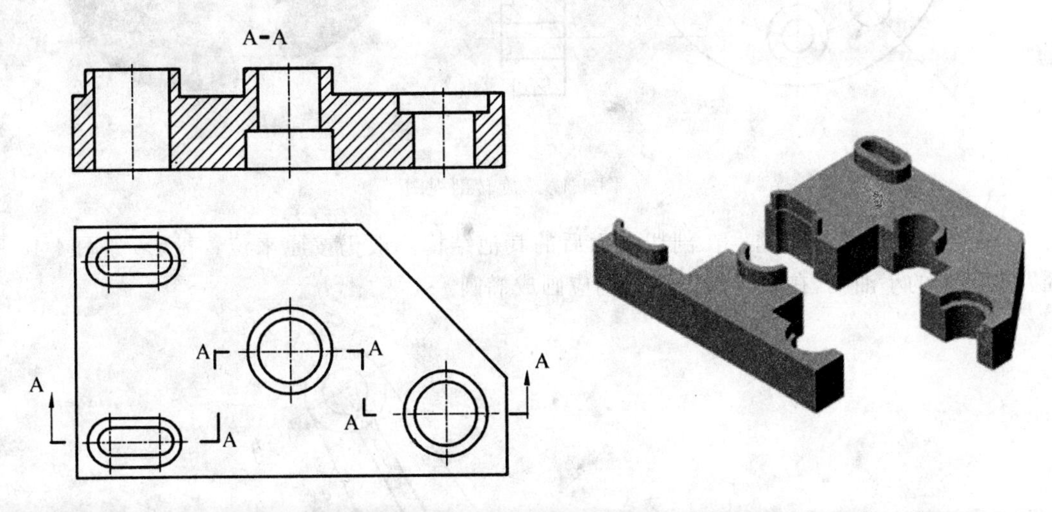

图4-46　阶梯剖

(1)适用范围。适用于表达机件上在平行于某一投影面的方向上具有两个以上不同形状和大小的复杂内部结构，如孔、槽等，而它们的轴线又不在同一投影面的同一平行平面内的情况。

(2)阶梯剖视图的标注。必须在相应视图上用剖切符号表示剖切位置，在剖切平面的起始、转折处和终止处标注相同字母。剖切符号两端用箭头表示投影方向（当剖视图按投影关系配置，中间又无其他视图隔开时，可省略箭头），并在剖视图上方标出相同字母的名称“×－×”。

(3)绘图应注意的问题：

①剖视图中不应画出剖切平面转折处的投影，因为剖切是假想的。

②剖切平面不应与机件的轮廓线重合。

③图形中不允许存在不完整的要素。

3. 旋转剖视

用两相交的剖切平面（交线垂直于某一基本投影面）剖开机件的方法，称为旋转剖。

(1)适用范围。表达相交平面内机件的内部结构且该机件具有明显的回转轴线，如盘类等机件。

(2)剖视的标注。画这种全剖视图时，必须在剖视图的上方标注剖视图的名称，并在相应的视图上用剖切符号及相同字母标注出剖切平面的起始、转折和终止位置，但根据可省略标注的条件，可不画箭头。一般两剖切平面的迹线（平面与投影面的交线称为平面的迹线）相交处(即转折处)是要标注字母的。但当转折处地方有限又不致引起误解时,允许省略字母,如图 4-47 所示。

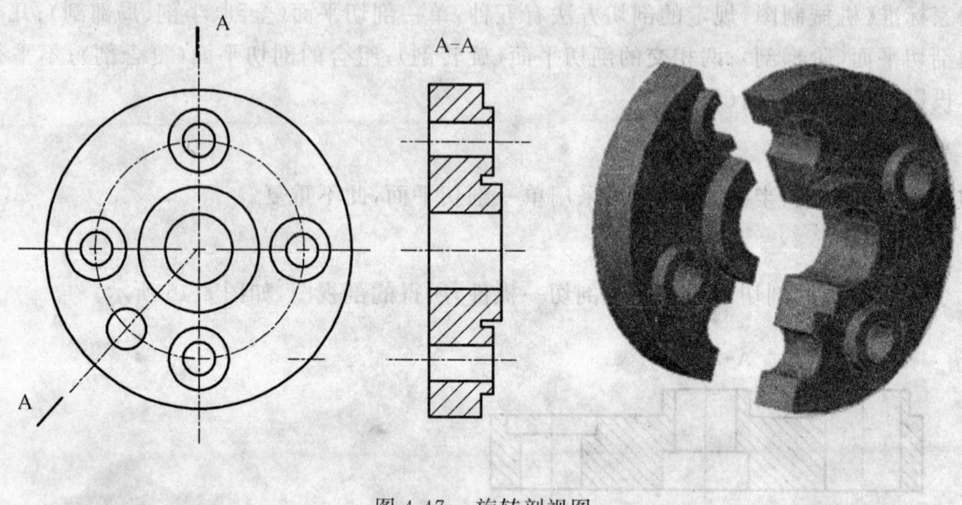

图 4-47　旋转剖视图

(3)绘图应注意的问题。在剖切平面后的其他结构一般仍按原来位置投影,如图 4-48 所示摇臂右下方的小油孔,在旋转剖视图中仍应画成椭圆。

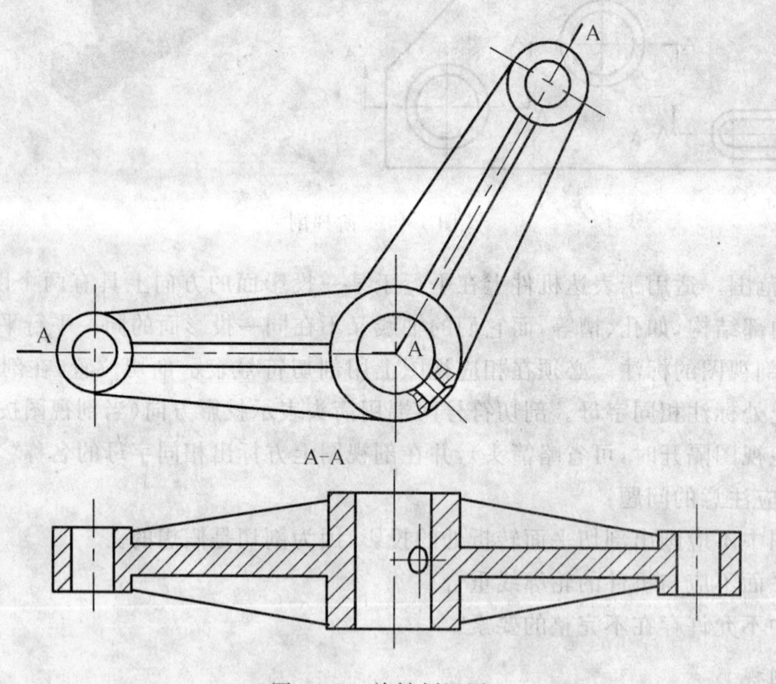

图 4-48　旋转剖视图

4. 复合剖

用组合的剖切平面剖开机件的方法,称为复合剖。

(1)适用范围。复合剖适用于表达机件具有若干形状、大小不一、分布复杂的孔和槽等的内部结构,如图 4-49 所示。

(2)复合剖视的标注。复合剖形成的剖视图必须标注,其方法与旋转剖、阶梯剖类似。

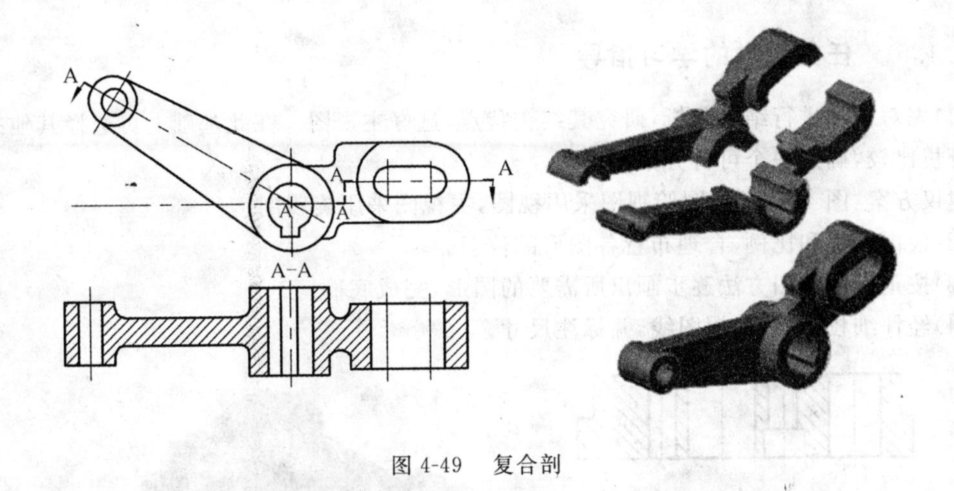

图 4-49　复合剖

5. 斜剖

用不平行于任何基本投影面的剖切平面剖开机件的方法，称为斜剖。如图 4-50 所示的A－A剖视图就是用斜剖方法获得的全剖视图。

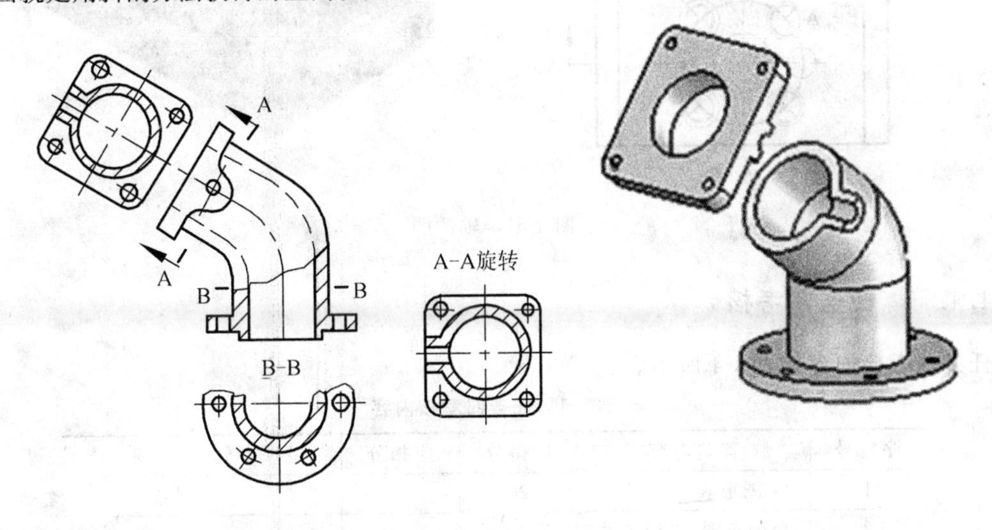

图 4-50　斜剖

(1)适用范围。适用于表达机件上处于倾斜位置部分的内部结构。

(2)斜剖视的标注。斜剖形成的全剖视图必须标注剖切位置、投影方向和剖视图名称。为了看图方便，这种剖视图一般都按投影关系配置在投影方向和相对应的位置上。必要时也允许将视图旋转放在剖视图名称的后面加注“旋转”二字。

(3)绘图应注意的问题。在画斜剖视图的剖面符号时，当某一剖视图的主要轮廓与水平线成45°时，将该剖视图的剖面线与水平线画成 60°或 30°，其余图形中的剖面线仍与水平线成 45°，但两者的倾斜趋势相同。

4.4.5　任务教学的物资准备

(1)绘图室。

(2)丁字尺、图板、三角板、圆规、分规、铅笔、橡皮、图板、图纸等。

4.4.6 任务教学的学习指导

(1)先对机件进行结构分析,研究其结构特点,选好主视图。在此基础上再选择其他的视图,经过分析比较,确定一个可行方案。

建议方案:图 4-51 轴测图俯视图采用视图,主视图采用旋转剖。

(2)根据图幅和比例,合理布置各图形的位置。

(3)按正确的作图方法逐步画出所需要的图形,完成底稿。

(4)经仔细校核后,加深图线,并标注尺寸。

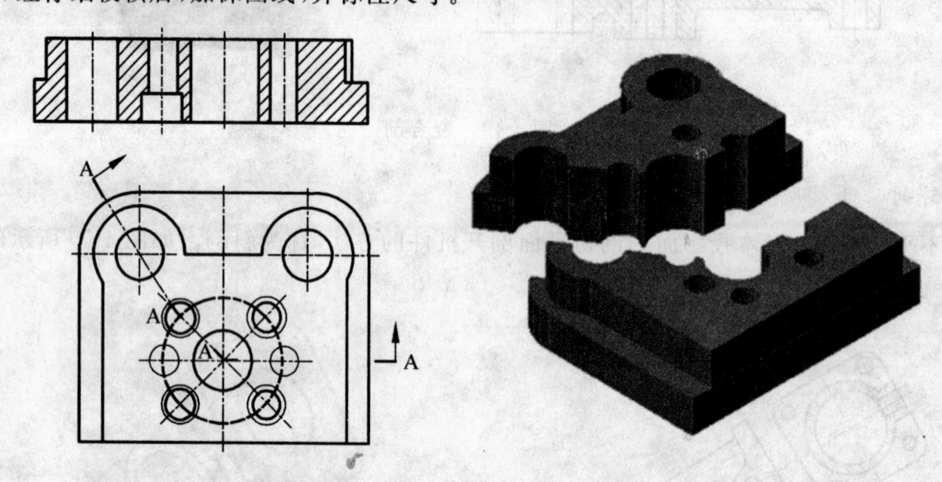

图 4-51 轴测图

4.4.7 任务四考核

任务四考核内容如表 4-4 所示。

表 4-4 任务四考核内容

序 号	评定内容	应得分	应扣分	单项得分	备 注
1	图形表达方案	20			
2	合理布图、投影关系	30			
3	尺寸标注及准确度	20			
4	图线标准、比例	5			
5	数字、文字工整	5			
6	标题栏、图框	5			
7	图面清洁	5			
8	遵守纪律	5			
9	损害公物	5			
10	合 计	100			

第5章　零件测绘

5.1　零件测绘概述

5.1.1　零件测绘的概念

零件测绘就是根据零件实物绘制出其图形、测量和标注尺寸、制定合理的技术要求的过程。

测绘与设计不同，测绘是先有实物，再画出图样；而设计一般是先有图样后有样机。如果把设计工作看成是构思实物的过程，则测绘工作可以说是一个认识实物和再现实物的过程。

测绘往往对某些零件的材料、特性要进行多方面的科学分析鉴定，甚至研制。因此，多数测绘工作带有研究的性质，基本属于产品研制范畴。

根据目的不同可将零件测绘分为以下几种：

(1)设计测绘，即测绘为了设计。根据需要对原有设备的零件进行更新改造，这些测绘多是从设计新产品或更新原有产品的角度进行的。

(2)机修测绘，即测绘为了修配。零件损坏，又无图样和资料可查，需要对坏零件进行测绘。

(3)仿制测绘，即测绘为了仿制。为了学习先进，取长补短，常需要对先进的产品进行测绘，以便制造出更好的产品。

(4)技术资料的存档与交流。引进国外的先进设备，其技术资料几乎都是残缺不全或缺少关键性的图纸，而国内的技术革新，有些是在无资料、无图纸的情况下进行试制的。为了技术存档和交流，必须进行测绘。这种设备一经投产，再进行测绘就要受安全设施、供电供水系统等多种因素的影响，因而测绘很不方便。

(5)易损备品备件的测绘。对于机器设备中的易损备品备件，在机器安装前或安装同时进行测绘，以生产出符合要求的备品备件，以便在零件损坏时能得到及时的更换，不影响生产。

(6)工科院校教学中的测绘。这类测绘多属于教学环节的需要，目的是为了强化学生的工程意识，加强工程教育和工程训练，培养学生的综合应用能力。虽然与前面所述五种测绘的目的不同，但是测绘的方法和要求是完全一致的。

5.1.2　零件测绘任务教学的目的

(1)通过零件测绘，熟悉零件图的内容及要求，掌握绘制零件工作图的方法和步骤，提高绘图能力。

(2)通过零件测绘，加深对零件工艺结构的感性认识。

(3)通过零件测绘 ，熟悉常用测量工具 ，掌握几种常见的测量方法。

(4)掌握徒手绘图的方法。

5.1.3　零件测绘的相关基本知识

(1)测绘工具。

(2)被测零件的图形绘制。

(3)测绘中零件尺寸的圆整与协调。

5.1.4 技能训练项目

(1)轴套类零件的测绘。
(2)盘盖类零件的测绘。
(3)叉架类零件的测绘。
(4)箱体类零件的测绘。
(5)直齿圆柱齿轮的测绘。
(6)螺纹的测绘。

5.1.5 设备及器材配置

按组分配:
(1)测绘试验台 1 台。
(2)测绘模型或部件 1 台。
(3)测绘仪器及工具 1 套。
(4)绘图桌按人数配置。
(5)绘图仪器个人自备。

5.2 测绘工具

常见的测量工具有外卡钳、内卡钳、钢板尺、游标卡尺、千分尺、螺纹规、圆角规等,如图 5-1 所示。

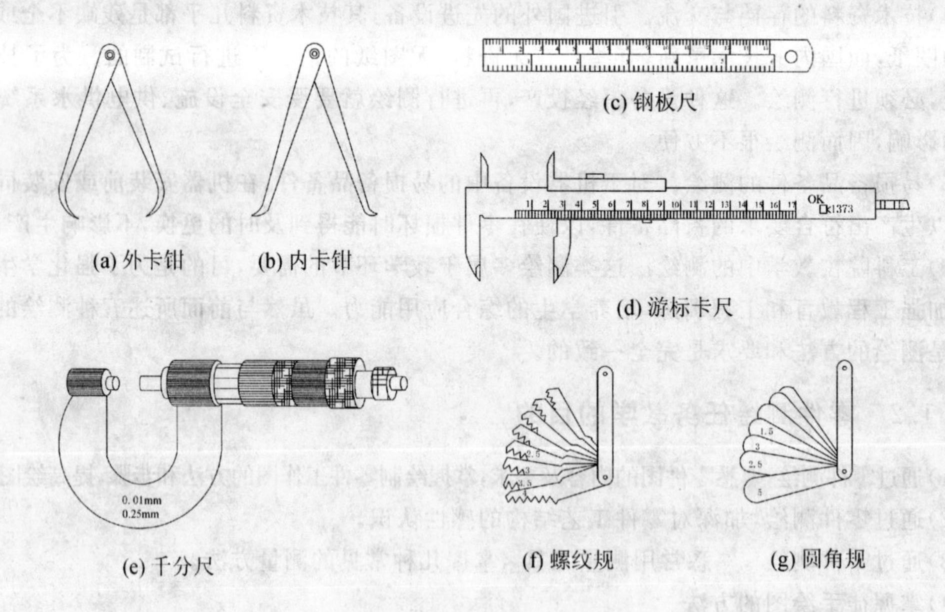

图 5-1 常见的测量工具

5.2.1 外卡钳

外卡钳主要用于测量回转体的外径。图 5-2(a)所示为用外卡钳测孔径;图 5-2(b)所示为在直尺上读取所测得孔径的数值。图 5-2(c)所示为外卡钳与钢板尺相配合测量壁厚。

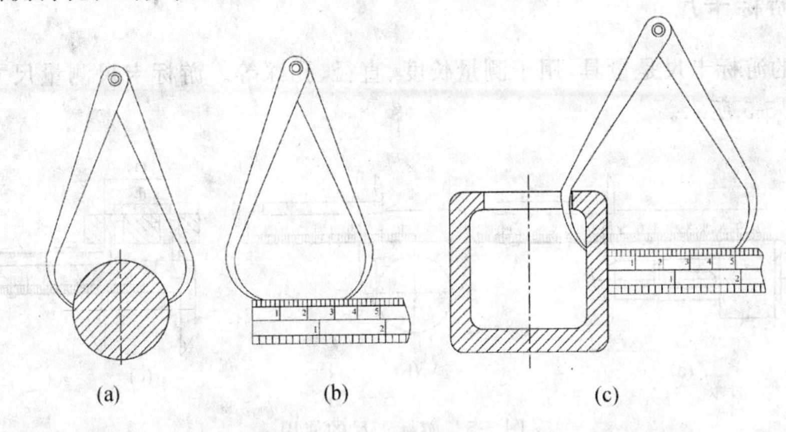

图 5-2　外卡钳测量外径和壁厚

5.2.2　内卡钳

内卡钳主要用于测量孔径。图 5-3 所示为在直尺上读取所测得孔径的数值。

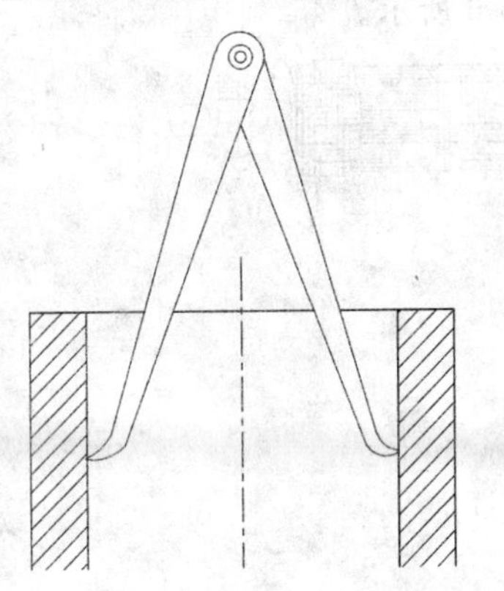
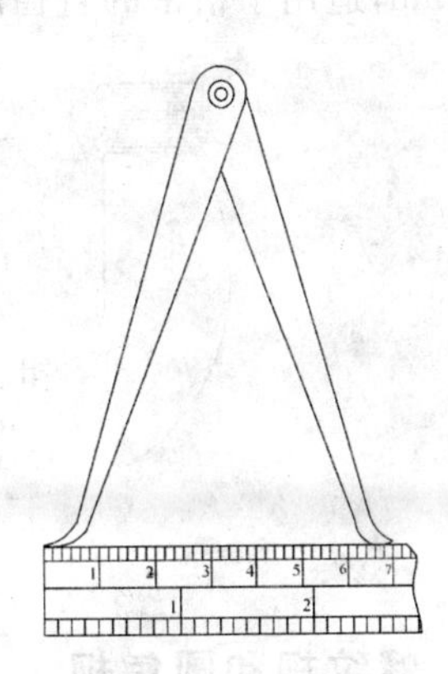

图 5-3　内卡钳测量孔径

5.2.3　钢板尺

钢板尺用于测量线性尺寸，如图 5-4 所示。

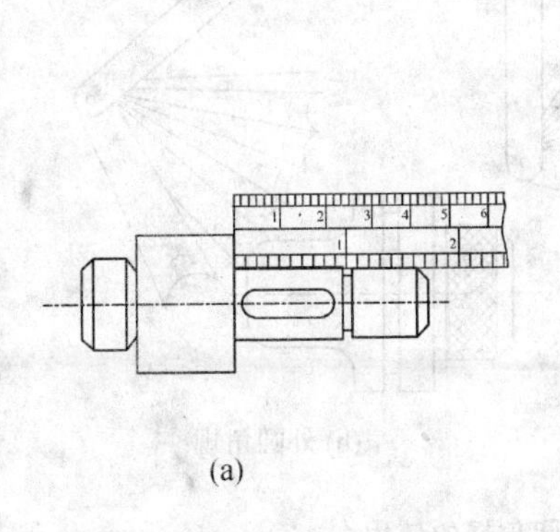

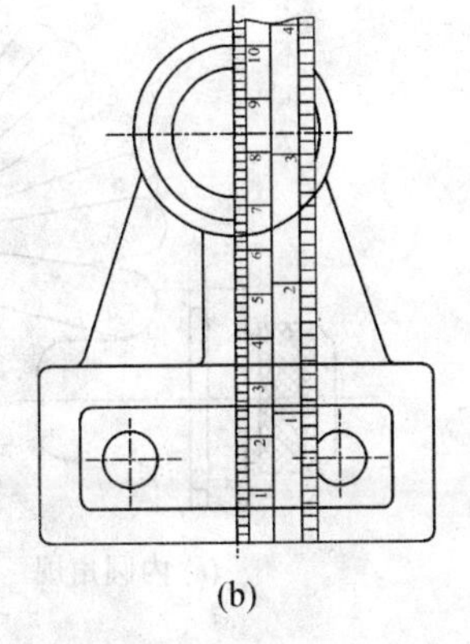

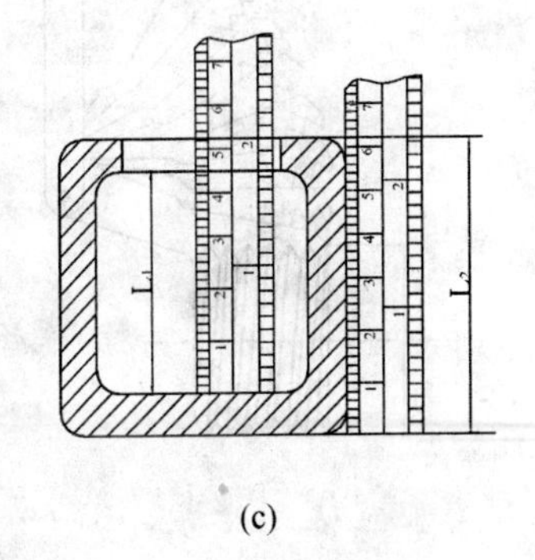

图 5-4　钢板尺测量线性尺寸

5.2.4　游标卡尺

比较精密的游标卡尺是量具，用于测量长度、直径、孔深等。游标卡尺测量尺寸可以精确到 0.02 mm，如图 5-5 所示。

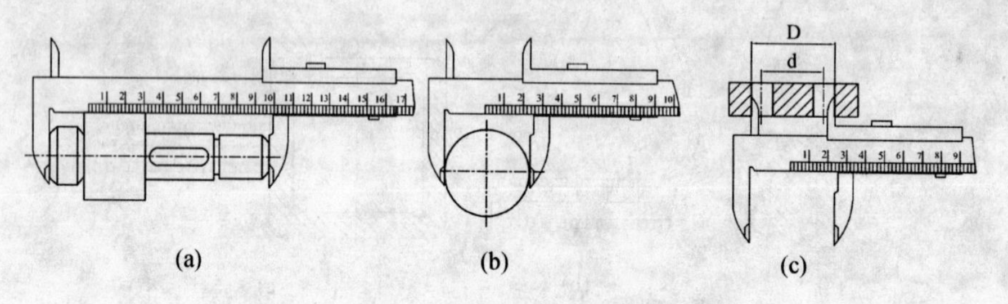

图 5-5　游标卡尺的使用

5.2.5　千分尺

螺旋测微器又称千分尺，是比游标卡尺更精密的测量长度的工具。千分尺测量尺寸可以精确到 0.001 mm，适用于精密的直径尺寸测量，如图 5-6 所示。

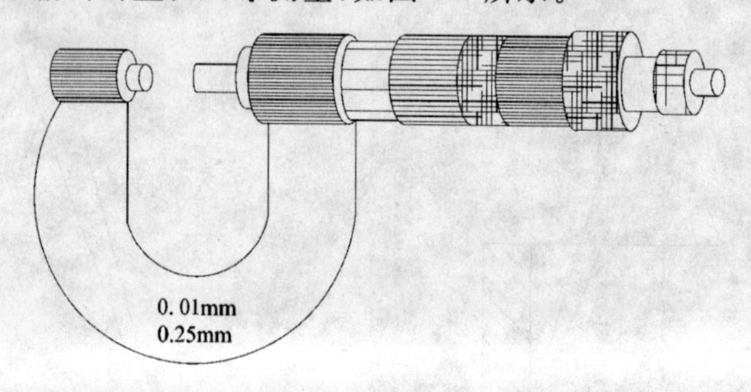

图 5-6　千分尺

5.2.6　螺纹规和圆角规

螺纹规是测量螺纹牙型及螺距的专用工具，如图 5-7 所示。而圆角规则是用来测量圆角的专用工具，如图 5-8 所示。

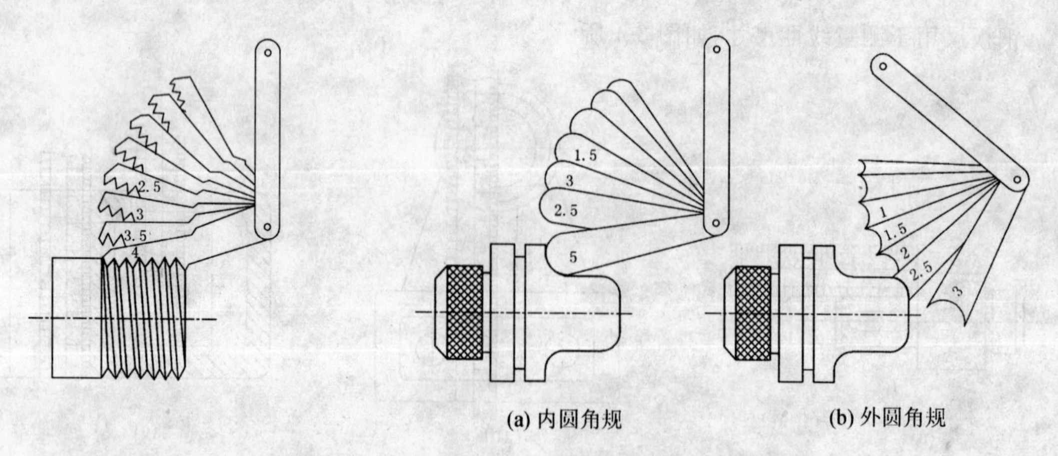

图 5-7　螺纹规的使用　　　　图 5-8　圆角规的使用

5.3　被测零件的图形绘制

5.3.1　零件草图的绘制

零件测绘工作常在机器设备的现场进行，受条件限制，一般先绘制出零件草图，然后根据零件草图整理出零件工作图。因此，零件草图决不是潦草图。

徒手绘制的图样称为草图，它是不借助绘图工具，用目测来估计物体的形状和大小，徒手绘制的图样。在讨论设计方案、技术交流及现场测绘中，经常需要快速地绘制出草图，徒手绘制草图是工程技术人员必须具备的基本技能。

零件草图的内容与零件工作图相同，只是线条、字体等为徒手绘制。

徒手图应做到：线型分明、比例均匀、字体端正、图面整洁。

1.徒手画草图的基本方法

(1)握笔的方法。手握笔的位置要比用绘图仪绘图时较高些，以利于运笔和观察目标。笔杆与纸面呈45°～60°，持笔稳而有力。一般选用HB或B的铅笔，用印有方格的图纸绘图。

(2)直线的画法。画直线时，握笔的手要放松，手腕靠着纸面，沿着画线的方向移动，眼睛注意线的终点方向，便于控制图线。

画水平线时，图纸可放斜一点，将图纸转动到画线最为顺手的位置。画垂直线时，自上而下运笔。画斜线时可以转动图纸到便于画线的位置。画短线时，常用手腕运笔，画长线则用手臂动作。

(3)圆和曲线的画法。画圆时，先定出圆心的位置，过圆心画出互相垂直的两条中心线，再在对称中心线上距圆心等于半径处目测截取四点，过四点分段画成。画稍大的圆时，可加画一对十字线，并同时截取四点，过八点画圆。

对椭圆及圆弧的画法，也是尽量利用与正方形、长方形、菱形相切的特点。

(4)角度的画法。画30°、45°、60°等特殊角度的斜线时，可利用两直角边比例关系近似地画出。

(5)复杂图形画法。当遇到较复杂形状时，采用勾描轮廓和拓印的方法。如果平面能接触纸面时，用色描法，直接用铅笔沿轮廓画出线来。

2.画零件草图的方法和步骤

(1)认真分析零件：

①了解零件的名称和用途。

②鉴定该零件是由什么材料制成的。

③对该零件进行结构、工艺分析。

(2)选择表达方案。选择主视图和其他视图，确定表达方案。

(3)画零件草图：

①在图纸上定出各个视图的位置，徒手画出各个视图的基准线、中心线，注意尺寸和标题栏占用的空间。

②画出各个视图的主要轮廓、零件内外部结构，逐步完成各个视图的底稿。

③检查底稿，徒手加深图线，画出剖面线，注意各类图线粗细分明。

④选择尺寸基准，画出尺寸线、尺寸界线。

⑤测量尺寸并注出尺寸。

⑥确定技术要求,并标注。

⑦填写标题栏。

5.3.2 画零件工作图的方法和步骤

由于零件草图是在现场测绘的,有些问题的表达可能不是完善的,因此,在画零件图之前,应仔细检查零件草图表达是否完整、尺寸有无遗漏、各项技术要求之间是否协调,确定零件的最佳表达方案。

(1)对零件草图进行审核,对表达方法作适当调整。

(2)画零件工作图的方法和步骤:选择比例,确定幅面,画底稿,校对加深,填写标题栏。

5.3.3 测绘时应注意的事项

(1)对零件制造的缺陷,如砂眼、气孔和刀痕等不应画出。对于加工和装配所需要的工艺结构(如圆、倒角、退刀槽、凸台和凹坑等)都必须画出。

(2)对于有配合关系的尺寸和重要定位尺寸,应先测出其基本尺寸,再根据配合性质,查阅相关的标准手册,确定其偏差值。

(3)对螺纹、键槽、齿轮等标准结构的尺寸,应把测量的结果与标准值核对,若有差别时,应以标准值为准。

5.4 测绘中零件尺寸的圆整与协调

5.4.1 优先数和优先数系

当设计者选定一个数值作为某种产品的参数指标时,这个数值就会按照一定的规律,向一切有关的制品传播扩散。例如,螺栓尺寸一旦确定,与其相配的螺母就定了,进而传播到加工、检验用的机床和量具,继而又传向垫圈、扳手的尺寸等。由此可见,在设计和生产过程中,技术参数的数值不能随意设定,否则,即使微小的差别,经过反复传播后,也会造成尺寸规格繁多、杂乱,以至于组织现代化生产及协作配套困难。因此,必须建立统一的标准。在生产实践中,人们总结出一种符合科学的统一数值标准——优先数和优先数系。

在设计和测绘中遇到选择数值时,特别是在确定产品的参数系列时,必须按标准规定,最大限度地采用,这就是优先的含义。

5.4.2 尺寸的圆整

按实物测量出来的尺寸,往往不是整数,所以,应对所测量出来的尺寸进行处理、圆整。尺寸圆整后,可简化计算,使图形清晰,更重要的是,可以采用更多的标准刀量具,缩短加工周期,提高生产效率。

基本原则为:逢 4 舍,逢 6 进,遇 5 保证偶数。

1.轴向主要尺寸(功能尺寸)的圆整

可根据实测尺寸和概率论理论,考虑到零件制造误差是由系统误差与随机误差造成的,其概率分布应符合正态分布曲线,故假定零件的实际尺寸应位于零件公差带中部,即当尺寸只有一个实测值时，就可将其当成公差中值，尽量将基本尺寸按国标圆整成为整数，并同时保证所给公差等级在IT9级以内。公差值可以采用单向公差或双向公差，一般为后者。

例：现有一个实测值为非圆结构尺寸19.98，请确定基本尺寸和公差等级。

20与实测值接近，根据保证所给公差等级在IT9级以内的要求，初步定为20IT9，查阅公差表，可知公差值。根据公差配合中关于非圆的长度尺寸公差，一般处理为：孔按H，轴按h，一般长度按js（对称公差带）。

取基本偏差代号为js，公差等级取为9级，则此时的上下偏差为：$es=+$公差值$/2$，$ei=-$公差值$/2$，实测尺寸19.98的位置基本符合要求。

2.配合尺寸的圆整

配合尺寸属于零件上的功能尺寸，确定是否合适，直接影响产品性能和装配精度，要做好以下工作：

(1)确定轴孔基本尺寸（方法同轴向主要尺寸的圆整）。

(2)确定配合性质（根据拆卸时零件之间松紧程度，可初步判断出是有间隙的配合还是有过盈的配合）。

(3)确定基准制（一般取基孔制，但也要根据零件的作用来决定）。

(4)确定公差等级（在满足使用要求的前提下，尽量选择较低等级）。

在确定好配合性质后，还应具体确定选用的配合。

3.一般尺寸的圆整

一般尺寸为未注出公差的尺寸，公差值可按国标未注公差规定或由企业统一规定。圆整这类尺寸，一般不保留小数，圆整后的基本尺寸要符合国标规定。

5.4.3　尺寸协调

在零件图上标注尺寸时，必须注意把装配在一起的有关零件的测绘结果加以比较，并确定其基本尺寸和公差，不仅相关尺寸的数值要相互协调，而且，在尺寸的标注形式上也必须采用相同的标注方法。

测绘中零件技术要求的确定：

1.确定形位公差

在测绘时，如果有原始资料，则可照搬。在没有原始资料时，由于有实物，可以通过精确测量来确定形位公差。但要注意两点，其一，选取形位公差应根据零件功用而定，不可采取只要能通过测量获得实测值的项目，都注在图样上；其二，随着国外科技水平尤其是工艺水平的提高，不少零件从功能上讲，对形位公差并无过高要求，但由于工艺方法的改进，大大提高了产品加工的精确性，使要求不甚高的形位公差提高到很高的精度。因此，测绘中，不要盲目追随实测值，应根据零件要求，结合我国国标所确定的数值，合理确定。

2.表面粗糙度的确定

表面粗糙度根据实测值来确定。测绘中可用相关仪器测量出有关的数值，再参照我国国标中的数值加以圆整确定。

下面的一些原则可供参考。

(1)零件的接触表面比非接触表面粗糙度要求高。

(2)有相对运动的零件表面，相对运动速度越高，表面粗糙度也越高。

(3)间隙配合的表面,配合间隙越小,表面粗糙度要求越高;过盈配合的表面,所承受的载荷越大,表面粗糙度也越高。

(4)要求密封、耐腐蚀或装饰性的表面,表面粗糙度也越高。

(5)在配合性质相同的条件下,零件尺寸越小,表面粗糙度越高,轴比孔的粗糙度要求高。

3.热处理及表面处理等技术要求的确定

测绘中确定热处理等技术要求的前提是先鉴定材料,然后确定所测零件所用材料。注意,选材恰当与否,并不是完全取决于材料的机械性能和金相组织,还要充分考虑工作条件。

一般来说,零件大多要经过热处理,但并不是说,在测绘的图样上都需要注明热处理要求,要依零件的作用来决定。

5.5 任务一 轴套类零件的测绘

5.5.1 任务教学的内容

根据实物——轴选择适当的表达方法表达机件,并标注尺寸。

图名:轴

图幅:A3

比例:自选

5.5.2 任务教学的目的

(1)能灵活运用机体的各种表达方法,将轴的形状充分表达清楚。

(2)掌握在剖视图上标注尺寸的方法。

5.5.3 任务教学的要求

(1)确定正确表达方案,机件上各形体的形状及其相对位置的表达,既无遗漏,又不应重复。

(2)所采用的各种表达方法(包括简化画法),应符合国家标准中的规定。

(3)尺寸标注、图线应用、图形布置等应符合有关要求。

5.5.4 任务教学相关的基本知识点

复习知识:

(1)测绘工具参考 5.2 节。

(2)被测零件的图形绘制参考 5.3 节。

(3)测绘中零件尺寸的圆整与协调参考 5.4 节。

新的知识:断面图

假想用剖切平面将机件的某处切断,仅画出截断面的图形称为断面图,如图 5-9所示。

断面图不同于剖视图,它只需要画出断面区域内的形状即可,断面图与剖视图的区别如图 5-10 所示。

断面图的配置比较灵活,一般应尽量配置在视图上剖切位置的就近处。

断面图分为移出断面、重合断面两种。

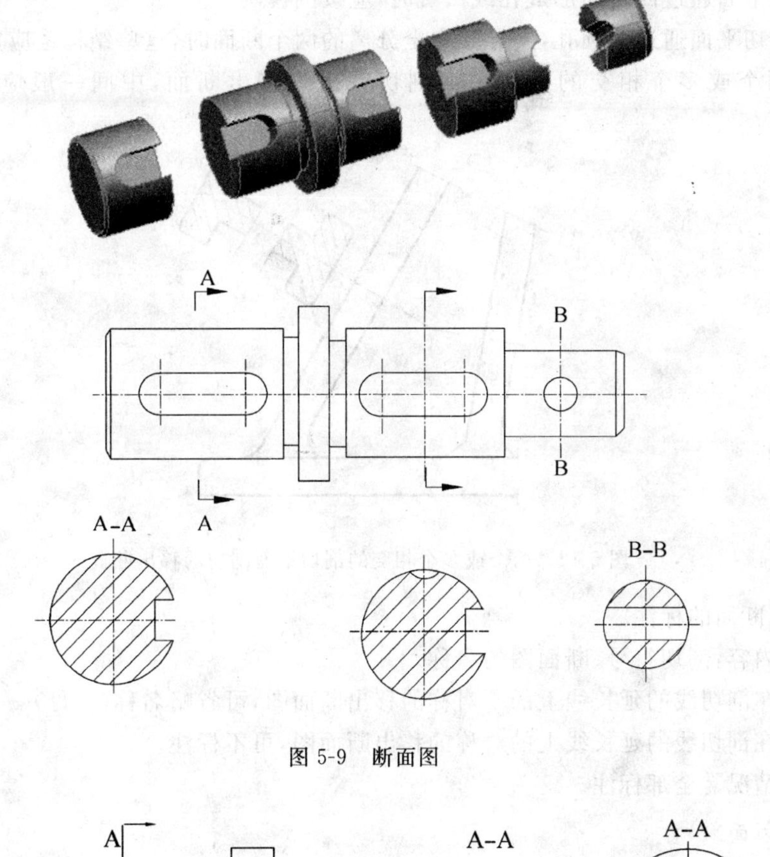

图 5-9　断面图

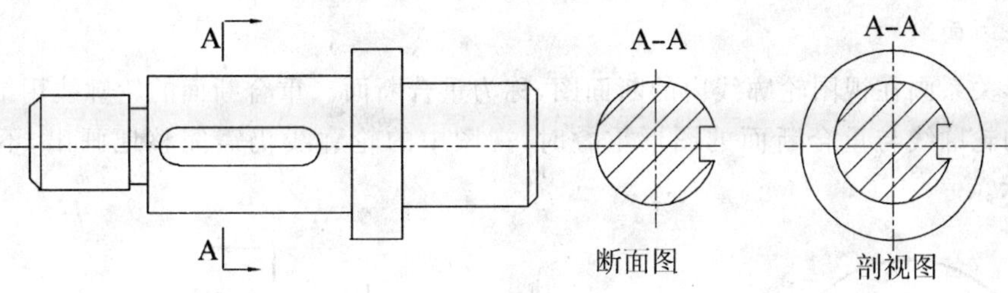

5-10　断面图与剖视图的区别

1. 移出断面

画在视图轮廓之外的断面图，称为移出断面，如图 5-11 所示。

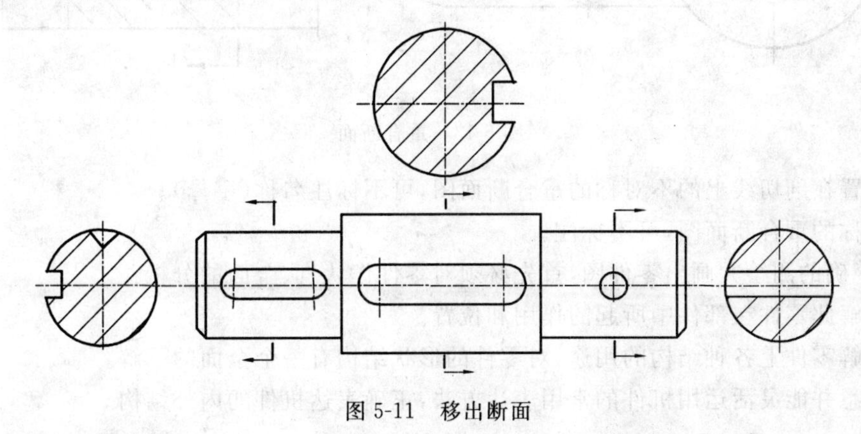

图 5-11　移出断面

(1)剖切平面通过回转面形成孔或凹坑时,应按剖视画。

(2)当剖切平面通过非圆孔,会导致完全分离的两个断面时,这些结构也应按剖视画。

(3)用两个或多个相交的剖切平面剖切得出的移出断面,中间一般应断开,如图 5-12 所示。

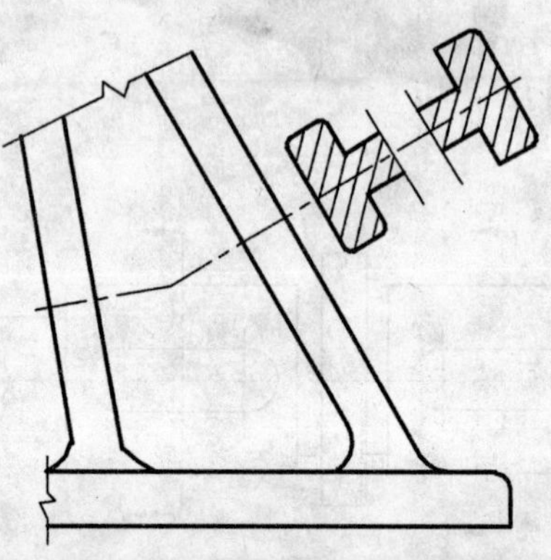

图 5-12　两个或多个相交的剖切平面剖切的移出断面

(4)移出断面的标注。

①标注内容:剖切符号、断面图的名称。

②配置在剖切线的延长线上的不对称的移出断面图,可省略名称(字母)。

③配置在剖切线的延长线上的对称的移出断面图,可不标注。

④其余情况需全部标注。

2. 重合断面

按投影关系画在视图轮廓线内的断面图,称为重合断面。重合断面的轮廓线用细实线绘制。当视图中的轮廓线与重合断面的图形重叠时,视图中的轮廓线仍需完整地画出,不可间断,如图 5-13所示。

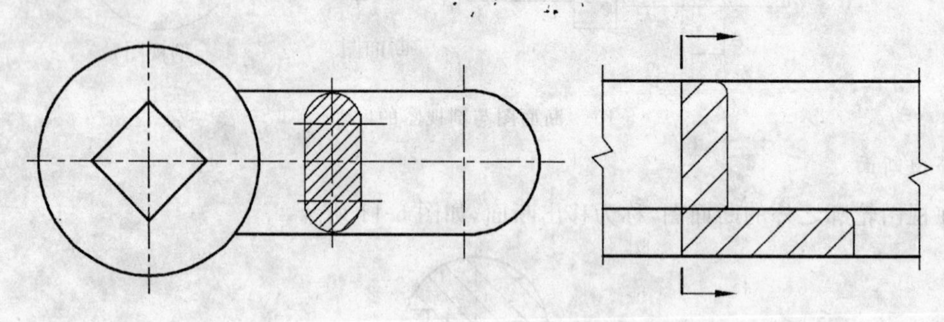

图 5-13　重合断面

(1)配置在剖切线上的不对称的重合断面图,可不标注名称(字母)。

(2)对称的重合断面图,可不标注。

要能正确的测绘并画出零件图,首先必须对零件作认真、全面的分析:

(1)了解此零件在部件中所起的作用和位置。

(2)了解零件上各种结构的用途,对零件的形状结构有一个全面的了解。

(3)熟悉并能灵活运用机件的常用表达方法,正确表达机件的内外结构。

(4)能正确标注并选用零件的技术要求。如零件的尺寸公差和配合、零件的表面粗糙度和形位公差等。

5.5.5 任务教学的物资准备

(1)轴模型:每个学生一个。

(2)测量工具:每班分为十组,每组一包,有钢尺、内外卡钳、游标卡尺、千分尺(螺旋测微器)各一。

(3)绘图板2号一块。

(4)绘图工具每个学生自备。

5.5.6 任务教学的学习指导

轴、套类零件在机器上应用很广,其形状特点一般是由共轴线的回转体组成。轴、套类零件主要是在车床或磨床上加工。

(1)先对机件进行结构分析,研究其结构特点,选好主视图。在此基础上再选择其他的视图,经过分析比较,确定一个可行方案。

轴套类零件一般只画一个主要视图。为便于看图,轴套类零件的主视图均按加工位置放置(即轴线水平),大头朝左,小头朝右,键槽、孔等可朝前或朝上。对于传动轴,通常要加工出键槽、销孔、退刀槽等结构。这些局部结构可采用局部视图,断面图和局部放大图等表达。主动轴的实物图如图5-14所示。

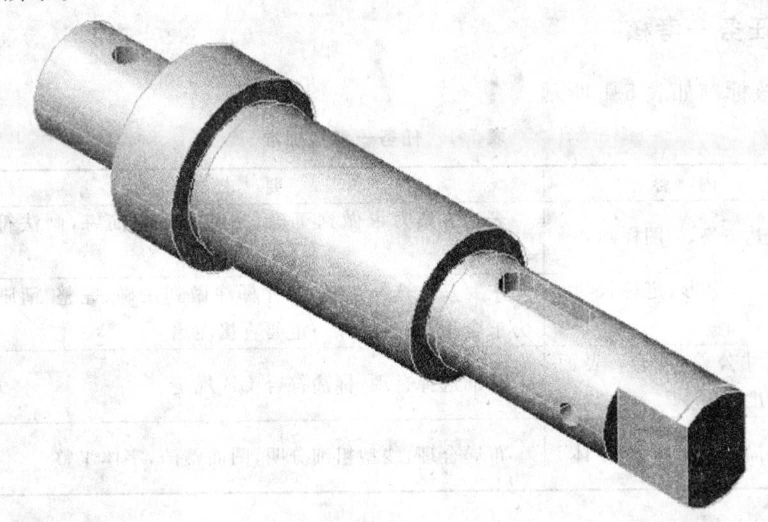

图5-14 轴

(2)根据图幅和比例,合理布置各图形的位置。

(3)按正确的作图方法逐步画出所需要的图形,完成底稿。

(4)经仔细校核后,加深图线,并标注尺寸。

主要尺寸应直接注出,其余尺寸多按加工顺序标注,内外尺寸应分开标注,标准结构较多,应查表取标准值并按规定形式标注。

有配合要求的轴颈和重要的表面,其表面粗糙度参数值、尺寸公差和形位公差的数值都应较小。画好的零件图如图5-15所示。

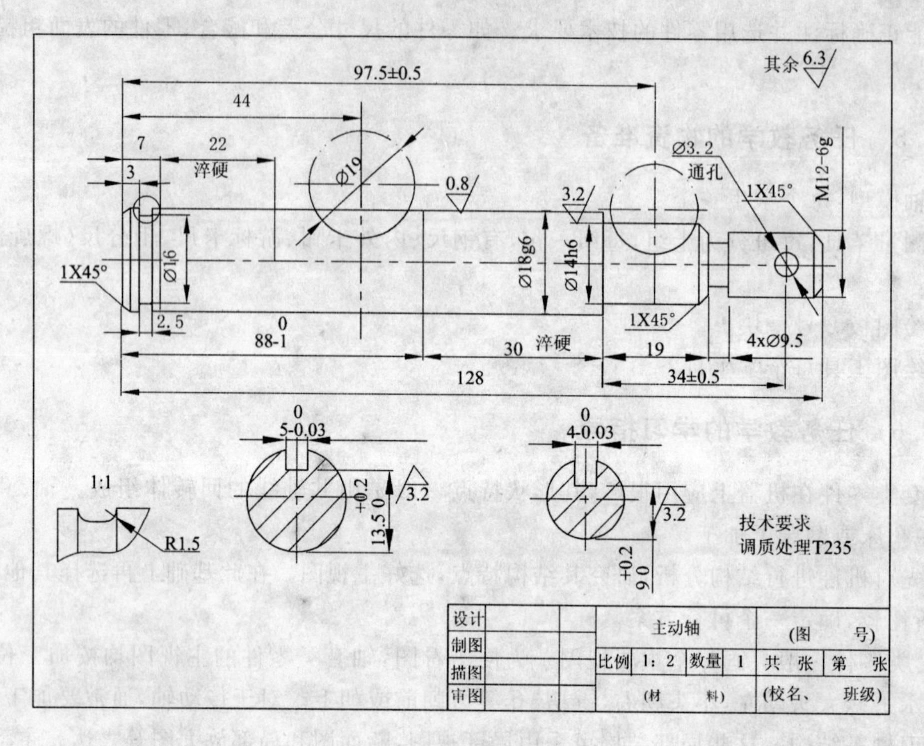

图 5-15　主动轴的零件图

5.5.7　任务一考核

任务一考核标准如表 5-1 所示。

表 5-1　任务一考核标准

项　目	内　容	要　求	分　值
表达方法	表达方案　图样画法	表达方案力求做到正确、完整、清晰、简练，画法符合 GB 规定	
尺寸标注	基准，定形、定位尺寸，总体尺寸	主要基准选择正确，尺寸标注做到正确、完整、清晰并力求合理，主要尺寸一定要直接注出	
技术要求	尺寸公差，配合，表面粗糙度	基准选择合理，标注符合 GB 规定	
图面质量	布局、图线、图面、字体	布局合理，线型粗细分明，图面整洁，字体工整	

5.6　任务二　盘盖类零件的测绘

5.6.1　任务教学的内容

根据机件的实物选择适当的表达方法表达机件，并标注尺寸。

图名：盘盖类零件

图幅：A3

比例：自选

5.6.2　任务教学的目的

(1)能灵活运用机体的各种表达方法,将机件形状充分表达清楚。

(2)掌握在剖视图上标注尺寸的方法。

5.6.3　任务教学的要求

(1)正确确定表达方案,机件上各形体的形状及其相对位置的表达,既无遗漏,又不应重复。

(2)所采用的各种表达方法(包括简化画法),应符合国家标准中的规定。

(3)尺寸标注、图线应用、图形布置等应符合有关要求。

5.6.4　任务教学相关的基本知识点

复习知识:

(1)测绘工具参考5.2节。

(2)被测零件的图形绘制参考5.3节。

(3)测绘中零件尺寸的圆整与协调参考5.4节。

新的知识:

要能正确的测绘并画出零件图,首先必须对零件作认真、全面的分析。

(1)了解盘盖类零件在部件中所起的作用和位置。

(2)了解盘盖类零件是结构的用途,对零件的形状结构有一个全面的了解。

(3)熟悉并能灵活运用机件的常用表达方法,正确表达机件的内外结构。

(4)能正确标注并选用零件的技术要求。如零件的尺寸公差和配合,零件的表面粗糙度和形位公差等。

5.6.5　任务教学的物资准备

(1)盘盖类零件模型:每个学生一个。

(2)测量工具:每班分为十组,每组一包,有钢尺、内外卡钳、游标卡尺、千分尺(螺旋测微器)各一。

(3)绘图板2号一块。

(4)绘图工具每个学生自备。

5.6.6　任务教学的学习指导

轮、盘类零件主要包括各种手轮、皮带轮、法兰盘及端盖等。它们的主要部分一般是由共轴线的回转体组成,但轴向长度较短,如图5-16所示。

轮、盘类零件的主要加工面通常是在车床或磨床上加工的。

(1)先对机件进行结构分析,研究其结构特点,选好主视图。在此基础上再选择其他的视图,经过分析比较,确定一个可行方案。

轮盘类零件一般需要两个主要视图,主视图应按形状特征和加工位置确定,轴线横放,常用全剖视、半剖视表达;局部结构可用断面图、局部视图或局部放大图表达。

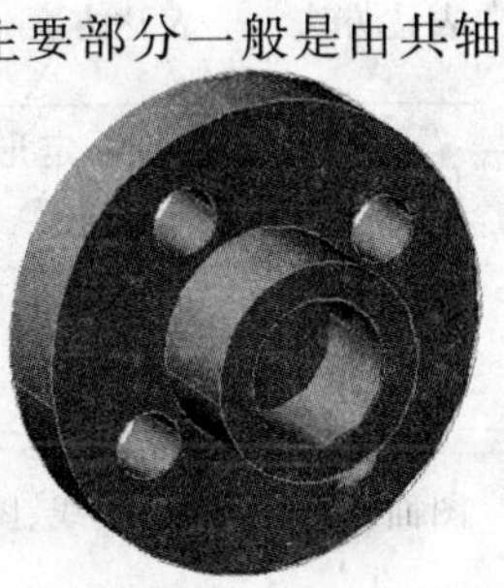

图5-16　盘类零件

(2)根据图幅和比例,合理布置各图形的位置。

(3)按正确的作图方法逐步画出所需要的图形，完成底稿。

(4)经仔细校核后，加深图线，并标注尺寸。

定形尺寸、定位尺寸都比较明显；内外尺寸应分开标注。测绘零件上的曲线轮廓时，可用拓印法、铅丝法或坐标法获得其尺寸。

应识别加工面与非加工面、配合面和非配合表面、接触面和非接触面，以便较恰当地确定技术要求。表面粗糙度、尺寸公差和形位公差的注写形式应符合国标规定。画好的零件图如图 5-17所示。

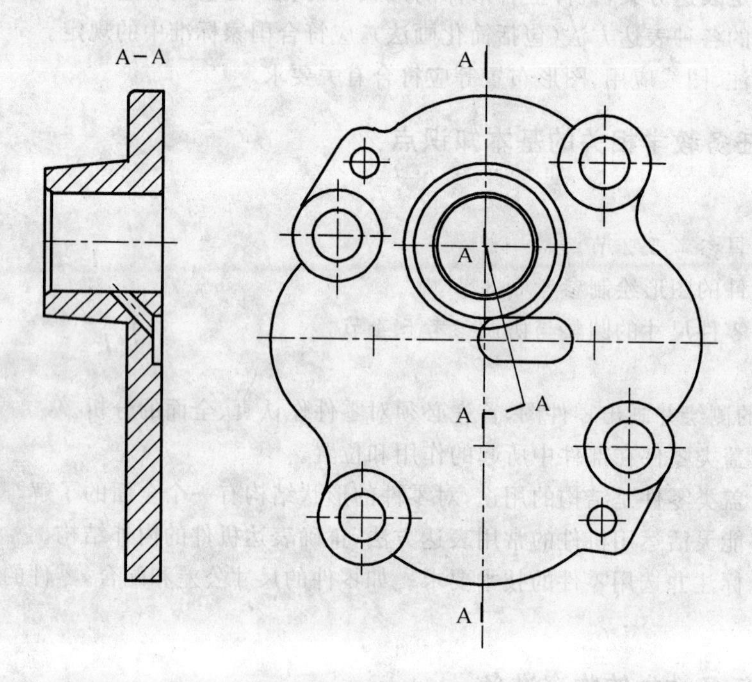

图 5-17　泵盖的视图

5.5.7　任务二考核

任务二考核标准如表 5-2 所示。

表 5-2　任务二考核标准

项　目	内　容	要　求	分　值
表达方法	表达方案　图样画法	表达方案力求做到正确、完整、清晰、简练，画法符合 GB 规定	
尺寸标注	基准，定形、定位尺寸，总体尺寸	主要基准选择正确，尺寸标注做到正确、完整，清晰并力求合理，主要尺寸一定要直接注出	
技术要求	尺寸公差，配合，表面粗糙度	基准选择合理，标注符合 GB 规定	
图面质量	布局、图线、图面、字体	布局合理，线型粗细分明，图面整洁，字体工整	

5.7　任务三　叉、架类零件的测绘

5.7.1　任务教学的内容

根据叉、杆类零件实物选择适当的表达方法表达该类机件，并标注尺寸。

图名：叉、杆类零件

图幅：A3

比例：自选

5.7.2　任务教学的目的

(1)能灵活运用机体的各种表达方法，将机件形状充分表达清楚。

(2)掌握在剖视图上标注尺寸的方法。

5.7.3　任务教学的要求

(1)正确确定表达方案，机件上各形体的形状及其相对位置的表达，既无遗漏，又不应重复。

(2)所采用的各种表达方法(包括简化画法)，应符合国家标准中的规定。

(3)尺寸标注、图线应用、图形布置等应符合有关要求。

5.7.4　任务教学相关的基本知识点

复习知识：

(1)测绘工具参考5.2节。

(2)被测零件的图形绘制参考5.3节。

(3)测绘中零件尺寸的圆整与协调参考5.4节。

新的知识：

要能正确的测绘并画出零件图，首先必须对零件作认真、全面的分析。

(1)了解叉、杆类零件在部件中所起的作用和位置。

(2)了解叉、杆类零件结构的用途，对零件的形状结构有一个全面的了解。

(3)熟悉并能灵活运用机件的常用表达方法，正确表达机件的内外结构。

(4)能正确标注并选用叉、杆类零件的技术要求。如零件的尺寸公差和配合，零件的表面粗糙度和形位公差等。

5.7.5　任务教学的物资准备

(1)叉、杆类零件模型：每个学生一个。

(2)测量工具：每班分为十组，每组一包，有钢尺、内外卡钳、游标卡尺、千分尺(螺旋测微器)各一。

(3)绘图板2号一块。

(4)绘图工具每个学生自备。

5.7.6　任务教学的学习指导

叉、杆类零件包括杠杆、连杆、拨叉、支架等。如图5-18所示为压砖机上的杠杆。

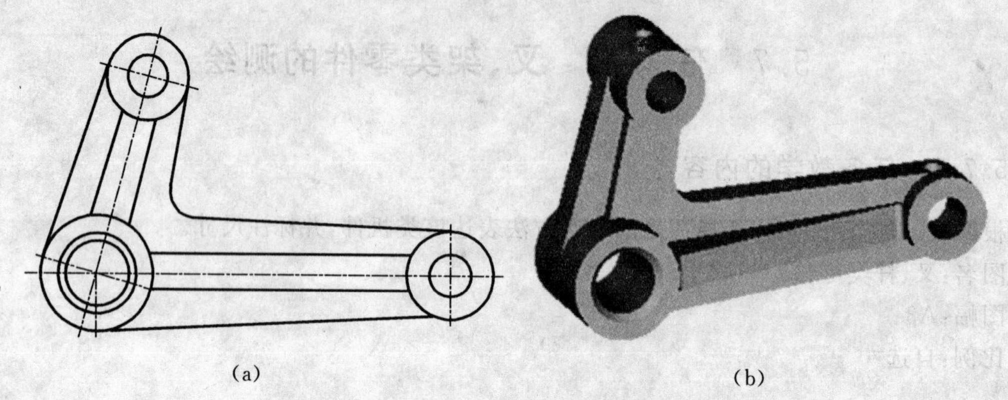

图 5-18　压砖机上的杠杆及主视图的选择

先对机件进行结构分析，研究其结构特点，选好主视图。在此基础上再选择其他的视图，经过分析比较，确定一个可行方案。如图 5-19 所示为压砖机上的杠杆的视图方案。

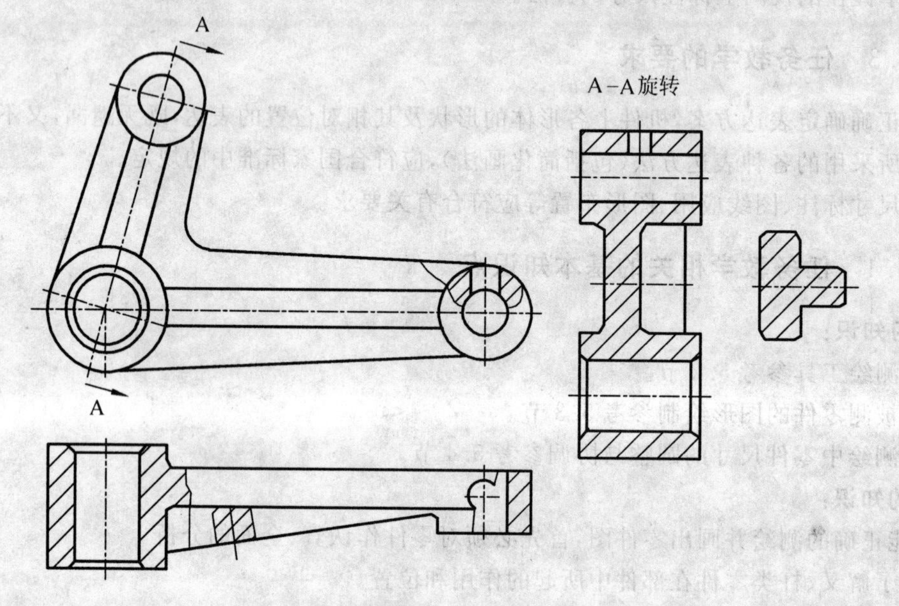

图 5-19　压砖机上的杠杆的视图方案

叉、杆类零件的结构形状有的比较复杂，还常有倾斜或弯曲的结构，有时工作位置亦不固定，因此除考虑按工作位置摆放外，还要考虑画图简便，一般选择最能反映其形状特征的视图作为主视图（主要按形状特征和工作位置确定）。其他视图根据需要选择。倾斜结构常用斜视图或斜剖视表达。局部结构可用断面图、局部视图、局部放大图表达。

(1)叉架类零件多为铸件，有起模斜度、铸造圆角、加强肋等结构，过渡线较多，应仔细观察，表达清楚。

(2)根据图幅和比例，合理布置各图形的位置。

(3)按正确的作图方法逐步画出所需要的图形，完成底稿。

(4)经仔细校核后，加深图线，并标注尺寸。

定位尺寸较多，联系尺寸一定要联系起来；定位尺寸一般用形体分析法标注。

非加工面较多。表面粗糙度、尺寸公差、形位公差的注写形式应符合国标规定。

5.7.7　任务三考核

任务三考核标准如表 5-3 所示。

表 5-3　任务三考核标准

项　目	内　容	要　求	分　值
表达方法	表达方案　图样画法	表达方案力求做到正确、完整、清晰、简练，画法符合 GB 规定	
尺寸标注	基准，定形、定位尺寸，总体尺寸	主要基准选择正确，尺寸标注做到正确、完整、清晰并力求合理，主要尺寸一定要直接注出	
技术要求	尺寸公差，配合，表面粗糙度	基准选择合理，标注符合 GB 规定	
图面质量	布局、图线、图面、字体	布局合理，线型粗细分明，图面整洁，字体工整	

5.8　任务四　箱体类零件的测绘

5.8.1　任务教学的内容

根据箱体类零件实物选择适当的表达方法表达该类机件，并标注尺寸。

图名：箱体类零件

图幅：A3

比例：自选

5.8.2　任务教学的目的

(1)能灵活运用机体的各种表达方法，将机件形状充分表达清楚。

(2)掌握在剖视图上标注尺寸的方法。

5.8.3　任务教学的要求

(1)正确确定表达方案，机件上各形体的形状及其相对位置的表达，既无遗漏，又不应重复。

(2)所采用的各种表达方法(包括简化画法)，应符合国家标准中的规定。

(3)尺寸标注、图线应用、图形布置等应符合有关要求。

5.8.4　任务教学相关的基本知识点

复习知识：

(1)测绘工具参考 5.2 节。

(2)被测零件的图形绘制参考 5.3 节。

(3)测绘中零件尺寸的圆整与协调参考 5.4 节。

新的知识：

要能正确的测绘并画出零件图，首先必须对零件作认真、全面的分析。

(1)了解箱体类在部件中所起的作用和位置。

(2)了解箱体类零件结构的用途,对零件的形状结构有一个全面的了解。

(3)熟悉并能灵活运用机件的常用表达方法,正确表达机件的内外结构。

(4)能正确标注并选用箱体类零件的技术要求。如零件的尺寸公差和配合,零件的表面粗糙度和形位公差等。

5.8.5 任务教学的物资准备

(1)箱体类零件模型:每个学生一个。

(2)测量工具:每班分为十组,每组一包,有钢尺、内外卡钳、游标卡尺、千分尺(螺旋测微器)各一。

(3)绘图板 2 号一块。

(4)绘图工具每个学生自备。

5.8.6 任务教学的学习指导

结构特点:一般由工作部分、安装部分、连接部分三部分组成。

作用及特点:此类零件用来支承、包容、保护运动零件或其他零件,它通常具有空腔、孔、安装面及螺孔等结构,其形状复杂,如图 5-20所示。

图 5-20 箱体类零件

工艺特点:多工序,各工序被夹持的位置也不同。

先对机件进行结构分析,研究其结构特点,选好主视图。在此基础上再选择其他的视图,经过分析比较,确定一个可行方案。

(1)选择主视图(按形状特征和工作位置确定):

①安放位置应符合工作位置。

②投射方向以最能表达零件的形状特征,且尽可能多的反应各组成部分的方位。

③主视图一般选取剖视表达内部结构。

(2)选择其他视图:

①一般需三个以上的基本视图并取剖视、局部视图、断面图等。箱体类零件多为铸件,有起模斜度、铸造圆角、加强肋和凹槽等结构,过渡线较多,均应表达清楚。

②根据图幅和比例,合理布置各图形的位置。

③按正确的作图方法逐步画出所需要的图形,完成底稿。

④经仔细校核后,加深图线,并标注尺寸。

定位尺寸多,各孔中心线或轴线间距离要直接标出,定形尺寸用形体分析法标注。

重要的箱体孔和重要的表面,其表面粗糙度参数值较小,且应有尺寸公差和形位公差要求,注写形式应符合国标规定。画好的箱体零件图如图 5-21 所示。

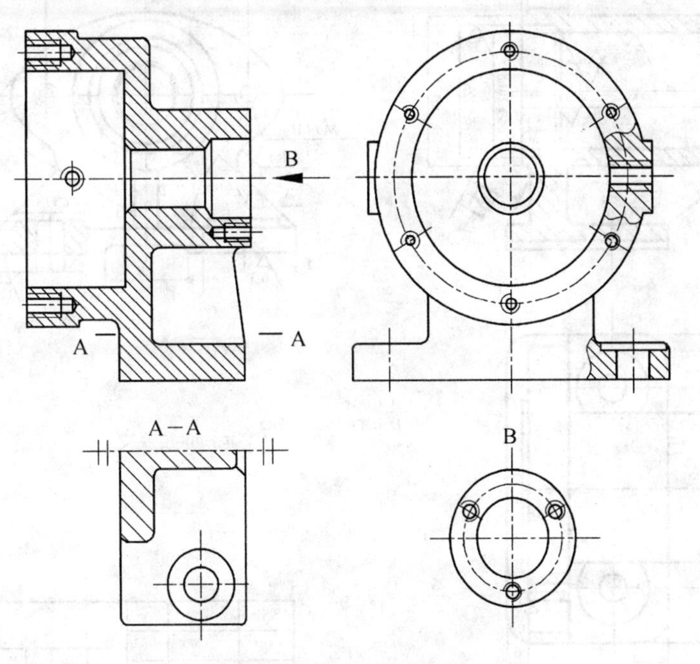

图 5-21　箱体零件图

5.8.7　任务四考核

任务四考核标准如表 5-4 所示。

表 5-4　任务四考核标准

项　目	内　容	要　求	分　值
表达方法	表达方案　图样画法	表达方案力求做到正确,完整,清晰,简练,画法符合 GB 规定。	
尺寸标注	基准,定形、定位尺寸,总体尺寸	主要基准选择正确,尺寸标注做到正确,完整,清晰并力求合理,主要尺寸一定要直接注出	
技术要求	尺寸公差,配合,表面粗糙度	基准选择合理,标注符合 GB 规定	
图面质量	布局、图线、图面、字体	布局合理,线型粗细分明,图面整洁,字体工整	

推荐习题:如图 5-22 所示泵体,图 5-23 是它的零件图。

图 5-22　泵体

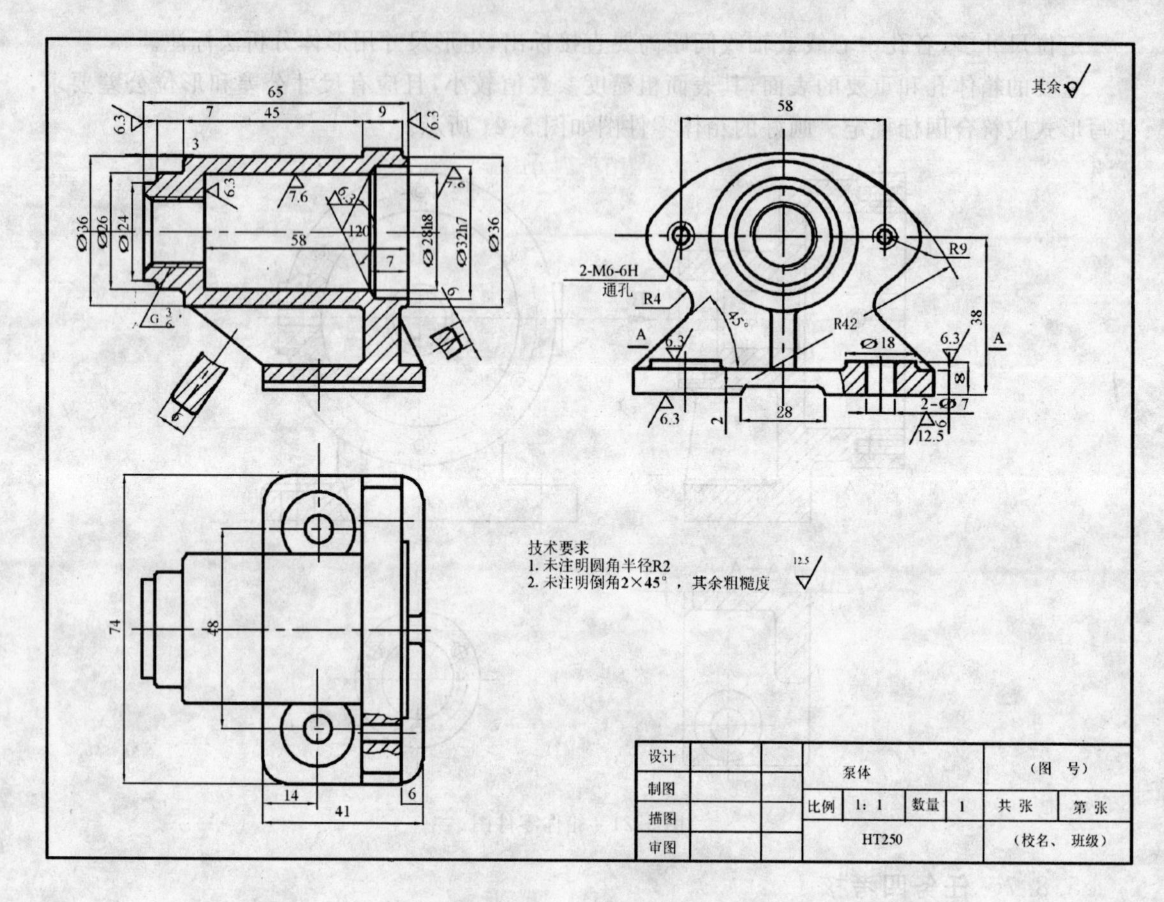

图 5-23　泵体零件图

5.9　任务五　直齿圆柱齿轮的测绘

5.9.1　任务教学的内容

直齿圆柱齿轮的测绘。

5.9.2　任务教学的目的

掌握齿轮的测绘方法与步骤及齿轮零件图的画法。

5.9.3　任务教学的要求

(1)根据齿轮实物，通过测量、计算确定其主要参数和各基本尺寸，并测量其各部分的尺寸。

(2)绘制出齿轮的零件图。并标上尺寸和技术要求。

5.9.4　任务教学相关的基本知识点

(1)测绘工具参考 5.2 节。

(2)被测零件的图形绘制参考 5.3 节。

(3)测绘中零件尺寸的圆整与协调参考 5.4 节。

5.9.5　任务教学的物资准备

(1)直齿圆柱齿轮零件模型:每个学生一个。

(2)测量工具:每班分为十组,每组一包,有钢尺、内外卡钳、游标卡尺、千分尺(螺旋测微器)各一。

(3)绘图板2号一块。

(4)绘图工具每个学生自备。

5.9.6　任务教学的学习指导

(1)确定齿数 z。

(2)测量齿顶圆直径,要注意偶数齿和奇数齿测量的区别。当齿数为偶数时,直接测量齿顶圆直径 d_a;如齿数为奇数时,$d_a = d_h + 2h$,应分别测量齿轮的轴孔孔径 d_h 及齿顶到轴孔的距离 h(见图5-24)。

应用举例:设 d_a 的实测值为83.85 mm。

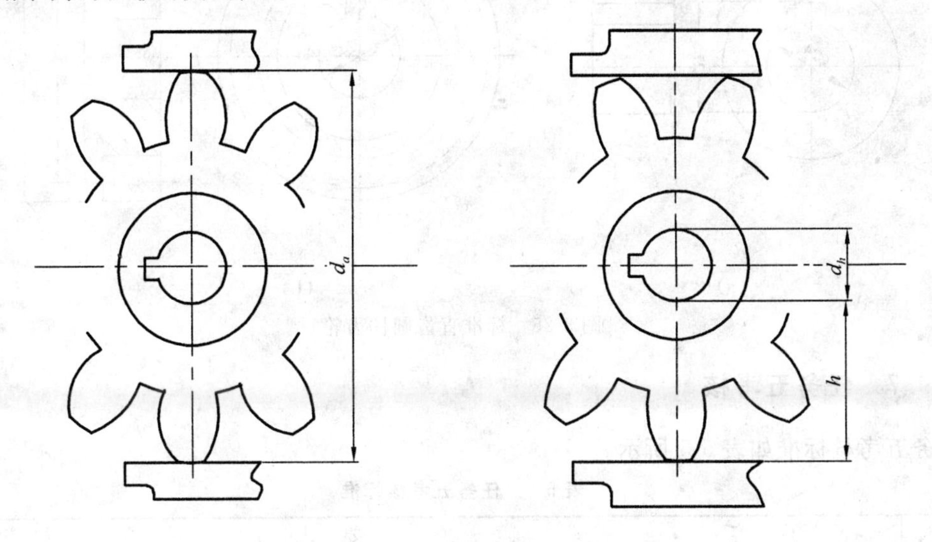

图5-24　测量齿顶圆直径

(3)确定模数 m。由式:$d_a = m(z+2) \rightarrow m = d_a/(z+2) = 83.85/(26+2) = 2.994$ (mm) →查表取标准模数 $m=3$ mm。

(4)计算各基本尺寸。按标准模数计算齿轮各部分尺寸:

$$d = mz = 3\times26 = 78\ \text{(mm)}$$

$$d_a = m(z+2) = 3(26+2) = 84\ \text{(mm)}$$

$$d_f = m(z-2.5) = 3(26-2.5) = 70.5\ \text{(mm)}$$

计算齿轮两个传动轴之间的中心距 a。

(5)校对中心距 a。

(6)测量齿轮其他各部分的尺寸,并绘制齿轮零件草图,在图纸的右上角填写齿形重要参数。

(7)绘制直齿圆柱齿轮的零件图。

【例5-1】　已知标准直齿圆柱齿轮的模数 $m=3$,齿数 $z=24$,计算该齿轮的分度圆、齿顶圆和齿根圆直径,并按1∶2的比例完成图5-25(a)中的两个视图(主视图为外形视图,左视图为全剖视图),并补全尺寸。

解 (1)计算分度圆、齿顶圆和齿根圆直径：

$$d=mz=2\times 24=48$$

$$d_a=m(z+2)=2\times 26=52$$

$$d_f=m(z-2.5)=2\times 21.5=43$$

(2)主视图中，分度圆用点画线绘制，齿顶圆用粗实线绘制，齿根圆用细实线绘制。

(3)画全剖视的左视图。分度线用细点画线画出，并超出齿轮轮廓线 2～3 mm。齿顶线用粗实线绘制。因为是全剖视图，所以齿根线用粗实线绘制，请注意补全剖面线。

(4)标注齿顶圆直径和分度圆直径的尺寸。

完成后的标准直齿圆柱齿轮视图如图 5-25(b)所示。

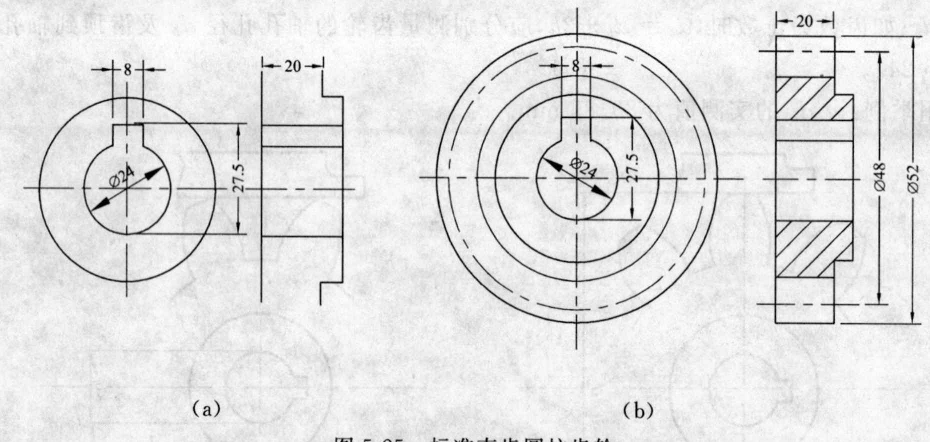

图 5-25 标准直齿圆柱齿轮

5.9.7 任务五考核

任务五考核标准如表 5-5 所示。

表 5-5 任务五考核标准

项 目	内 容	要 求	分 值
表达方法	表达方案 图样画法	表达方案力求做到正确、完整、清晰、简练，画法符合 GB 规定	
尺寸标注	基准，定形、定位尺寸，总体尺寸	主要基准选择正确，尺寸标注做到正确、完整、清晰并力求合理，主要尺寸一定要直接注出	
技术要求	尺寸公差，配合，表面粗糙度	基准选择合理，标注符合 GB 规定	
图面质量	布局、图线、图面、字体	布局合理，线型粗细分明，图面整洁，字体工整	

5.10 任务六 螺纹的测绘

5.10.1 任务教学的内容

外、内螺纹的测绘。

图名：外、内螺纹

图幅：A3

比例：1∶1(按尺寸)

5.10.2　任务教学的目的

掌握外、内螺纹画法及外、内螺纹的查表选用和规定标记。

5.10.3　任务教学的要求

(1)用比例关系计算螺纹坚固件的尺寸，查表选取标准值，定标记。

(2)螺栓连接画主、俯、左三视图(左视图不剖)，其螺体、螺母可采用简化画法；螺柱连接画主、俯视图并补出左视图(作全剖)，其螺柱、垫圈、螺母用简化画法。

(3)两组连接图中，均标出主要尺寸。

(4)在图形的下方写出所选用螺纹坚固件的规定标记。

5.10.4　任务教学相关的基本知识点

(1)测绘工具参考 5.2 节。

(2)被测零件的图形绘制参考 5.3 节。

(3)测绘中零件尺寸的圆整与协调参考 5.4 节。

5.10.5　任务教学的物资准备

(1)螺纹紧固件模型：每个学生一个。

(2)测量工具：每班分为十组，每组一包，有钢尺、内外卡钳、游标卡尺、千分尺(螺旋测微器)、螺纹规各一。

(3)绘图板 2 号一块。

(4)绘图工具每个学生自备。

5.10.6　任务教学的学习指导

1. 外螺纹测绘

(1)测螺纹公称直径。用卡尺或外径千分尺测出螺纹实际大径，与标准值比较，取较接近的标准值为被测外螺纹的公称直径。

(2)测螺距。可用螺纹规直接测量，无螺纹规时，可用压痕法测量，即用一张薄纸在外螺纹上沿轴向压出痕迹，再沿轴向测出几个(至少 4 个)痕迹之间的尺寸，除以间距数(痕迹数减去 1)即得平均螺距，然后再与标准螺距比较，取较接近的标准值为被测螺纹的螺距。也可以沿外螺纹轴向用卡尺或直尺直接量出若干螺距的总尺寸，再取平均值，然后查表比较取标准值。

(3)旋向。将外螺纹竖直向上，观察者正对螺纹，若螺纹可见部分的螺旋线从左往右上升，则该外螺纹为右旋螺纹，若螺纹可见部分的螺旋线从右往左上升，则为左旋螺纹。

(4)测螺纹其他尺寸。

2. 内螺纹测绘

内螺纹一般不便直接测绘，但可找一个能旋入(能相配)的外螺纹，测出外螺纹的大径及螺距，取标准值即为内螺纹的相关尺寸。螺纹孔的深度可用卡尺直接量取。

5.10.7　任务六考核

任务六考核标准如表 5-6 所示。

表 5-6　任务六考核标准

项　目	内　容	要　求	分　值
表达方法	表达方案　图样画法	表达方案力求做到正确、完整、清晰、简练，画法符合 GB 规定	
尺寸标注	基准，定形、定位尺寸，总体尺寸	主要基准选择正确，尺寸标注做到正确、完整、清晰并力求合理，主要尺寸一定要直接注出	
技术要求	尺寸公差，配合，表面粗糙度	基准选择合理，标注符合 GB 规定	
图面质量	布局、图线、图面、字体	布局合理，线型粗细分明，图面整洁，字体工整	

第6章 部件测绘

6.1 部件测绘概述

6.1.1 部件测绘

部件测绘是以机器部件为测绘对象，通过测量分析，绘制出全部零件和装配图的过程。部件测绘是机械制图教学体系中一个重要的环节，对学生动手和创新能力的培养、工程素质的提高，具有不可替代的作用。

6.1.2 测绘目的

(1)综合运用所学的制图知识，进一步培养分析和解决实际问题的能力，提高绘图能力。

(2)熟悉测绘工作的方法和步骤，掌握测绘的全过程。

(3)进一步培养学生的工程意识，贯彻、执行国家标准的意识及查阅标准资料的能力。

6.1.3 测绘任务和要求

1.测绘主要任务

(1)测绘前认真阅读测绘指导章节，分析部件的作用、工作原理、传动方式、结构及装配关系。

(2)熟练掌握测量工具，准确测出外圆、内孔、中心距、高度、深度、长度、孔距、齿顶圆、螺纹等有关尺寸。

(3)画出全部非标准件零件草图。

(4)画装配草图。

(5)画装配工作图。(视课时情况删减)

(6)写出实训总结报告。

2.对零件草图的要求

(1)零件草图可徒手绘制。

(2)零件的表达应充分考虑其一般原则:在充分表达零件形状的前提下，尽可能使零件的视图的数目为最少。

(3)尺寸标注应满足正确、完整、清晰，并尽可能做到合理，关联部件间的尺寸要协调，也可参阅相关零件的尺寸标注。

(4)技术要求应包括尺寸公差、表面粗糙度、形位公差、材料等要求。

(5)设计计算要正确。

(6)各种标注应符合国家标准的要求，并能满足生产要求。

3.对装配草图的要求

(1)部件的表达方案应经过讨论、比较，最后择优选取。确定一组表达方法将部件的工作原理、传动方式、装配关系以及主要零件的形状结构表达清楚。

(2)画装配图时,各种画法、标注要正确。

(3)装配图上只标注必要的尺寸(性能规格尺寸、装配尺寸、安装尺寸、总体尺寸等)。

(4)技术要求应注明部件在装配、检验、使用等方面的要求,可参考有关资料确定。

(5)装配草图应只有装配工作图的全部内容和要求,不能马虎。

4. 对装配工作图的要求

画装配工作图应在教师批改或指正的基础上进行。

此外,实训报告要求文字通顺,条理清楚简洁,书写工整(可用电脑打印),每人提交一份。

6.1.4 物资准备

(1)拆卸工具(包括通用工具及专用工具)。

(2)测试部件用的各种仪表及机器。

(3)拆卸部件工作台。

(4)用于测量尺寸及表面粗糙度等量具仪器。

(5)测绘用的绘图工具。

(6)清洁和防腐蚀用油。

(7)样件存放用具。

6.1.5 部件测绘的一般程序

1. 准备阶段

(1)仔细阅读测绘指导书,明确测绘任务。

(2)成立测绘小组,每组 2~4 人,领取测绘部件、工具、量具,准备绘图工具、仪器及用品。

(3)仔细分析部件的工作原理、传动方式,主要结构及装配关系。

(4)研究拆装顺序,画出装配示意图后每人至少拆装一次。

2. 测绘阶段

(1)认真分析各零件的作用、形状及结构。

(2)选择适当的表达方法,画出各非标准零件的视图(草图)。

(3)测量并标注尺寸。

(4)确定尺寸公差、表面粗糙度、形位公差等技术要求。

(5)填写标题栏。

3. 画装配图阶段

(1)根据零件草图和装配示意图,(也可参考部件实物)画出装配草图。

(2)整理、修改装配草图。

(3)根据装配草图,画装配工作图。

(4)撰写实训报告。

6.1.6 注意事项

(1)注意拆卸方法,精心管理所有零件(特别是精密小件)。

(2)不可拆卸的配合件(包括过渡配合的轴承与轴)不要拆卸,想办法测算隐蔽处的零件尺寸

(如定位套内的轴径结构及尺寸),但各件要分开画零件草图。

(3)画示意图和各件草图要画在A3方格纸内。一张可画多个零件,但要分格使用,每格只画一件,只并用简洁标题栏标出序号、名称、材料三项内容。

(4)装配图。零件图的比例图幅自定,全部图纸完成后,要将图纸叠折装订成册。

6.1.7 时间分配

(1)听课、拆卸装配件、画示意图0.5天。

(2)画零件草图1.5天。

(3)画装配图(装好收回装配体)1.5天。

(4)画主要零件图1天。

(5)检查装订图纸、面批、答辩0.5天。

6.1.7 技能考核

部件测绘考核如表6-1所示。

表6-1 部件测绘考核

考核内容	评分标准	分 值
测绘方法	测绘方法正确、思路清晰、动手能力强	10%
测绘工具的使用	能正确使用测绘工具	10%
国标的贯彻程度	能正确贯彻国标的有关规定	10%
本章节知识的综合运用能力	综合运用本章节知识的能力强	15%
图面质量	布局合理、线型符合要求、图面整洁	10%
尺寸标注	标注合理、尺寸标注四要素符合国标要求	10%
表达方案	方案合理、表达形式简明扼要	15%
图样画法	图样画法符合国标要求	20%

6.2 任务教学相关的基本知识点

6.2.1 拆卸装配体或部件

(1)分析并拆卸装配体,画装配示意图。

第一步,先将主体连接件(如螺栓、螺钉)拆下,使部件盖与体分离,即可开始绘制装配示意图,此时不必全部拆散。

第二步,对于看不懂的内部结构,再逐步拆开,边拆边画,画完整个装配示意图。

拆卸过程中,强调零件的妥善保管。将拆卸下的零件分为两组:一组为标准件,一组为非标准件。

(2)完成全部非标准件的测绘,画零件草图。

强调画草图的步骤和方法:零件分析→确定表达方案→徒手目测绘草图→注上尺寸界线及尺寸线→测量→注上尺寸数值。

技术要求可暂时不确定。

(3)统计标准件,查表核对,写出代号,记下主要尺寸,列入统计表。

在拆装装配体时,一般要注意以下几方面的问题:

(1)要考虑零件在装配体中的作用,如支承、容纳、传动、配合、连接、安装、定位、密封、防松等,从而理解零件的基本结构和形状。

(2)要考虑零件的材料、形状特点、不同部位的功用及相应的加工方法,完善零件的工艺结构,正确选择技术要求。

(3)要注意装配体中各相邻零件间形状、尺寸方面的协调关系,如配合、螺纹连接、对齐结构、间隙结构、与标准件连接的结构等。

(4)拆卸前应先测量一些重要的装配尺寸,如零件间的相对位置尺寸,两轴中心距、极限尺寸和装配间隙等。

(5)注意拆卸顺序,对精密的或主要零件,不要使用粗笨的重物敲击,对精密度较高的过盈配合零件尽量不拆,以免损坏零件。

(6)拆卸后各零件要妥善保管,以免损坏和丢失。

6.2.2 装配示意图

用国家标准中规定的一些图形符号和某些简化画法画出的图样,统称为示意图,如表 6-2 所示。示意图绘制简单迅速,图形简明易懂,是机器测绘过程中不可缺少的辅助图样。

表 6-2 常用传动示意图的规定符号

名 称	符号意义	符 号
杆件连接	牢固连接	
	活销连接	
	活球连接	
滑动轴承	向心滑动连接	
	单向推力轴承	
	双向推力轴承	
滚动轴承	向心轴承	
	推力轴承	
	滚针轴承	
轴与零件连接	活动连接	
	固定连接	
	键滑动连接	
轴与轴连接	紧固连接	
	摩擦式离合器	
	啮合式离合器	
齿轮传动	圆柱齿轮传动	
	圆锥齿轮传动	

续表 6-2

名　称	符号意义	符　号
皮带传动	平皮带传动	
	三角带传动	
蜗轮蜗杆传动		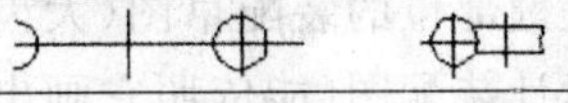
丝杆螺母传动	螺母整体式	
	对开式	
轴与零件连接	压缩和拉伸	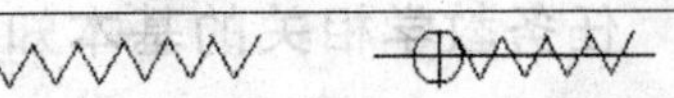

装配示意图画图步骤如下：

(1)从主要零件着手，然后按装配顺序把其他零件逐个画上。

(2)标注零件序号，对于标准件写出国标代号、规格、数量。

装配示意图用简明的单线示意地画出各零件间的装配关系、运动情况、工作原理、连接方式以及零件的大致轮廓。装配示意图是一种比较粗略的图样，虽然其画法仍以正投影为基础，但它并没有遵循严格的投影关系。以下几点可作为绘图时的参考。

①装配示意图是把装配体设想为透明体而画出的，在这种图上，既要画出外部轮廓，又要画出内部构造，但它既不同于外形图，也不是剖视图。

②装配示意图一般只画一两个视图，而且两接触面之间要留出间隙，以便区分零件。

③装配示意图是用规定代号及示意画法绘制的图。各零件只画大致的轮廓，甚至可用单线条表示。一些常用零件及构件的规定代号，可参阅国家标准的《机械制图》中的机构运动简图符号。

④零件中的通孔、凹槽可画成开口的，这样表示通路关系比较清楚。

⑤装配示意图各部分之间应大致符合比例，个别零件可根据具体情况酌量放大或缩小。

⑥装配示意图的内外螺纹，均采用示意画法。内外螺纹配合处，可将内外螺纹全部画出，也可只按外螺纹画出。

⑦装配示意图一般按零件顺序排号，而将零件名称写于序号或图纸适当位置。也可按拆卸顺序编号，并在零件编号处注明零件名称及件数，不同位置的同一种零件仍然只编一个号码。

6.3 任务一　齿轮油泵的测绘

6.3.1 任务教学的内容

齿轮油泵的测绘。

6.3.2 任务教学的目的

(1)综合运用所学的制图知识，进一步培养分析和解决实际问题的能力，提高绘图能力。

(2)熟悉测绘工作的方法和步骤，掌握齿轮油泵测绘的全过程。

(3)进一步培养学生的工程意识，贯彻、执行国家标准的意识及查阅标准资料的能力。

6.3.3 任务教学的要求

(1)正确拆装齿轮油泵、绘制示意图。
(2)画出所有非标准件的零件草图。
(3)画出关键部位的装配草图(大齿轮与轴及一串相关件装配关系)。
(4)画出设计装配图(能依照它画出各零件工作图)。
(5)画出主要零件(端盖、齿轮轴、从动轴与大齿轮)的工作图。

6.3.4 任务教学相关的基本知识点

(1)拆装零件、画装配示意图。
(2)零件测绘。
(3)画装配图。

6.3.5 任务教学的物资准备

(1)拆卸工具(包括通用工具及专用工具)。
(2)测试部件用的各种仪表及齿轮油泵。
(3)拆卸部件工作台。
(4)用于测量尺寸及表面粗糙度等量具仪器。
(5)测绘用的绘图工具。
(6)清洁和防腐蚀用油。
(7)样件存放用具。

6.3.6 任务教学的学习指导

齿轮泵是机器润滑、供油系统中的一个部件,其体积小,要求传动平稳,保证供油,不能有渗漏。齿轮泵是通过装在泵体内的一对啮合齿轮的转动,将油(或其他液体)从进油口吸入,由出油口排出。

1. 齿轮油泵分解前的准备工作

了解机器的工作原理、结构特点,准备必要的资料(如有关国家标准、部颁标准、图册和手册及有关的参考书籍等),准备拆卸工具和测量工具。

(1)工作原理。当主动齿轮做逆时针方向旋转时,带动从动齿轮做顺时针方向旋转,这时右边啮合的轮齿逐渐分开,右边的空腔体积逐渐扩大,压力降低,机油被吸入,齿隙中的油随着齿轮的旋转被带到左边,而左边的轮齿又重新啮合,空腔体积变小,使齿隙中不断挤出的机油成为高压油,并由出口压出,经管道送到需要润滑的各零件处。齿轮油泵的工作原理如图 6-1 所示。

(2)结构特点。齿轮油泵的结构图如图 6-2 所示,该部件共有零件 14 种,其中标准件 4 种,非标准件 10 种。其工作部分由一对齿轮、泵体及泵盖组成,两啮合齿轮被密封在泵体的内腔中,泵体的两侧各有一个锥螺纹的通孔,用来连接吸油管和压油管。

齿轮油泵的泵体与泵盖间采用毛毡纸垫密封,两零件之间采用两销钉定位,以便安装。

主动齿轮通过轴端的皮带轮与动力(如电动机)相连接,为了防止油沿主动齿轮轴外渗,用密封填料、填料压盖、螺钉组成一套密封装置。

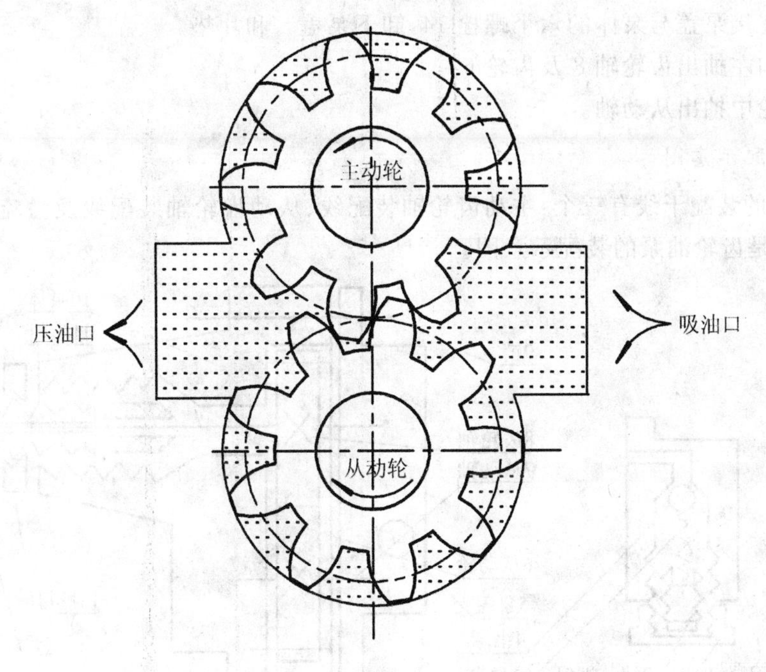

图 6-1　齿轮油泵的工作原理

图 6-2　齿轮油泵的结构图

泵盖上有一个与吸油腔和压油腔连通的螺纹孔，其内的钢球、弹簧、调节螺钉组成了一个溢流安全装置，当出油口处的油压过高时，油压就克服弹簧力顶开钢球，回流到吸油口，当油压恢复正常时，钢球在弹簧的作用下自动关闭，调节螺钉用以调节弹簧压力的大小。

2. 齿轮泵的拆卸顺序

齿轮泵拆卸顺序如下(见图 6-3 齿轮油泵装配示意图)：

(1)旋出主动轴 8 右端的盖形螺母；卸下垫圈，取出皮带轮。

(2)从主动轴 8 键槽中取出平键。

(3)旋松圆螺母 12，取出填料压盖 13 及填料 11。

(4)旋出连接泵盖与泵体的六个螺栓14,卸下泵盖5和片垫。

(5)由右向左抽出齿轮轴8及齿轮6。

(6)从齿轮中抽出从动轴。

3. 绘制装配示意图

齿轮油泵的装配干线有三个:主动齿轮轴装配线、从动齿轮轴装配线及溢流装置轴装配线。如图6-3所示是齿轮油泵的装配示意图。

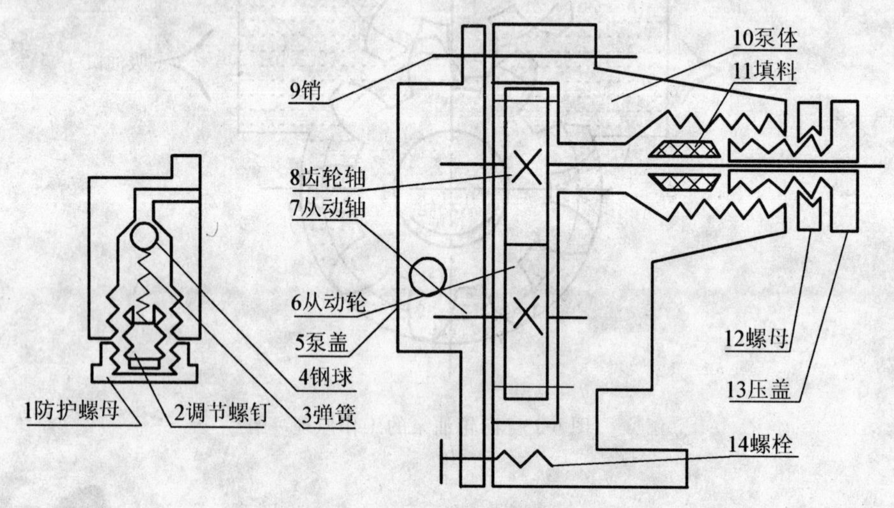

图6-3　齿轮油泵的装配示意图

4. 零件草图的绘制

零件草图虽是徒手绘制,但不可草率从事,它应具有与零件图相同的内容。测绘草图是必须掌握的基本技能之一。

(1)绘制零件草图的步骤:

①分析零件,了解零件用途、性能要求、结构特点、零件主要加工方法等。

②拟定表达方案,确定主视图和其他视图。

③根据零件大小、视图数量多少及绘图比例,选择图纸幅面,布置各视图的位置。画出中心线、轴线和基准线,并画出右下角标题栏的位置。

④按形体分析法详细画出零件的外部及内部的结构形状。

⑤画出尺寸线、尺寸界线。

⑥用测量工具逐个测量尺寸,分别填入数据。

⑦标注表面粗糙度、尺寸公差、形位公差及文字说明的技术要求等。

⑧填写标题栏。

(2)零件的测量方法 。绘制过程中,尺寸测量的工作量很大,如果不很好地进行组织,势必造成忙乱无序的现象。根据一些实际测绘中的经验,提出如下建议:

①采用分组集中测量,即把同组的零件集中安排在一段时间内进行尺寸测量。

②测绘人员应紧跟零件。计量过程中,测绘人员必须“紧跟”零件,与计量人员密切合作,商讨测量方法,共同解决草图中各种计量问题。

③要有供测量用的草图。每一零件在计量时,均必须有清晰、完整,可供测量用的草图。

(3)尺寸测量的要求及注意事项。零件图上尺寸标注、公差选择、技术要求及技术条件的确定皆与本阶段的工作有着密切的联系。机器测绘过程中，对尺寸测量的要求是首先要做到胸中有数。测绘过程中，对零件的每一个尺寸都要进行测量。

测绘过程中，要注意如下事项：

①对标准件要测出规格尺寸，并核查标准，确定标记，标注在示意图中。另外，对在画装配图所需的尺寸也要记录下来（如轴承的外径和宽度）。对非标准件上的标准结构也要这样处理。

②关键零件的尺寸和零件的主要尺寸，应反复测量若干次，直到数据稳定可靠，然后记录其平均值或各次测量值。重要尺寸应直接测量，不能用中间尺寸叠加而得。

③草图上一律标注实测数据。

④要正确处理实测数据。在测量较大的孔轴、长度等尺寸时，必须考虑其几何形状误差的影响，应多测几个点，取其平均数。

⑤测量数据的整理工作应及时进行，并将换算结果记录在草图上。在整理过程中如有疑问或发现矛盾和遗漏，应立即提出重测和补测。

⑥测量时，应确保零件的自由状态，防止由于装备或量具接触压力等造成的零件变形引起测量误差。

⑦零件在配合或连接处，其形状结构可能完全一样，测量时必须各自测量，分别记录，然后相互检验确定尺寸，决不能只测一处简单从事。

(4)零件图上的技术要求。有关技术要求（公差配合、表面粗糙度）、材料等可参考有关资料和教材用类比方法来适当选填，如图 6-4 所示是泵体零件草图。

5. 装配图的绘制

根据零件草图和装配示意图画出装配图。

(1)选择表达方案。根据装配图的视图选择原则，表达方案主要采用三个视图。

齿轮油泵的主视图按工作位置画出，采用全剖视。全剖视图主要表达了装配体的工作位置、主要形状特征、工作原理以及所有零件之间的装配关系等。

主视图确定以后，应根据装配图所表达的内容，检查那些没有表达或尚未表达清楚的部分，确定其他视图，各视图应有其明确的表达目的。

左视图沿结合面剖切，表达齿轮啮合及齿顶圆与泵体内腔配合情况；同时还可表达出连接泵体与泵盖的螺钉分布位置和定位销的位置。

俯视图则表达了溢流装置结构及泵体的局部结构和形状。

(2)绘制装配图：

①确定比例、合理布局。根据装配体大小和复杂程度确定比例和图幅，同时要考虑标题栏、明细栏、零件序号、尺寸标注和技术要求等内容的布置。

②画装配体的主要结构一般可先从主视图画起，从主要结构入手，由主到次；从装配干线出发，由内向外，逐层画出。

③画出次要结构和细节。画出各视图中的泵体、泵盖等详细结构形状；画出螺母、螺栓、垫片、键等。图 6-5～图 6-7 是齿轮油泵的绘图步骤。

④描深加粗、标注尺寸、编写序号、填写标题栏和明细栏。装配图底稿绘制完成后，经仔细检查无误后，再描深加粗全图；之后标注必要尺寸；最后编排零件序号、填写标题栏、明细栏和技术要求等。

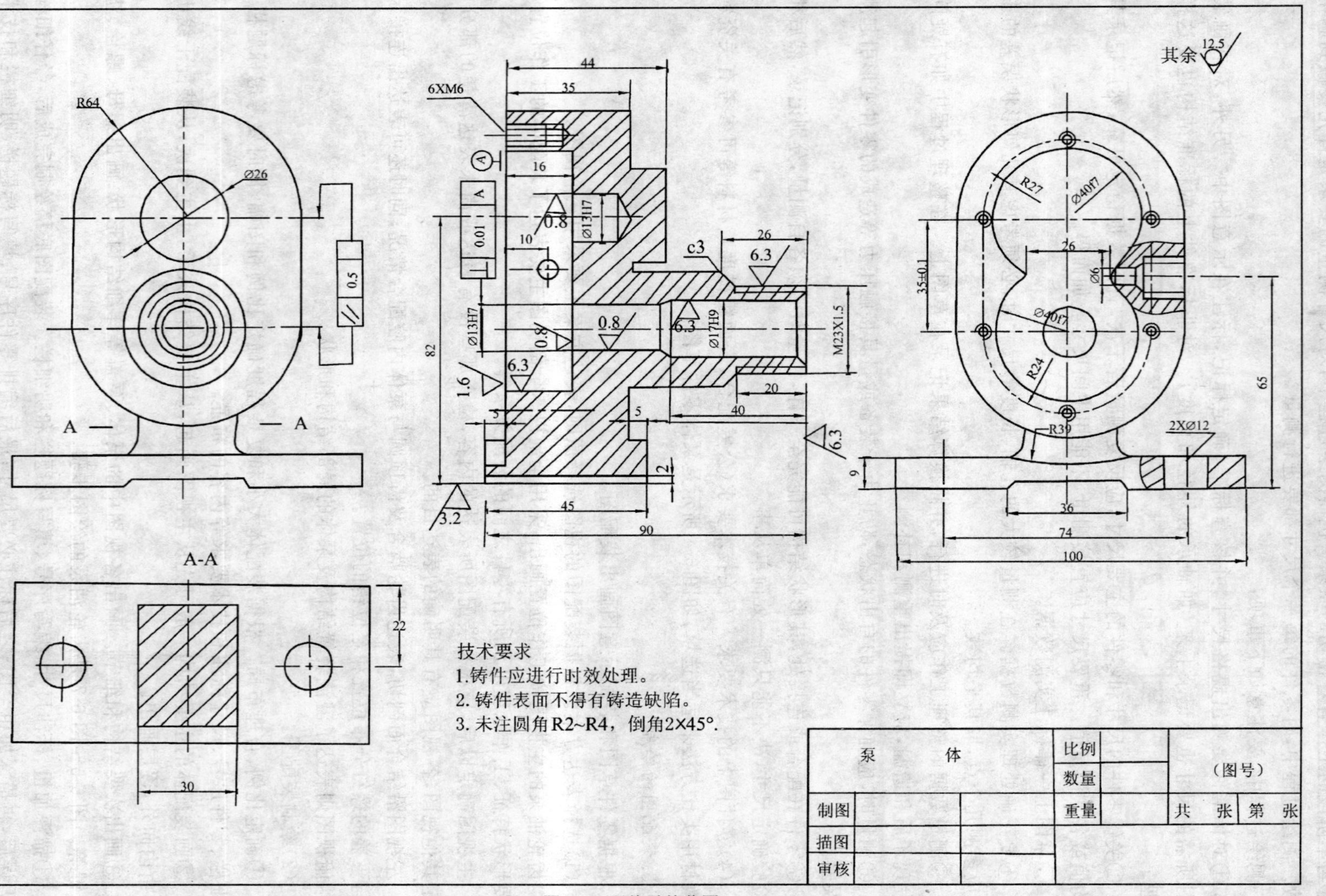

其余 12.5
R64
Ø26
0.5
A — — A
A-A
22
30
44
35
6XM6
A
16
0.01
Ø13J7
0.8
10
c3
26
6.3
Ø13H7
0.8
6.3
Ø17H9
M23X1.5
82
1.6
5
20
40
2
3.2
45
90
35±0.1
R27
Ø40f7
Ø6
R24
65
R39
2XØ12
9
36
74
100
技术要求
1.铸件应进行时效处理。
2. 铸件表面不得有铸造缺陷。
3. 未注圆角R2~R4，倒角2X45°.
泵　　体
比例
数量
重量
（图号）
制图
描图
审核
共　张　第　张

图6-4　泵体零件草图

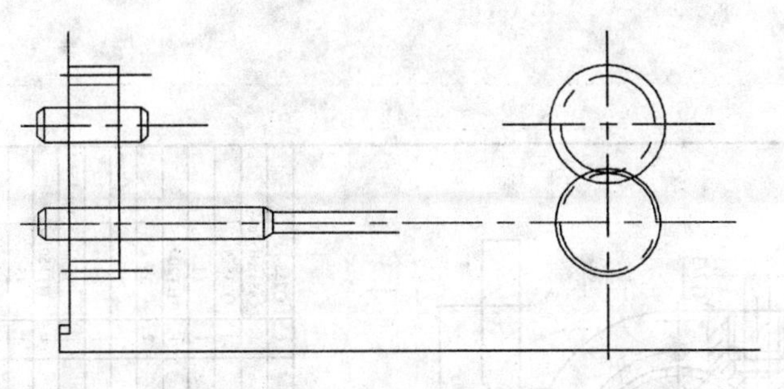

图 6-5　齿轮油泵的绘图步骤(一)

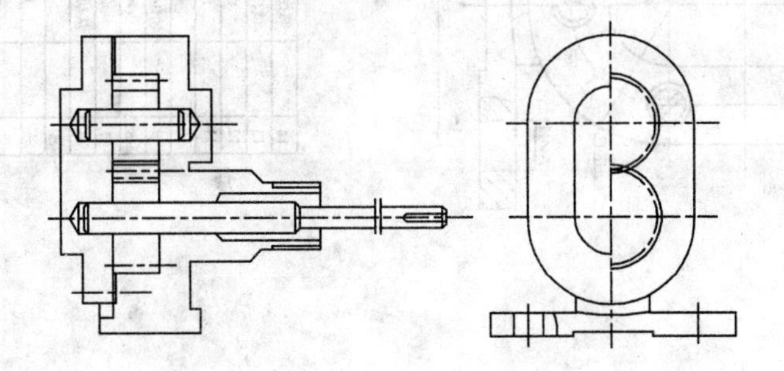

图 6-6　齿轮油泵的绘图步骤(二)

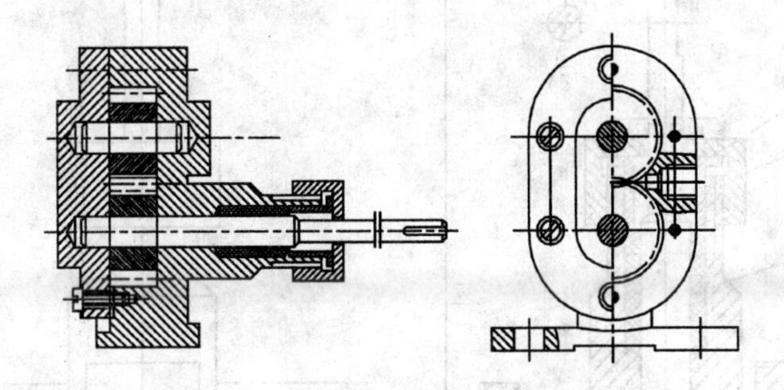

图 6-7　齿轮油泵的绘图步骤(三)

(3)装配图的尺寸。装配图上应考虑注出以下五类尺寸：

①性能规格尺寸。表明装配体的性能和规格的尺寸，如两轴线中心距、进出口螺孔尺寸。

②装配尺寸。在装配图中，所有配合尺寸应配合处注出其基本尺寸和配合代号，如齿轮轴与泵体、泵盖孔的配合，齿轮齿顶圆与泵体内腔的配合，齿轮轴与皮带轮孔的配合等。

③外形尺寸。外形尺寸是反映装配体的总体大小和所占空间的尺寸，为装配体的包装、运输及安装布置提供依据，如图中的150。

④安装尺寸。安装尺寸是指装配体安装时所需的尺寸，如图6-8中泵体底板上安装孔的定形尺寸2-ϕ11及定位尺寸68。

⑤其他重要尺寸，如齿轮轴高度、进油口高度等。

(4)齿轮泵装配图上的技术要求：

①用垫片调整齿轮端面与泵盖的间隙，使其在0.05～0.2范围内。

②装配后要求转动灵活，无异常响声。

③各连接与密封处不应有漏油现象。

如图6-8所示是齿轮油泵的装配图。

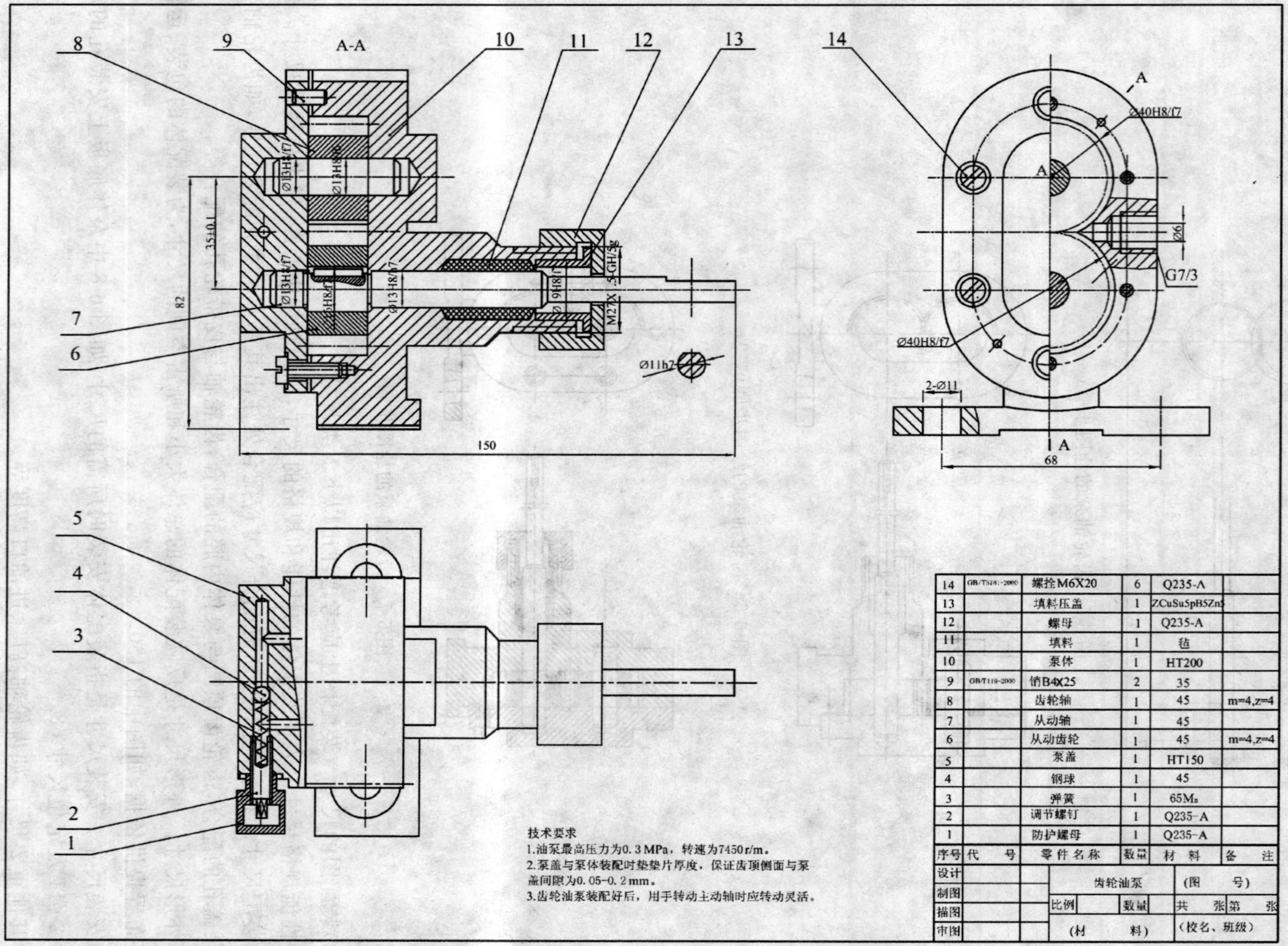

技术要求

1.油泵最高压力为0.3 MPa，转速为7450 r/m。

2.泵盖与泵体装配时垫垫片厚度，保证齿顶侧面与泵盖间隙为0.05-0.2 mm。

3.齿轮油泵装配好后，用手转动主动轴时应转动灵活。

序号	代号	零件名称	数量	材料	备注
14	GB/T5781-2000	螺拴M6X20	6	Q235-A	
13		填料压盖	1	ZCuSu5pB5Zn5	
12		螺母	1	Q235-A	
11		填料	1	毡	
10		泵体	1	HT200	
9	GB/T119-2000	销B4X25	2	35	
8		齿轮轴	1	45	m=4,z=4
7		从动轴	1	45	
6		从动齿轮	1	45	m=4,z=4
5		泵盖	1	HT150	
4		钢球	1	45	
3		弹簧	1	65Mn	
2		调节螺钉	1	Q235-A	
1		防护螺母	1	Q235-A	

设计		齿轮油泵		(图号)	
制图		比例	数量	共 张	第 张
描图		(材料)		(校名、班级)	
审图					

图6-8　齿轮油泵的装配图

6.3.7 任务一考核

任务一考核标准如表6-3所示。

表6-3 任务一考核标准

考核内容	评分标准	分值
测绘方法	测绘方法正确、思路清晰、动手能力强	10%
测绘工具的使用	能正确使用测绘工具	10%
国标的贯彻程度	能正确贯彻国标的有关规定	10%
本章节知识的综合运用能力	综合运用本章节知识的能力强	15%
图面质量	布局合理、线型符号要求、图面整洁	10%
尺寸标注	标注合理、尺寸标注四要素符合国标要求	10%
表达方案	方案合理、表达形式简明扼要	15%
图样画法	图样画法、符合国标要求	20%

6.4 任务二 单级(一级)圆柱齿轮减速器的测绘

6.4.1 任务教学的内容

单级(一级)圆柱齿轮减速器的测绘。

6.4.2 任务教学的目的

(1)综合运用所学的制图知识,进一步培养分析和解决实际问题的能力,提高绘图能力。

(2)熟悉测绘工作的方法和步骤,掌握单级圆柱齿轮减速器测绘的全过程。

(3)进一步培养学生的工程意识,贯彻、执行国家标准的意识及查阅标准资料的能力。

6.4.3 任务教学的要求

(1)正确拆装单级齿轮减速器、绘制示意图。

(2)画出所有非标准件的零件草图。

(3)画出关键部位的装配草图(大齿轮与轴及一串相关件装配关系)。

(4)画出设计装配图(能依照它画出各零件工作图)。

(5)画出主要零件(箱盖、齿轮轴、从动轴与大齿轮)的工作图。

6.4.4 任务教学相关的基本知识点

(1)拆装零件、画装配示意图。

(2)零件测绘。

(3)画装配图。

6.4.5 任务教学的物资准备

(1)拆卸工具(包括通用工具及专用工具)。

(2)测试部件用的各种仪表及单级(一级)圆柱齿轮减速器。

(3)拆卸部件工作台。

(4)用于测量尺寸及表面粗糙度等量具仪器。

(5)测绘用的绘图工具。

(6)清洁和防腐蚀用油。

(7)样件存放用具。

6.4.6 任务教学的学习指导

减速器是一种装在原动机与工作机之间,用以降低转速、增加扭矩的常用减速装置。减速器的种类很多,常用的有圆柱齿轮减速器和蜗轮蜗杆减速器。本次拆卸的部件为一级圆柱齿轮减速器。一级圆柱齿轮减速器是最简单的一种减速器。

1. 一级圆柱齿轮减速器分解前的准备工作

了解机器的工作原理、结构特点,准备必要的资料,如有关国家标准,部颁标准,图册和手册及有关的参考书籍等,准备拆卸工具和测量工具。

(1)工作原理。减速器是一种把较高的转速转变为较低转速的专门装置。由于输入齿轮轴的轮齿与输出轴上大齿轮啮合在一起,而输入齿轮轴的轮齿数少于输出轴上大齿轮的轮齿数,根据齿数比与转数比成反比,当动力源(如电机)或其他传动机构的高速运动,通过输入齿轮轴传到输出轴后,输出轴便得到了低于输入轴的低速运动,从而达到减速的目的。

(2)结构特点:①箱体。上、下箱体是传动零件的基座,既要有足够的强度和刚度,又要有一定的减振性能,故一般采用灰铸铁。其内腔包容齿轮轴、直齿圆柱齿轮、滚动轴承、轴向定位装置、挡油环、端盖。

②窥视孔。上箱体的顶部开有窥视孔,用于观察齿轮的啮合情况。

③通气器。上箱体的顶部与通气器连接,以使箱内热膨胀空气能自由排出,保持箱内外压力平衡,不使润滑油沿分箱面或轴伸密封件等其他缝隙渗漏。

④启箱螺钉。为加强密封效果,通常在装配时于箱体剖分面上涂以水玻璃或密封胶,因而在拆卸时难以开箱,为此在上箱体旋入 1~2 个启箱螺钉。

⑤油面指示器。安装在下箱体上,为了检查减速器内油面的高度。

⑥放油螺塞。换油时,排放污油和清洗剂。其油孔应开设在箱座的底部、油池的最低位置,同时,放油螺塞与箱体的接合面间应加防漏用的垫圈。

⑦起吊装置。当减速器重量超过 25 kg 时,为了便于搬运,在下箱体上设置起吊装置,如吊耳、吊钩等。

⑧挡油环。挡油环用来阻挡油泄出而将轴承上的润滑脂冲掉。工作时,挡油环与轴一起转动,轴的转速越高,密封效果越好。当转速不高时,轴承一般采用脂润滑。当转速较高时,采用油润滑,此时,则在下箱体与上箱体的接合面上开有回油槽,以便滚动轴承的润滑,故挡油圈和回油槽两者不能同时并存。如图 6-9 所示是一级圆柱齿轮减速器的结构图。

2. 拆装部件

部件拆卸首先要测量总长、总宽和总高,然后按先后次序,拧出箱盖上 6 个 GB 5782—2000 的螺栓和 2 个定位销 3X18 GB 119—2000,将箱盖和其上的通气器、窥视孔盖一起卸下,齿轮减速器的输入轴和输出轴就呈现在眼前,减速箱内两根传动轴平行且平面排列,都由滚动轴承支承。通过输入轴上的小齿轮和输出轴上的大齿轮实现变速。在轴的两端分别有透盖和闷盖等零

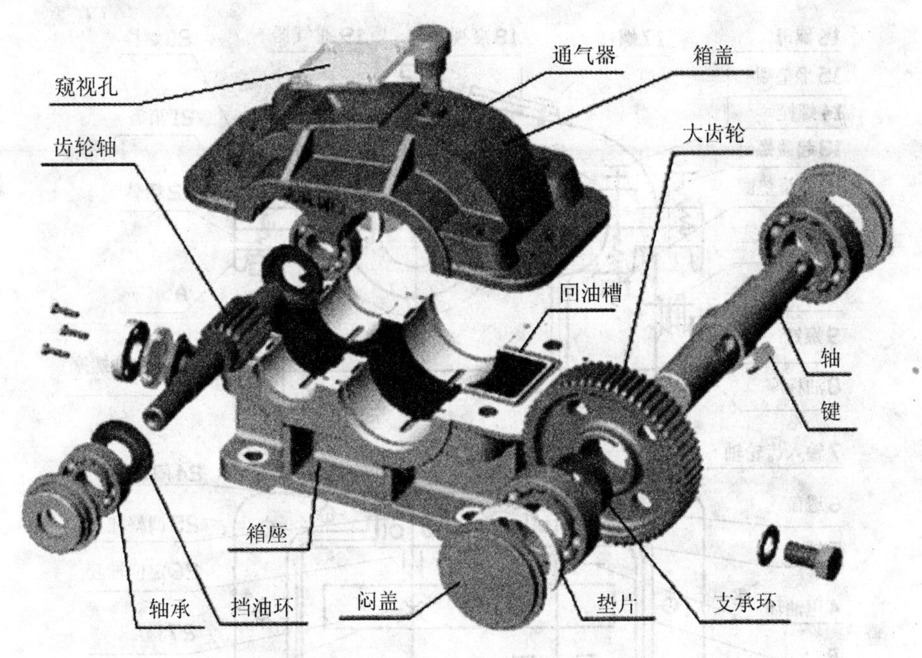

图 6-9　一级圆柱齿轮减速器的结构图

件。在进一步拆卸前先测量输入轴和输出轴中心距、中心高。(箱体内盛有一定量的润滑油)箱体下部有油标,可观察油量。箱体下部最低处装有放油螺塞,用于定期排污油。箱体内零件的拆卸,主要拆卸输出轴:使用轴承拆卸工具拆下左、右端轴承;轴上的套筒、大齿轮和普通平键等零件即可卸下。

3. 绘制装配示意图

从主要零件着手,然后按装配顺序把其他零件逐个画上。

先画一对啮合的齿轮→分别沿着各自的装配线画定位挡圈、滚动轴承、端盖→箱体→箱体连接件(包括螺纹紧固件、销、启箱螺钉、窥视孔装置、通气器、油面指示器即油标、放油螺塞、密封装置等)。如图 6-10 所示是一级圆柱直齿轮减速器装配示意图。

4. 零件草图的绘制

参考 6.3.6 部分“零件草图的绘制”。如图 6-11 所示是减速箱体的零件草图。

5. 画装配图

根据零件草图和装配示意图画出装配图。

(1)选择表达方案 。减速器主视图应符合其工作位置,重点表达外形,同时对右边螺栓连接及放油螺塞连接采用局部剖视,这样不但表达了这两处的装配连接关系,同时对箱体右边和下边壁厚进行了表达,而且油面高度及大齿轮的浸油情况也一目了然;左边可对销钉连接及油标结构进行局部剖视,表达出这两处的装配连接关系;上边可对透气装置采用局部剖视,表达出各零件的装配连接关系及该结构的工作情况。

俯视图采用沿结合剖切的画法,将内部的装配关系以及零件之间的相互位置清晰地表达出来,同时也表达出齿轮的啮合情况、回油槽的形状以及轴承的润滑情况。

左视图可采用外形图或局部视图,主要表达外形。可以考虑在其上作局部剖视,表达出安装孔的内部结构,以便于标注安装尺寸。

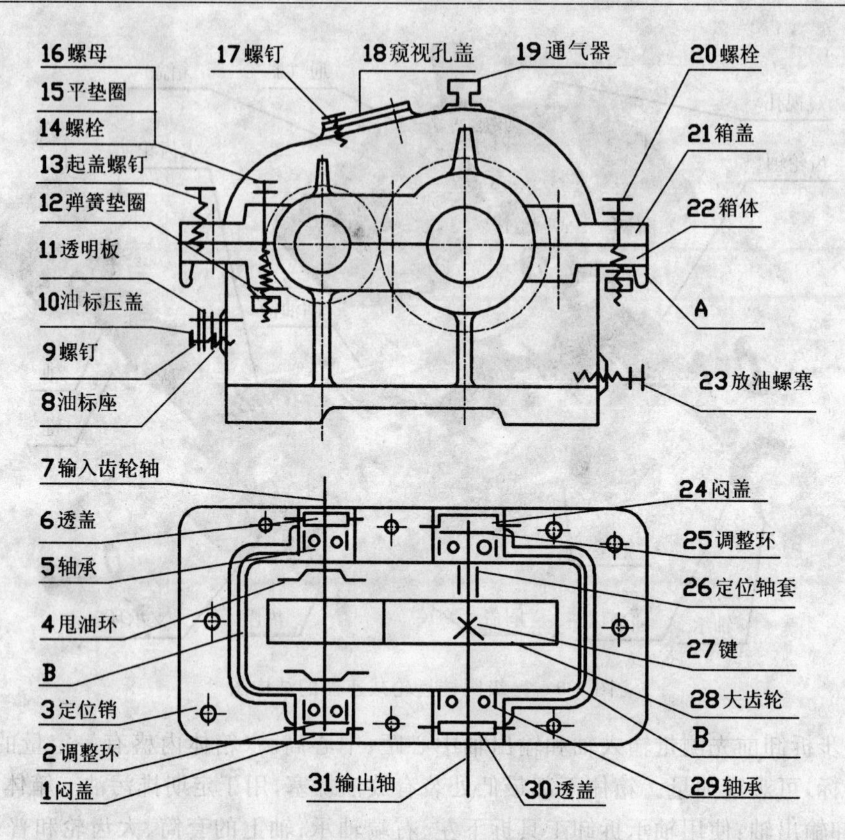

图 6-10　一级圆柱直齿轮减速器装配示意图

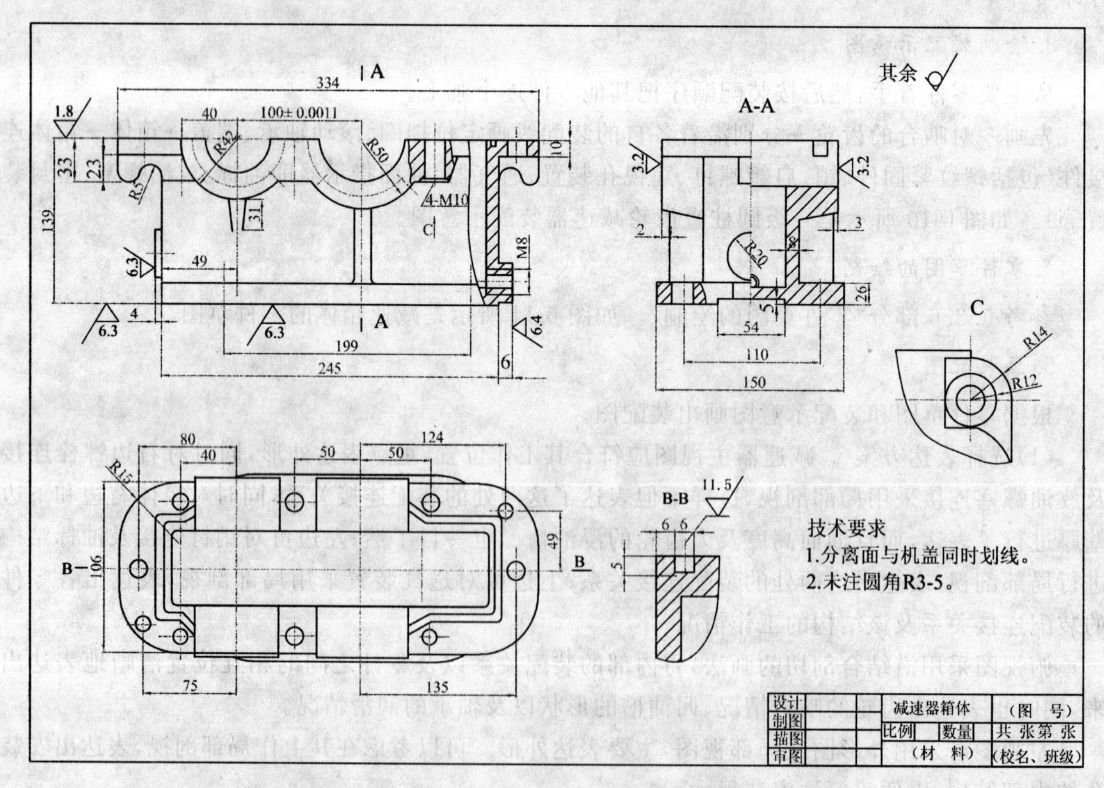

图 6-11　减速箱体的零件草图

另外，还可用局部视图表达出螺栓台的形状。

建议用A1图幅，1∶1比例绘制。可参见图6-18所示的一级圆柱直齿轮减速器的装配图。

(2)减速器装配图的有关结构画法：

①两轴系结构。由于采用直齿圆柱齿轮，不受轴向力，因此两轴均由滚动轴承支承。轴向位置由端盖确定，而端盖嵌入箱体上对应槽中，两槽对应轴上装有8个零件，如图6-12所示，其尺寸96等于各零件尺寸之和。为了避免积累误差过大，保证装配要求，轴上各装有一个调整环，装配时修磨该环的厚度g使其总间隙达到要求0.1±0.02。因此，几台减速器之间零件不要互换，测绘过程中各组零件切勿放乱。

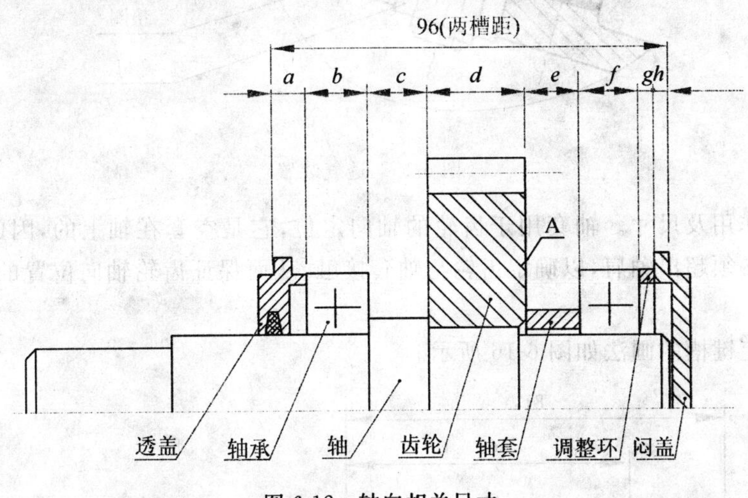

图6-12　轴向相关尺寸

②油面观察结构。通过油面指示片上透明玻璃的刻线，可看到油池中储油的高度。当储油不足时，应加油补足，保证齿轮的下部浸入油内，从而满足齿轮啮合和轴承的润滑。油面观察结构的画法如图6-13所示，垫片厚1 mm，剖面可涂黑。箱体上安装油面指示片结构的螺孔不能钻通，避免机油向外渗漏。

③油封装置。轴从透盖孔中伸出，该孔与轴之间留有一定间隙。为了防止油向外渗漏和灰尘进入箱体内，端盖内装有毛毡密封圈，此圈紧套在轴上，其尺寸和装配关系如图6-14所示。

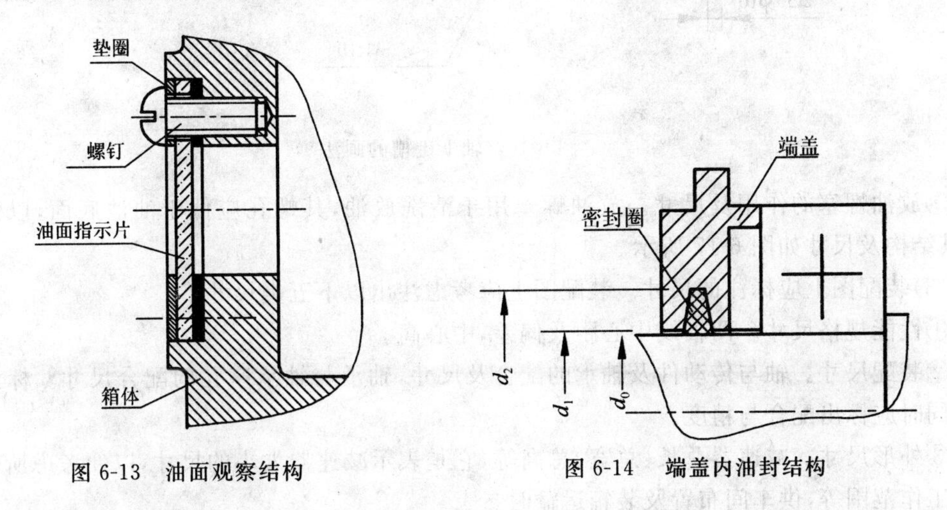

图6-13　油面观察结构　　　　　　　　　图6-14　端盖内油封结构

④透气装置。当减速器工作时，由于摩擦而产生热，箱体内温度就会升高而引起挥发气体和热膨胀，导致箱体内压力增高。因此，在顶部设计有透气装置，通过通气器的小孔使箱体内的热量能够排出，从而避免箱体内的压力增高。透气装置的装配关系如图 6-15 所示。

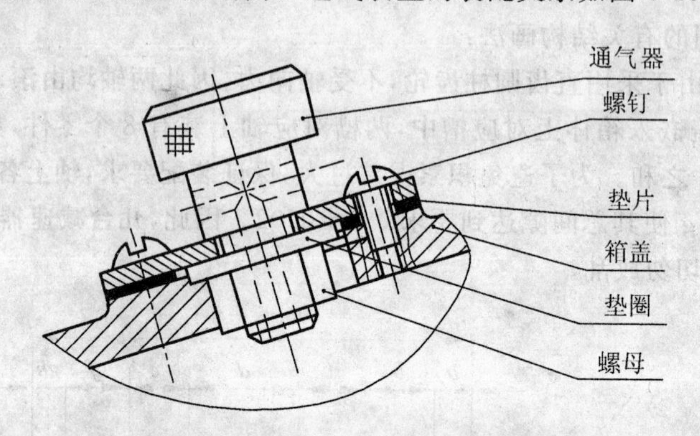

图 6-15　透气装置

⑤轴套的作用及尺寸。轴套用于齿轮的轴向定位，它是空套在轴上的，因此内孔应大于轴径。齿轮端面必须超出轴肩，以确定齿轮与轴套接触，从而保证齿轮轴向位置的固定，如图 6-12 所示。

⑥输入轴上键槽的画法如图 6-16 所示。

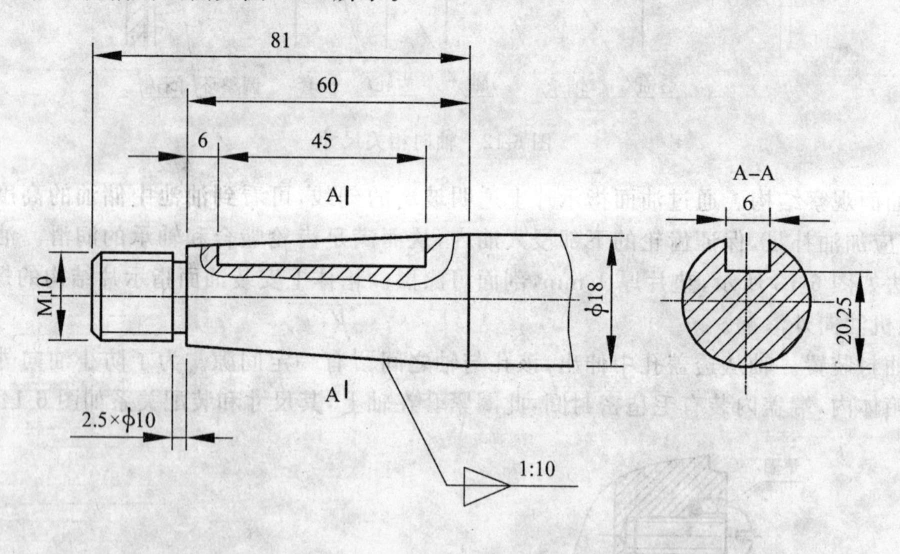

图 6-16　轴上键槽的画法

⑦放油螺塞的作用及尺寸。放油螺塞用于清洗放油，其螺孔应低于油池底面，以便放尽机油，其结构及尺寸如图 6-17 所示。

(3)装配图上应标注的尺寸。装配图上应考虑注出以下五类尺寸：

①性能规格尺寸。两轴线中心距及偏差，中心高。

②装配尺寸。轴与传动件及轴承的配合及尺寸，轴承与轴承座孔的配合尺寸。标注这些尺寸的同时应标出配合与精度。

③外形尺寸。减速器总长、总宽、总高等，它是表示减速器大小的尺寸，以便考虑所需空间大小及工作范围等，供车间布置及装箱运输时参考。

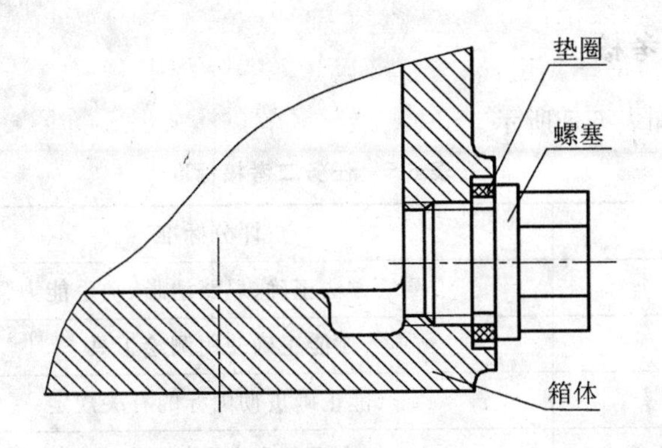

图 6-17　螺塞结构的画法

④安装尺寸孔的定位尺寸。机体底面尺寸、地脚螺栓孔中心的定位尺寸、地脚螺栓孔之间的中心距和直径等。

⑤其他重要尺寸，如齿轮宽度等。

(4)装配图上的技术要求：

①轴向间隙应调整在 0.10±0.02 范围内。

②运转平稳，无松动现象，无异常响声。

③各连接与密封处不应有漏油现象。

一级圆柱直齿轮减速器装配图参考图如图 6-18 所示。

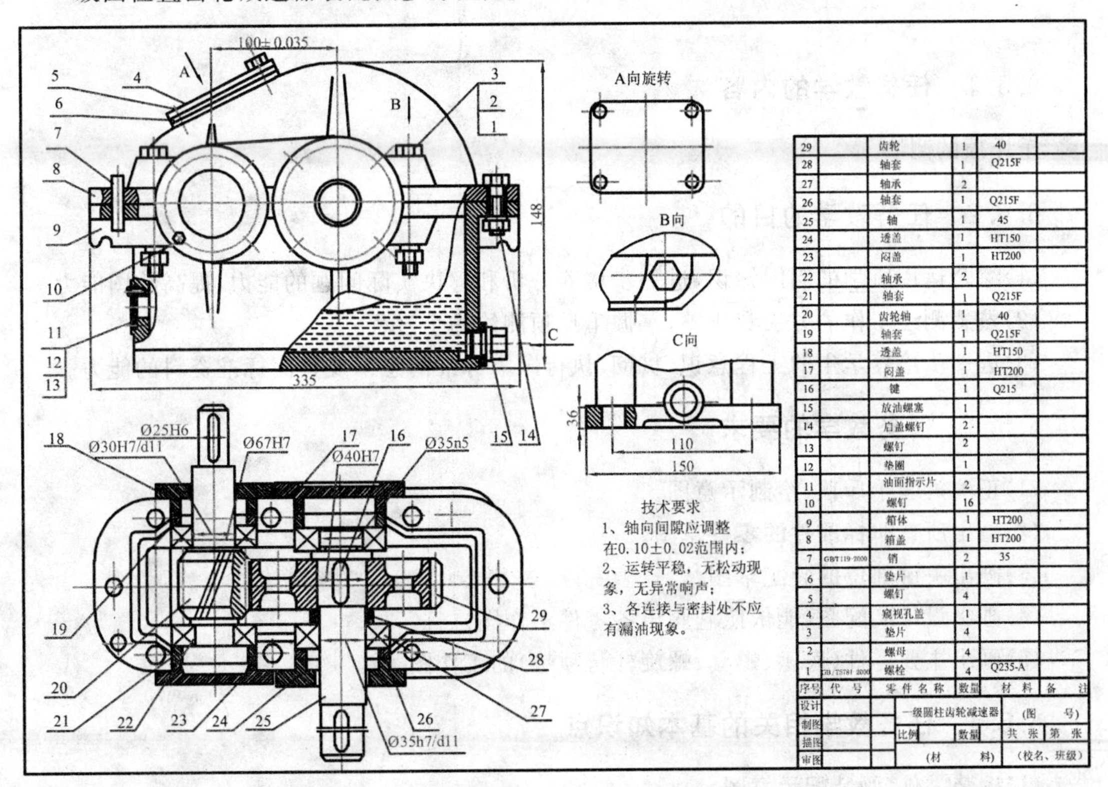

序号	代　号	零件名称	数量	材　料	备　注
29		齿轮	1	40	
28		轴套	1	Q215F	
27		轴承	2		
26		轴套	1	Q215F	
25		轴	1	45	
24		透盖	1	HT150	
23		闷盖	1	HT200	
22		轴承	2		
21		轴套	1	Q215F	
20		齿轮轴	1	40	
19		轴套	1	Q215F	
18		透盖	1	HT150	
17		闷盖	1	HT200	
16		键	1	Q215	
15		放油螺塞	1		
14		启盖螺钉	2		
13		螺钉	2		
12		垫圈	1		
11		油面指示片	2		
10		螺钉	16		
9		箱体	1	HT200	
8		箱盖	1	HT200	
7	GB/T119-2000	销	2	35	
6		垫片	1		
5		螺钉	4		
4		窥视孔盖	1		
3		垫片	4		
2		螺母	4		
1	GB/T5781-2000	螺栓	4	Q235-A	

设计	一级圆柱齿轮减速器		(图　号)	
制图	比例	数量	共　张	第　张
描图	(材　料)		(校名、班级)	
审图				

图 6-18　一级圆柱直齿轮减速器装配图参考图

6.4.7　任务二考核

任务二考核标准如表 6-5 所示。

表 6-5　任务二考核标准

考核内容	评分标准	分　值
测绘方法	测绘方法正确、思路清晰、动手能力强	10%
测绘工具的使用	能正确使用测绘工具	10%
国标的贯彻程度	能正确贯彻国标的有关规定	10%
本章节知识的综合运用能力	综合运用本章节知识的能力强	15%
图面质量	布局合理、线型符合要求、图面整洁	10%
尺寸标注	标注合理、尺寸标注四要素符合国标要求	10%
表达方案	方案合理、表达形式简明扼要	15%
图样画法	图样画法符合国标要求	20%

6.5　任务三　千斤顶的测绘

6.5.1　任务教学的内容

千斤顶的测绘。

6.5.2　任务教学的目的

(1)综合运用所学的制图知识,进一步培养分析和解决实际问题的能力,提高绘图能力。

(2)熟悉测绘工作的方法和步骤,掌握千斤顶测绘的全过程。

(3)进一步培养学生的工程意识,贯彻、执行国家标准的意识及查阅标准资料的能力。

6.5.3　任务教学的要求

(1)正确拆装千斤顶、绘制示意图。

(2)画出所有非标准件的零件草图。

(3)画出关键部位的装配草图。

(4)画出设计装配图(能依照它画出各零件工作图)。

(5)画出主要零件(底座、螺套、螺旋杆与顶垫)的工作图。

6.5.4　任务教学相关的基本知识点

(1)拆装零件、画装配示意图。

(2)零件测绘。

(3)画装配图。

6.5.5　任务教学的物资准备

(1)拆卸工具(包括通用工具及专用工具)。

(2)测试部件用的各种仪表及千斤顶。

(3)拆卸部件工作台。

(4)用于测量尺寸及表面粗糙度等量具仪器。

(5)测绘用的绘图工具。

(6)清洁和防腐蚀用油。

(7)样件存放用具。

6.5.6　任务教学的学习指导

千斤顶是利用螺旋传动来顶举重物的一种起重或顶压工具,常用于汽车修理及机械安装中。

1. 一级圆柱齿轮减速器分解前的准备工作

(1)工作原理。千斤顶利用螺旋传动顶举重物,工作时,重物压于顶垫之上,将绞杠穿入螺旋杆上部的孔中,旋动绞杠,螺旋杆在螺套中靠螺纹上、下移动,从而顶起或放下重物。

(2)结构特点。千斤顶由绞杠、螺旋杆等7种零件组成。螺套镶在底座里,用螺钉定位,磨损后便于更换。顶垫套在螺旋杆顶部,其球面形成传递承重之配合面,由螺钉锁定,使顶垫相对螺旋杆旋转而不脱落。

2. 拆装零件、绘制装配示意图

千斤顶拆卸顺序:①抽掉绞杠;②卸下螺钉7,取下顶垫;③旋出螺旋杆;④卸下螺钉3,取出螺套。

由工作原理可知,千斤顶的装配主干线是螺旋杆,沿装配轴线按装配关系依次画出底座→螺套→螺钉→螺旋杆→绞杠→顶垫等零件。为了清楚地表达千斤顶的内外部装配结构,应选如图6-19所示的工作位置为装配示意图。在装配示意图上,千斤顶的7种零件所处的位置及装配关系、各零件的主要形状均已表达清楚。

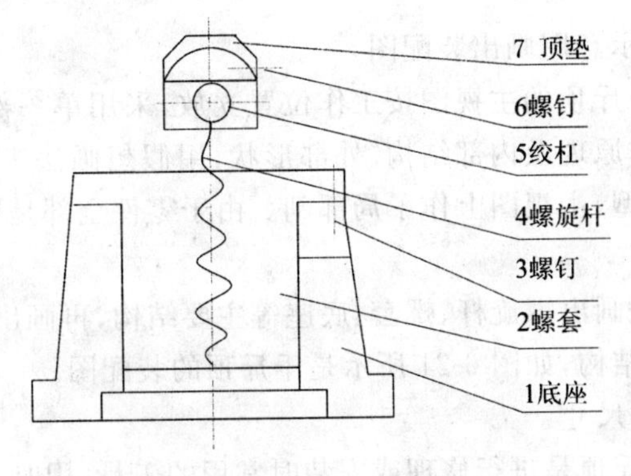

图6-19　千斤顶的装配示意图

3. 零件草图的绘制

参考6.3.6部分的“零件草图的绘制”。图6-20是千斤顶的5个零件图。

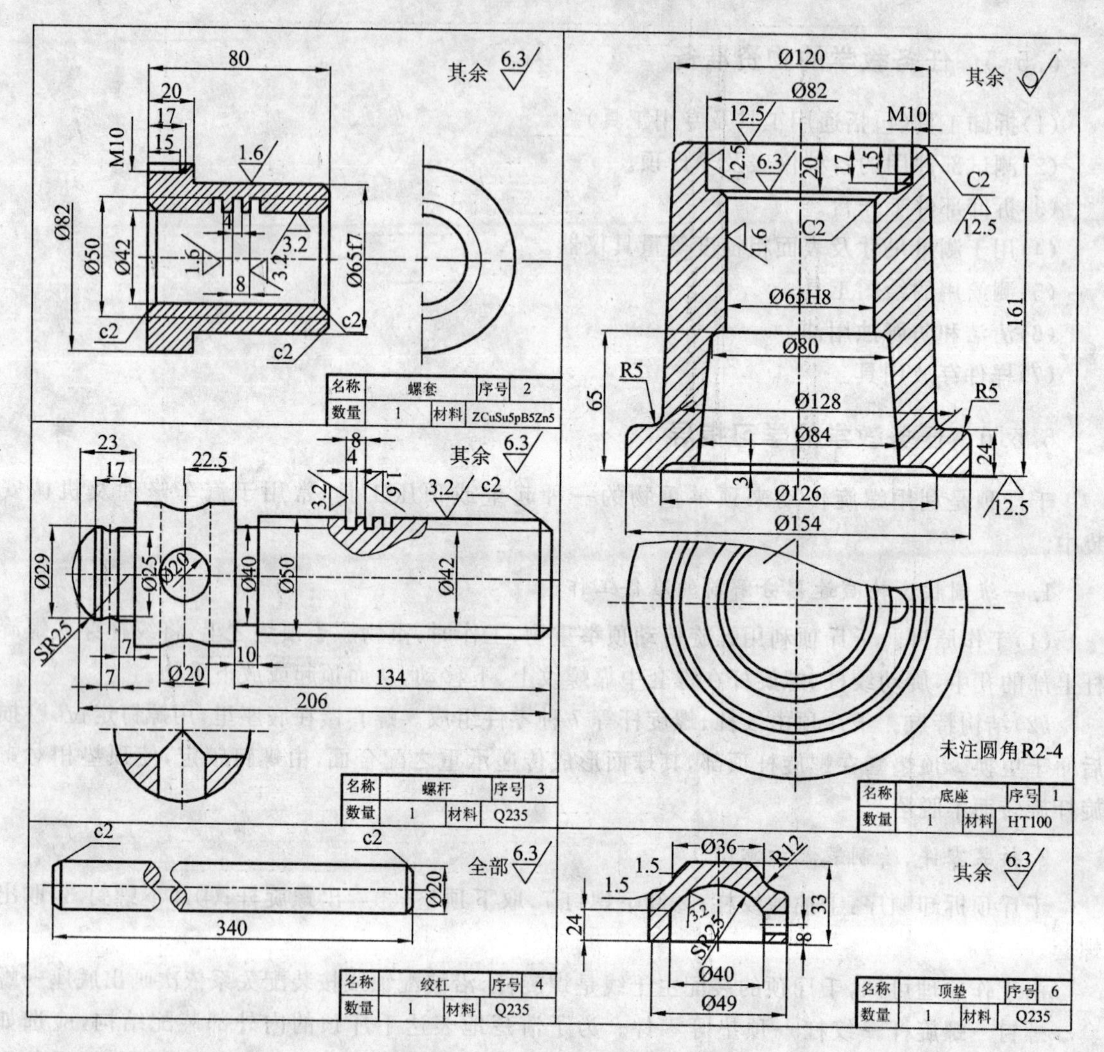

图 6-20　千斤顶的 5 个零件图

4. 画装配图

根据零件草图和装配示意图画出装配图。

(1)选择表达方案。千斤顶的主视图按工作位置立放，采用单一剖的全剖视图，能清楚地反映千斤顶的装配关系、工作原理及内部结构、外部形状，用假想画法表达千斤顶的起重高度。为了表达螺旋杆上螺纹的牙型，主视图上作了局部剖。由于零件全部是回转体，没有再采用其他的视图表达各零件的形状。

(2)绘制装配图。可先画出螺旋杆、螺套、底座等主要结构，再画出螺钉、绞杠、顶垫等非主要零件及孔、槽、螺纹等细小结构，如图 6-21 所示是千斤顶的装配图。

(3)装配图上应标出的尺寸：

①性能规格尺寸。千斤顶是进行修理或安装时常用的工具，用时一般放在物体的下边，故应标出其最低高度和起重高度。

②装配尺寸。底座 1 内孔与螺套 3 的外圆有公差要求，故应注出配合尺寸及代号。

③安装尺寸。因千斤顶不需固定在任何设备和地基上，所以它无安装尺寸。

④总体尺寸。注底座的直径及总高尺寸即可。

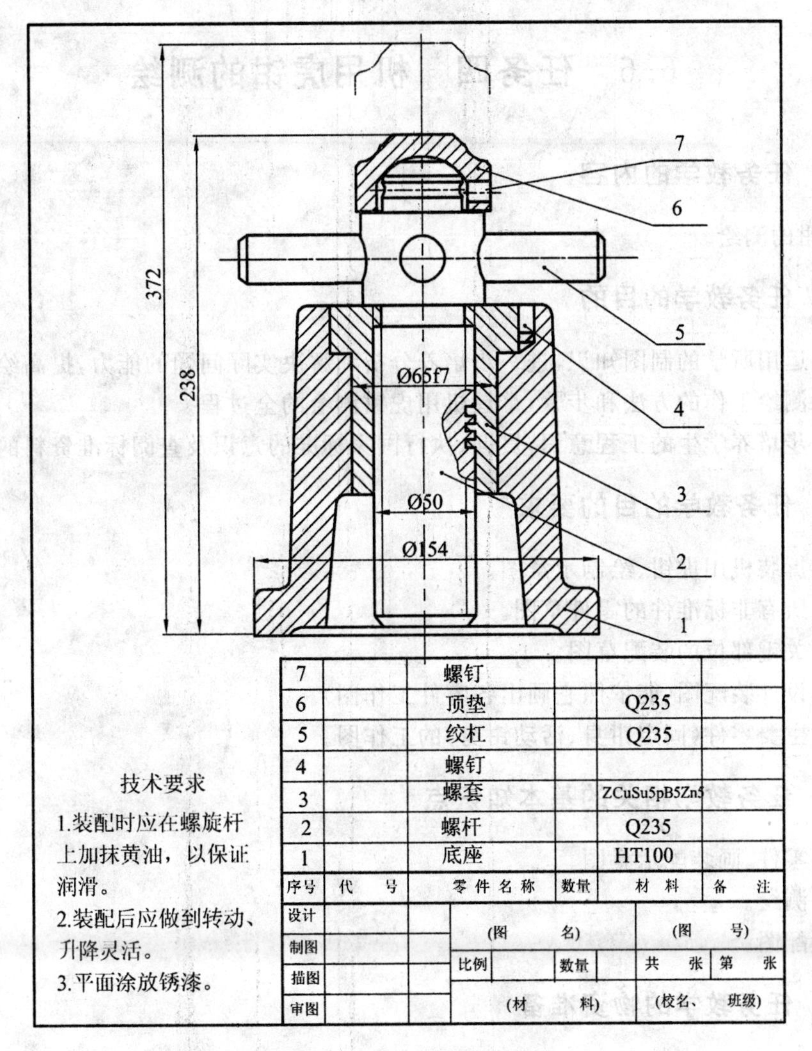

图 6-21　千斤顶的装配图

⑤重要尺寸。螺旋杆是千斤顶的重要零件，应注出其公称直径。

6.4.7　任务三考核

任务三考核标准如表 6-6 所示。

表 6-6　任务三考核标准

考核内容	评分标准	分　值
测绘方法	测绘方法正确、思路清晰、动手能力强	10%
测绘工具的使用	能正确使用测绘工具	10%
国标的贯彻程度	能正确贯彻国标的有关规定	10%
本章节知识的综合运用能力	综合运用本章节知识的能力强	15%
图面质量	布局合理、线型符合要求、图面整洁	10%
尺寸标注	标注合理、尺寸标注四要素符合国标要求	10%
表达方案	方案合理、表达形式简明扼要	15%
图样画法	图样画法符合国标要求	20%

6.6 任务四 机用虎钳的测绘

6.6.1 任务教学的内容

机用虎钳的测绘。

6.6.2 任务教学的目的

(1)综合运用所学的制图知识,进一步培养分析和解决实际问题的能力,提高绘图能力。
(2)熟悉测绘工作的方法和步骤,掌握机用虎钳测绘的全过程。
(3)进一步培养学生的工程意识,贯彻、执行国家标准的意识及查阅标准资料的能力。

6.6.3 任务教学的目的要求

(1)正确拆装机用虎钳、绘制示意图。
(2)画出所有非标准件的零件草图。
(3)画出关键部位的装配草图。
(4)画出设计装配图(能依照它画出各零件工作图)。
(5)画出主要零件(固定钳身、活动钳身)的工作图。

6.6.4 任务教学相关的基本知识点

(1)拆装零件、画装配示意图。
(2)零件测绘。
(3)画装配图。

6.6.5 任务教学的物资准备

(1)拆卸工具(包括通用工具及专用工具)。
(2)测试部件用的各种仪表及机用虎钳。
(3)拆卸部件工作台。
(4)用于测量尺寸及表面粗糙度等量具仪器。
(5)测绘用的绘图工具。
(6)清洁和防腐蚀用油。
(7)样件存放用具。

6.6.6 任务教学的学习指导

机用虎钳是一种通用夹具,它安装在一般的工作台上,用钳口夹紧被加工零件,进行加工。钳身可以回转 360°,以适应加工需要。

1. 机用虎钳分解前的准备工作

(1)工作原理。固定钳身为基础件,螺杆做旋转运动时,螺母带动活动钳身做往复直线运动,实现工件的加紧或放松,钳口的最大开度由螺母左端与固定钳身左侧内壁接触时的极限位置决定,螺母下端的凸肩与固定钳身内侧凸台的下端接触,以承受活动钳身夹紧时的侧向力。

(2)结构特点。机用虎钳共有 11 种零件,其中 3 种为标准件,主要零件有固定钳身、活动钳身、螺杆、螺母等。图 6-22 是机用虎钳的结构图。

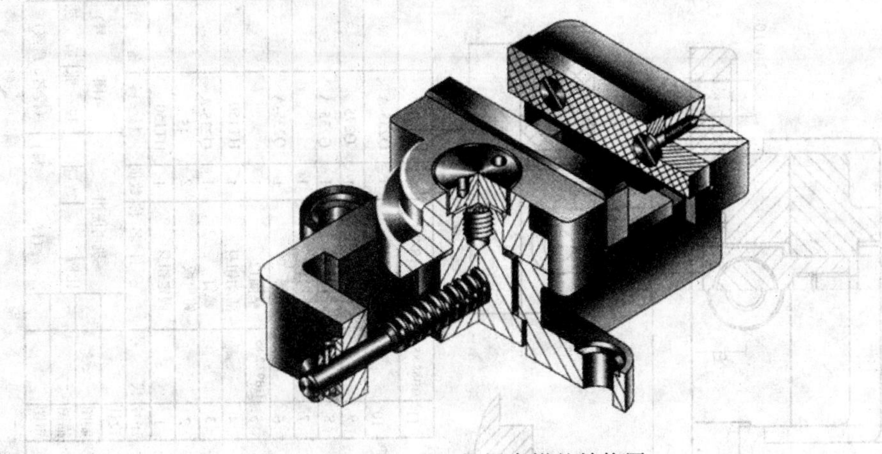

图 6-22　机用虎钳的结构图

2. 拆装零件、绘制装配示意图

机用虎钳的拆卸顺序:用弹簧卡钳夹住螺钉 3 顶面的两个小孔,旋出螺钉 3 后,活动钳身 4 即可取下。拔出左端圆锥销 7,卸下挡圈 6、垫圈 5,然后旋转螺杆 9,待螺母 8 松开后,从固定钳身 1 的右端即可抽出螺杆,再从固定钳身的下面取出螺母。拧开沉头螺钉 11,即可取下钳口板。

由工作原理可知,以螺杆为主的一条装配干线,固定钳身、螺杆、螺母、活动钳身及垫圈、挡圈、圆锥销等沿螺杆轴线依次装配。以螺母为主的另一条装配线,螺杆、螺母、活动钳身及螺钉沿螺母对称线依次装配。

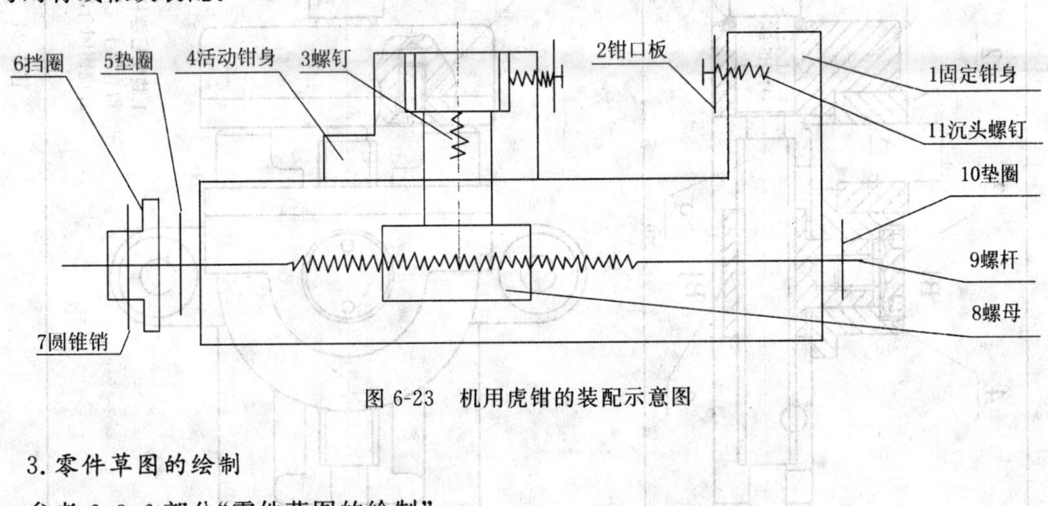

图 6-23　机用虎钳的装配示意图

3. 零件草图的绘制

参考 6.3.6 部分“零件草图的绘制”。

4. 绘制装配图

根据零件草图和装配示意图画出装配图(见图 6-24)。

(1)选择表达方案。从部件的装配示意图及拆卸过程可以看出,11 种零件有 6 种零件集中装配在螺杆 9 上,而且该部件前后对称。因此,可通过螺杆轴线剖开部件得到全剖的主视图。这样,其中 11 种零件在主视图上都可表达出来,能够将零件之间的装配关系、相互位置以及工作原理清晰地表达出来。左端圆锥销连接处可再用局部剖视图,表达出装配连接关系。

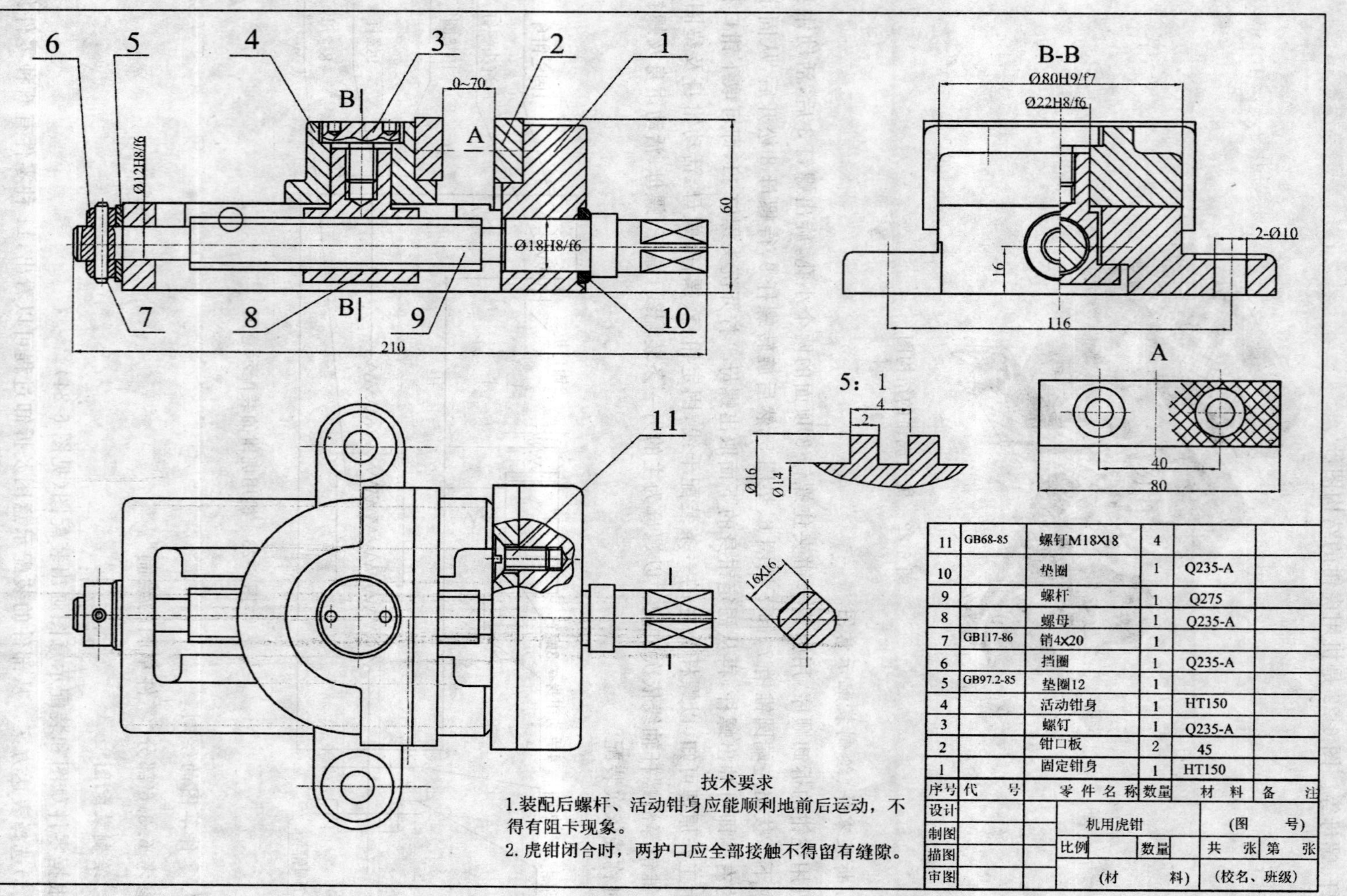

序号	代号	零件名称	数量	材料	备注
11	GB68-85	螺钉M18×18	4		
10		垫圈	1	Q235-A	
9		螺杆	1	Q275	
8		螺母	1	Q235-A	
7	GB117-86	销4×20	1		
6		挡圈	1	Q235-A	
5	GB97.2-85	垫圈12	1		
4		活动钳身	1	HT150	
3		螺钉	1	Q235-A	
2		钳口板	2	45	
1		固定钳身	1	HT150	

设计		机用虎钳		(图 号)	
制图					
描图		比例	数量	共 张	第 张
审图		(材 料)		(校名、班级)	

图6-24　机用虎钳的装配图

左视图可将螺母轴线及活动钳身放置在固定钳身上安装孔的轴线位置，然后取半剖画出。这样，半个剖视图上表达了固定钳身 1、活动钳身 4、螺钉 3、螺母 8 之间的装配连接关系；半个视图上同时表达了虎钳一个方向的外形，内、外形状兼而有之。

俯视图可取外形图，侧重表达机用虎钳的外形，其次在外形图上取局部视图，表达出钳口板的螺钉连接关系。

对于主视图和俯视图也应将螺母及活动钳身放置在与左视图相同的位置画出，以保证视图之间的投影对应关系。如图 6-24 所示是机用虎钳的装配图。

(2)机用虎钳装配图上应标出的尺寸：

①特性尺寸。两钳口板之间的开闭距离表示虎钳的规格，应注出其尺寸，而且应以 0～70 的形式注出。

②装配尺寸。螺杆 9 与固定钳身 1 左右两端孔是配合的；活动钳身 4 与固定钳身 1 宽度方向有配合；螺母 8 上部与活动钳身 4 的孔之间有配合；挡圈 6 与螺杆 9 之间有配合。

③外形尺寸。虎钳总体的长、宽、高尺寸。

④安装尺寸。虎钳是固定在机床上的，应注出安装孔的有关尺寸。

⑤其他重要尺寸。在设计过程中，经计算或选定的重要尺寸，如螺杆轴线到底面的距离等。

(3)机用虎钳的技术要求：

①活动钳身移动应灵活，不得摇摆。

②装配后，两钳口板的夹紧表面应相互平行；钳口板上的连接螺钉头部不得伸出其表面。

③夹紧工件后不允许自行松开工件。

6.6.7　任务四考核

任务四考核标准如表 6-6 所示。

表 6-6　任务四考核标准

考核内容	评分标准	分　值
测绘方法	测绘方法正确、思路清晰、动手能力强	10%
测绘工具的使用	能正确使用测绘工具	10%
国标的贯彻程度	能正确贯彻国标的有关规定	10%
本章节知识的综合运用能力	综合运用本章节知识的能力强	15%
图面质量	布局合理、线型符合要求、图面整洁	10%
尺寸标注	标注合理、尺寸标注四要素符合国标要求	10%
表达方案	方案合理、表达形式简明扼要	15%
图样画法	图样画法符合国标要求	20%

第 7 章　计算机绘图

7.1　AutoCAD 绘图基础

7.1.1　AutoCAD 的工作界面

AutoCAD 屏幕被分割成六个不同的区域：标题栏、下拉菜单栏、工具栏、绘图区、命令窗口、状态栏，如图 7-1 所示（以 AutoCAD 2004 为例）。

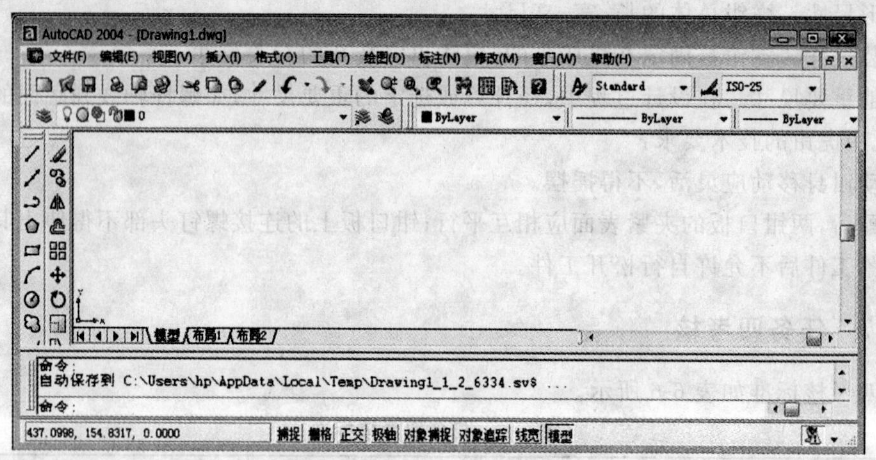

图 7-1　AutoCAD 2004 工作界面

1. 标题栏

标题栏表达的是 AutoCAD 2004 软件名称和当前的文件名称等信息，如图 7-2 所示。标题栏中前面显示的是"AutoCAD 2004"软件名称，后面显示的是当前的文件名称" Drawing1. dwg"（如果已经对文件命名，则显示命名的文件名）。

标题栏的右边是一组控制按钮，分别表示最小化、最大化、关闭，通过这三个按钮，用户可以让当前的应用程序以整个屏幕进行显示或仅显示应用程序的名称，也可以直接通过"关闭"按钮关闭"AutoCAD"。

图 7-2　标题栏

2. 下拉菜单栏

菜单（见图 7-3）是广泛使用的人机交互方式，它包含了系统提供的所有命令，它们的名称和功能如表 7-1 所示。

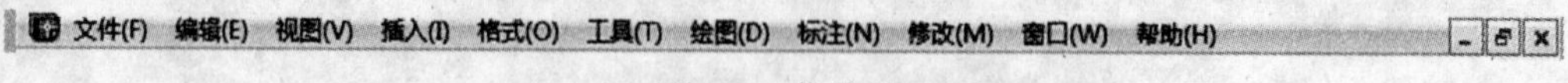

文件(F)　编辑(E)　视图(V)　插入(I)　格式(O)　工具(T)　绘图(D)　标注(N)　修改(M)　窗口(W)　帮助(H)

图 7-3　菜单栏

表 7-1　菜单栏的名称和功能

菜单名	功　能	菜单名	功能
文件	系统和文件操作命令	绘图	图形绘制命令
编辑	图形编辑命令	标注	尺寸标注命令
视图	观察图形的命令	修改	图形修改或编辑命令
插入	插入图形的命令	图像	系统图像信息
格式	控制图形格式的命令	窗口	窗口控制命令
工具	绘图辅助工具命令	帮助	系统在线帮助命令

命令后带有“…”，表示该命令将调用对话框，命令后带有“▼”，表示该命令不是最终命令，还有子命令。

快捷菜单是一种特殊形式的菜单，单击鼠标的右键将在光标的位置显示出快捷菜单。在AutoCAD 2004 中，快捷菜单完全体现了上下文的关系。这些快捷菜单功能上的变化，取决于单击右键时光标所处的位置和是否选定了某些对象。在 AutoCAD 2004 中，还是保存了光标菜单，与以前的版本一样，只需按住 Shift 键或者是 Ctrl 键，并单击鼠标的右键，AutoCAD 将显示“对象捕捉”快捷菜单，如图 7-4 所示。

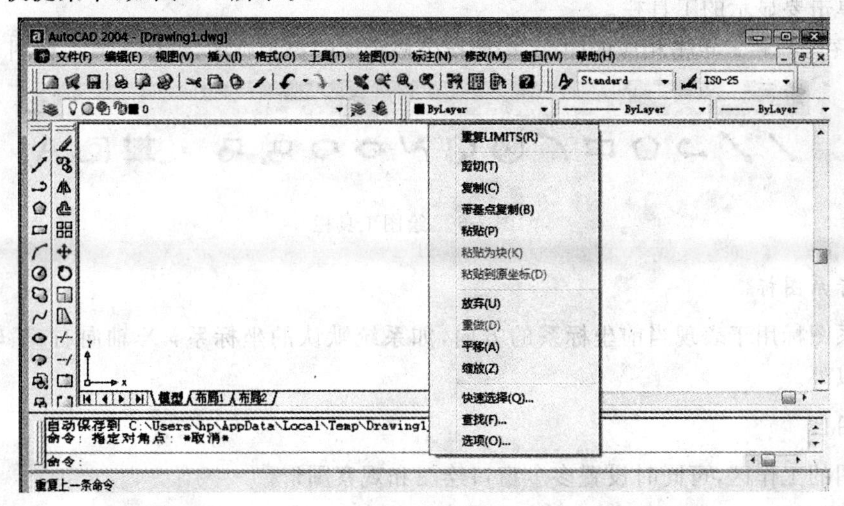

图 7-4　快捷菜单(按住 Shift 键)

3. 工具栏

工具栏是 AutoCAD 中重要的操作按钮，它包含了最常用的 AutoCAD 命令，以非常形象的图标展现在屏幕上。

在 AutoCAD 2004 中，有 24 个已命名的工具栏。绘图时，可根据需要调用工具栏。常用工具栏是“标准”、“对象特性”、“绘图”及“修改”。

(1)工具栏的调用方法 。

方法 1:在命令行中输入“TOOLBAR”命令，并按回车键，调出“自定义”对话框，如图 7-5 所示。要在屏幕上显示一个工具栏，可以单击工具栏名称旁边选择框 ✓ 符号。要关闭屏幕上显示的一个工具栏，单击其名称右边的选择框，使 ✓ 消失就行了。

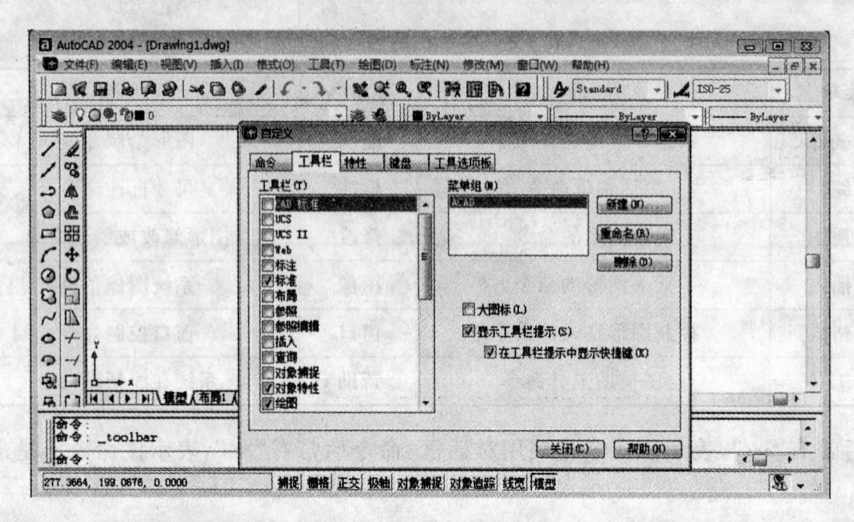

图 7-5　自定义对话框

方法 2:单击菜单栏中的“视图”,在下拉菜单中单击“工具栏”,在“自定义”对话框中,单击要显示的工具栏。

方法 3:将光标箭头停留在任意一个工具栏上(除工具选项板之外),单击鼠标右键,在弹出的菜单上单击要显示的工具栏。

(2)绘图工具栏。单击相应的图标,按照指令提示区的提示画图,绘图工具栏如图 7-6 所示。

图 7-6　绘图工具栏

4. 坐标系图标

坐标系图标用于表现当前坐标系的方向,如系统默认的坐标系, X 轴向右,Y 轴向上,Z 轴指向屏幕以外。

5. 绘图区

在绘图的工作区,可同时设置多个窗口绘图和观察图形。

6. 指令提示区

在指令提示区可通过键盘输入命令和选项,并且获取指令提示信息,如画圆时的命令提示如图 7-7 所示。

图 7-7　指令提示区

7. 状态栏

状态栏位于主窗口底部(见图 7-8),用于反馈当前工作状态。状态栏左端显示区的数字,表示了当前鼠标所在的位置,中间的按钮:捕捉、栅格、正交、极轴、对象捕捉、对象追踪、线宽、模型(图纸)表示不同的作图状态。

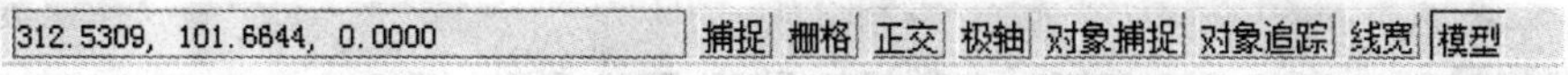

312.5309, 101.6644, 0.0000
捕捉
栅格
正交
极轴
对象捕捉
对象追踪
线宽
模型

图 7-8　状态栏

7.1.2　系统的启动与文件的操作

1. 系统的启动

(1)用启动图标启动 。用鼠标左键双击该图标，或者用右键单击该图标，在弹出的菜单中单击“打开”命令。

(2)用“开始”菜单启动(见图 7-9)。

Autodesk Express Viewer
27

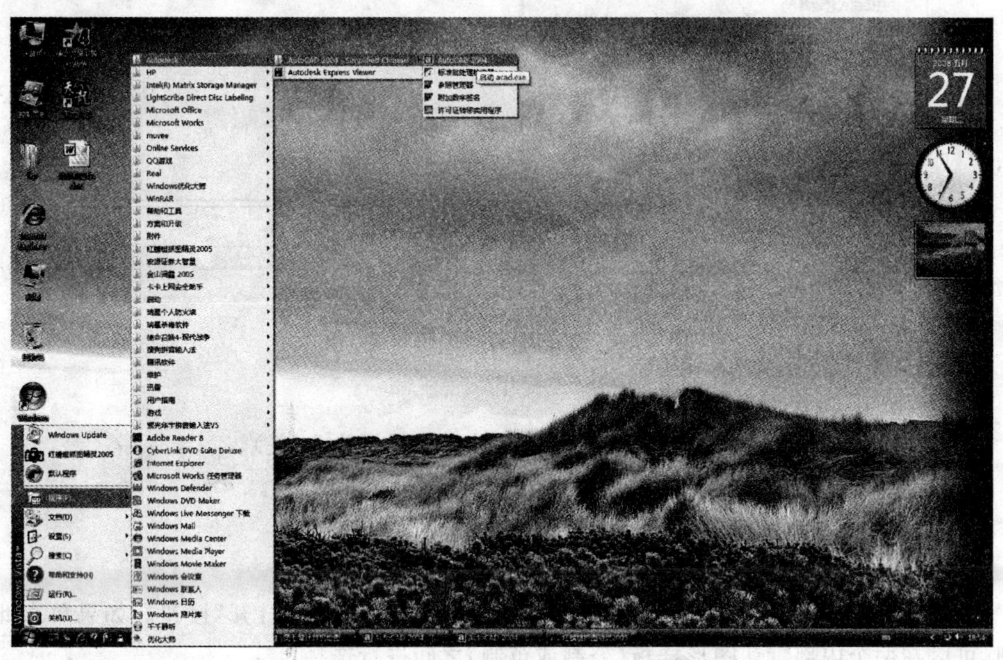

图 7-9　开始菜单启动 CAD

2. 文件的操作

文件操作包括新建文件、打开或关闭文件和保存文件，如图 7-10 所示。

(1)建立新文件。

方法 1:使用“创建新图形”对话框。

命令行:STARTUP 回车，将 STARTUP 系统变量设置为 1(开)。

命令行:STARTUP 回车，将 FILEDIA 系统变量设置为 1(开)。

菜单:单击“文件”菜单的“新建”→“创建新图形”命令。

工具栏:单击标准工具栏上的“新建”→“创建新图形”命令。

“创建新图形”对话框为创建新图形提供了多种方法：如果使用“默认设置”，则可以为新图形指定英制或公制单位。选定的设置决定系统变量要使用的默认值，这些系统变量可控制文字、标注、栅格、捕捉以及默认的线型和填充图案文件。

英制，基于英制测量系统创建新图形。图形使用内部默认值，默认图形边界(称为图形界限)为 12×9 英寸。

公制，基于公制测量系统创建新图形。图形使用内部默认值，默认图形边界为 429×297 毫米。

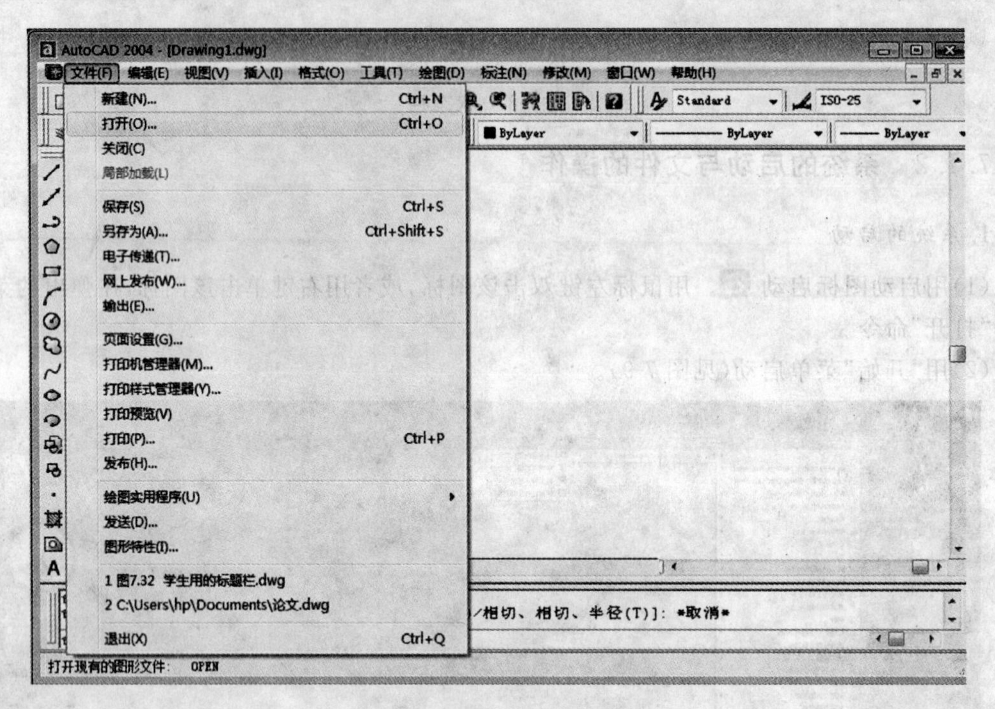

图 7-10　新建、打开或关闭和保存文件

方法 2:使用“选择样板”对话框。

命令行:STARTUP 回车,将 STARTUP 系统变量设置为 0(关)。

命令行:STARTUP 回车,将 FILEDIA 系统变量设置为 1(开)。

菜单:单击“文件”菜单的“新建”→“选择样板”命令。

工具栏:单击标准工具栏上的“新建”→“选择样板”命令。

在“选择样板”对话框的右下角,有一个旁边带有箭头按钮的“打开”按钮。如果单击此箭头按钮,可以在两个内部默认图形样板(公制或英制)之间进行选择。

方法 3:使用默认图形样板文件。

命令行:STARTUP 回车,将 STARTUP 系统变量设置为 0(关)。

命令行:STARTUP 回车,将 FILEDIA 系统变量设置为 1(开)。

在“文件”选项卡上的“选项”对话框中指定一个默认图形样板文件。单击标有“图形样板设置”的节点并指定一个路径和图形样板文件。

(2)打开已有图形。“打开”→“选择文件”对话框→选择图形文件名→“打开”。

(3)关闭图形文件、退出系统。

①单击文件或系统控制按钮,退出文件或系统。

②下拉菜单:“文件”→“退出”(系统)。

(4)保存图形。绘制图形时应该注意经常保存。

①“保存 save”。如是新建的图形,窗口将显示“图形另存为”对话框→选择文件夹位置和输入文件名→“保存”。

②如是已经保存过的图形,系统将自动按文件原位置和原文件名保存图形。

③“另存为 save as”。如果要创建图形的新版本而不影响原图形,可以使用“另存为”,重新确定文件位置和文件名后再保存。

7.1.3　命令的输入

1.启动命令的方法(以直线为例)

(1)绘图工具栏输入。单击“直线”图标(单击鼠标左键)。

(2)菜单输入。“绘图”→“直线”(单击鼠标左键)。

(3)通过键盘输入。在命令指示区输入“line”↙(回车)。

(4)鼠标右键输入。单击鼠标右键选择“确认 Enter”,用于重复上一命令。

2.命令的结束与中断

(1)结束命令。结束命令是指完成任务后正常的结束命令,大多命令都可在完成绘图后自动结束,但个别命令须通过“确认”回车或鼠标右键来结束命令。

(2)中断命令。命令在执行过程中,发现错误而强行结束命令的操作,它可通过按“Esc”键完成。

3.重复命令

在待命状态下按回车键,或单击鼠标右键选择“重复”。

4.透明命令

在执行某一命令中插入执行另一命令,常用透明命令有“缩放”、“移动”、“捕捉”等。

5.纠正错误命令

(1)“放弃 undo”。逐次取消以前的操作。

(2)“重做 redo”。恢复被取消的操作,必须在放弃命令执行后立刻执行,且只能恢复前一次。

(3)“删除 erase”。拾取要删除的图形。

6.输入命令选项的方式

AutoCAD 中许多命令都包含了多个命令选项,从键盘上输入选项的英文字母或数值,可得到相应选项,不输入选项直接回车,表示选择默认选项。

7.1.4　图形坐标的表示方法

1.绝对坐标

绝对坐标通过 X、Y 轴上的绝对数值来表示点的坐标位置。

表示方法为:X 坐标,Y 坐标,如:10,20 表示点的坐标 X=10,Y=20。

2.相对坐标

通过新点相对于前一点在 X、Y 轴上的增量来表示新点的坐标位置。

表示方法为 :@X 轴增量,Y 轴增量,如:@10,20 表示新点与前一点在 X 轴上相差 10,在 Y 轴上相差 20。

3.极坐标

通过新点与前一点的连线,与 X 轴正向间的夹角以及两点间的矢量长,来表示新点的坐标位置。

表示方法为:@矢量长∠夹角(与 X 轴夹角,逆时针为正),如:@100∠45°表示新点与前一点两点间的矢量长为 100,两点连线与 X 轴的夹角为 45°。

4. 极坐标的简化输入

第一点确定后，只需移动光标给出新点的方向，输入矢量长就可迅速确定新点的位置。极坐标简化输入方法配合极轴追踪方式，绘制指定角度的线段效果尤为明显。

例：画一条长度为 100 mm 的水平线。

(1)绝对坐标。启动直线命令→指定直线起点：0，0→直线的下一点：100，0 ↙。

(2)相对坐标。启动直线命令→指定直线起点：在图形窗口任取一点→直线的下一点：@100，0 ↙。

(3)极坐标简化输入。启动直线命令→指定直线起点：在图形窗口任意取一点→直线的下一点(打开正交或极轴追踪 90°)：100 ↙。

7.1.5 辅助绘图工具

熟悉 CAD 的辅助绘图工具可有效地提高绘图速度。

1. 绘图状态选择

(1)正交或极轴状态。通过单击状态栏正交或极轴按钮完成两种状态切换。

(2)对象捕捉。对象捕捉就是寻找图形上的特殊点快速准确地定位，如图 7-11 所示。

图 7-11　对象捕捉

捕捉方法有两种：

①在绘图过程中插入捕捉命令。键盘输入捕捉命令，或从“标准”或“对象捕捉”工具栏中启动捕捉命令。

②设置默认捕捉方式。预先设置默认捕捉的特殊点，并激活状态栏中的“对象捕捉”，绘图时只要光标移到特殊点附近，就能自动按默认的特殊点捕捉定位。

注意：默认捕捉方式不要选得太多，捕捉点太多会影响作图速度。通常只选端点、圆心、交点等特殊点。

③极轴追踪。绘图中，当两点连线与 X 轴的夹角和极轴设置的追踪角度一致时，系统会显示反射状虚线，方便而快速地捕捉一些特定的角度，并提示其夹角和矢量长，以提高绘图效率，如图 7-12 所示。

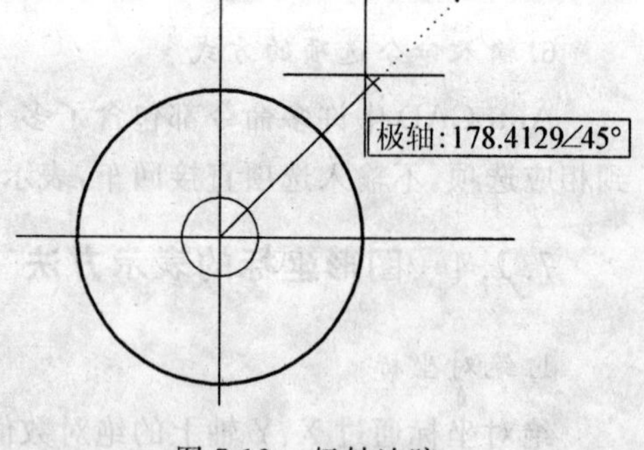

图 7-12　极轴追踪

2. 图形的缩放与平移

(1)常用的缩放操作如图 7-13 所示。

①“窗口 W”。用鼠标开启窗口确定所要显示的图形部分。

②“范围 E”或“全部 A”。将所绘制的图形充满整个屏幕。

③“上一个 P”。显示前一屏的图形内容。

④用鼠标中键或“实时缩放”。对当前的图形按任意比例缩放。

(2)常用的平移操作。用鼠标中键或“实时平移”：对当前的图形任意移动。

(3)刷新屏幕显示。“视图”→“重画”或“重生成”或“全部重生成”。

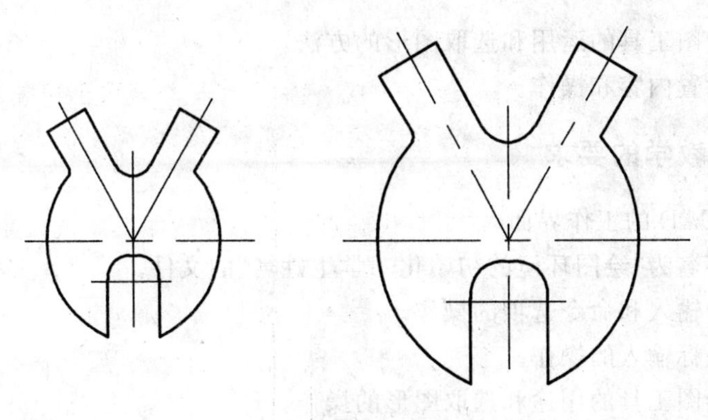

图 7-13 缩放操作

7.1.6 选取图形的方法

AutoCAD 提供了多种选择对象的方式。主要有以下6种：

(1)拾取方式。用光标拾取一个实体，这种方式只能逐个选择实体。若选取的实体具有一定的宽度要单击边界上的点。

(2)窗口方式。从左到右拖动光标创建封闭的窗口选择，仅选择完全包含在矩形窗口中的对象。

(3)交叉窗口方式。从右到左拖动光标创建交叉选择，选择包含于或经过矩形窗口的对象。因此这种方式选取的范围更大。

以上三种方式是系统默认的选择方式。在"选择对象:"提示下，用光标拾取一点，若选中了一个实体，即为第一种方式，系统提示继续选择对象；若未选中对象(拾取点在屏幕的空白处)，则拾取点自动成为第二或第三种方式矩形窗口的第一个角点，系统提示"指定对角点"。若第二角点在第一角点的右面，则为第二种方式，矩形窗口显示为实线；否则，为第三种方式，矩形窗口显示为虚线。

(4)全选方式。在"选择对象:"提示下键入 ALL(回车)，选取不在已锁定或已经冻结层上的图中所有的实体。

(5)取消选择方式。在"选样对象:"提示下，键入 Undo(回车)将取消最后一次进行的对象选择操作。

(6)结束选择方式。在"选择对象:"提示下，直接用回车响应，结束对象选择操作，进入指定的编辑操作。

7.2 任务一 绘图环境的初始化

7.2.1 任务教学的内容

绘图环境的初始化。

7.2.2 任务教学的目的

(1)掌握 CAD 文件的打开、新建与保存的操作和 CAD 命令的输入。

(2)掌握三种图形坐标的输入方法。

(3)掌握辅助绘图工具的运用和选取图形的方法。

(4)绘图前的设置内容和操作。

7.2.3　任务教学的要求

(1)熟悉 AutoCAD 的工作界面。

(2)新建与保存名为"绘图环境的初始化—学生姓名"的文件。

(3)掌握命令的输入和命令选项的操作。

(4)掌握点的坐标输入的操作。

(5)熟悉辅助绘图工具的用途和选取图形的操作。

(6)掌握绘图前的设置内容及操作。

7.2.4　任务教学相关的基本知识点

(1)AutoCAD 绘图基础参考 7.1 节。

(2)绘图环境的基本设置。

设置单位:

①菜单"格式"→"单位 units"→"图形单位"对话框;②设置参数:"类型"设为"小数","精度"设为 0,"几何单位"设为"毫米";③单击"确定"。

设置图幅 Limits(如 A3 图幅):

菜单"格式"→"图形界线 limits"→0,0 ↙(左下角点)→420,297 ↙(右上角点),输入绘图区右上角的坐标值。"420(297"为 A3 横幅图纸的规格尺寸)

图层(La)、线型(Lt)及比例:

①图层简介。图层是组织图形的最有效的工具,AutoCAD 的图层是透明的电子纸,图形可根据需要分别画在完全对齐的透明电子纸上,每层可设置任意的颜色、线型和线宽,如图 7-14 所示。

最上面的"纸"称为当前层,绘图和书写文字时只能在当前层上进行,可根据需要设置当前层。

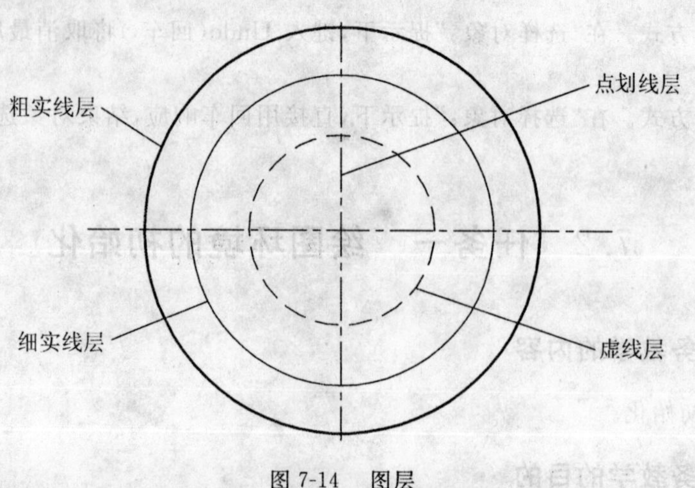

图 7-14　图层

②建立图层的操作。菜单"格式"→"图层 layer"命令→选择"新建"→输入新建层的名称→设置层的颜色、线型、线宽→完成建图层操作,单击"确定"按钮,如图 7-15 所示。

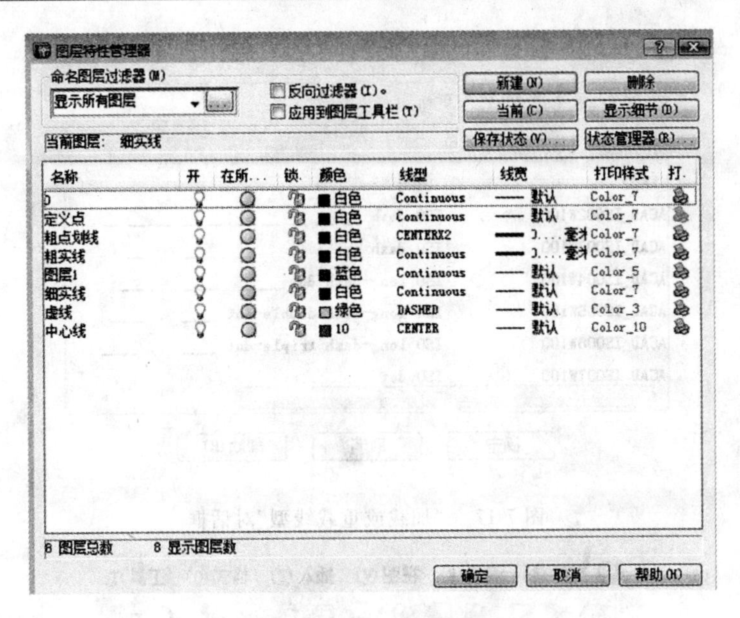

图 7-15　建立图层的操作

③设置图线、比例。菜单“格式”→“线型 line type”→“线型管理器”对话框(见图 7-16)：单击其中“加载”，弹出“加载或重载线型”对话框(见图 7-17)，选择线型：中心线 center、虚线 hidden→“确定”；单击其中“显示细节”→设置比例因子，修改中心线、虚线的间隔疏密程度，使之符合国家标准→“确定”。

修改图形图层：

①选择图形，在“图层”下拉框选择图形的新图层，按 Esc 键结束操作。

②启动“特性匹配”命令，将选定的图形匹配到目标图层上。

图层的控制(见图 7-18)：

①打开/关闭。控制该图层上的图形可见/不可见。

②冻结/解冻。被冻结的图层不可见，而且不参加运算。

③加锁/解锁。加锁后，该图层上的图形可见但不能修改。

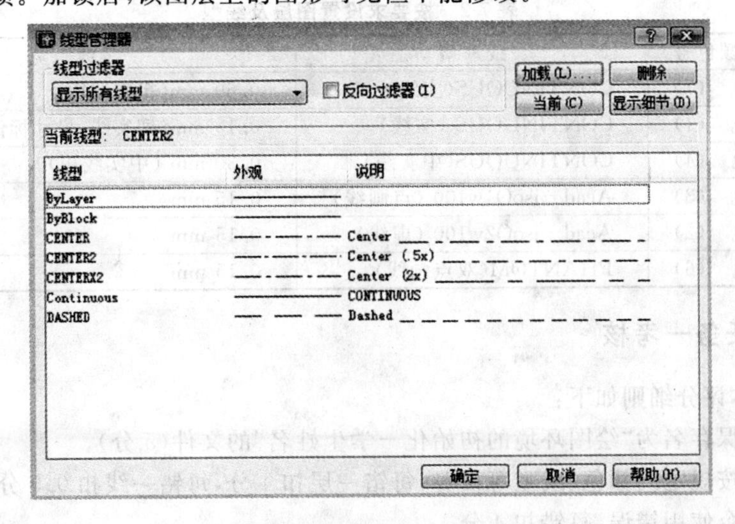

图 7-16　“线型管理器”对话框

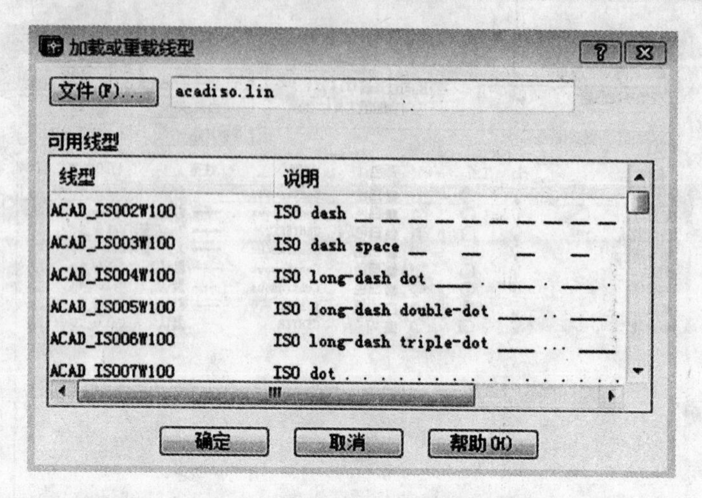

图 7-17 “加载或重载线型”对话框

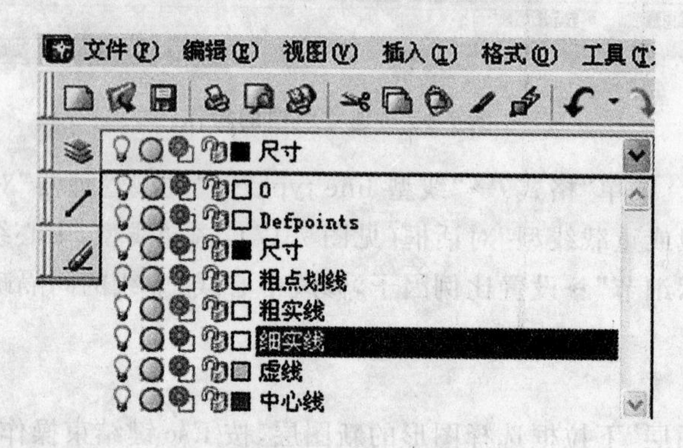

图 7-18 图层的控制

7.2.5 任务教学的学习指导

(1)图幅选择 A3 水平放置。

(2)按照表 7-2 设置图层及线型。

表 7-2 按要求设置图层及线型

层 名	颜色(颜色号)	线 型	线 宽
0	白色 (7)	CONTINUOUS(实线)	0.60 mm(粗实线用)
1	红色 (1)	CONTINUOUS (实线)	0.15 mm(细实线、尺寸标注及文字用)
2	青色 (4)	CONTINUOUS(中实线)	0.30 mm (中实线用)
3	绿色 (3)	Acad－isoO4w100 (点画线)	0.15 mm
4	黄色 (2)	Acad－isoO2w100 (虚线)	0.15 mm
5	紫色 (6)	PHANTOM(双点画线)	0.15 mm

7.2.6 任务一考核

任务一具体评分细则如下:

(1)新建与保存名为“绘图环境的初始化－学生姓名”的文件(5 分)。

(2)图层未按规定的颜色、线型等设置,每错一层扣 4 分,每错一线扣 0.5 分。

(3)操作命令使用错误,每错扣 4 分。

(4)点的坐标输入错误,每错扣 4 分。

7.3　任务二　绘制平面图形——锁紧垫圈

7.3.1　任务教学的内容

绘制锁紧垫圈。

7.3.2　任务教学的目的

(1)掌握平面图形的绘制方法和技巧。
(2)熟悉常见的绘图命令。
(3)熟悉常见辅助绘图工具。
(4)熟悉常见编辑绘图工具。

7.3.3　任务教学的要求

(1)设置必需的图层、线型、线型颜色和线型比例。
(2)熟悉直线、圆等绘图命令。
(3)熟悉修剪 Trim、延伸命令 Extend、阵列命令 Array、移动命令 Move。
(4)以"锁紧垫圈—学生姓名"为文件名存盘退出。

7.3.4　任务教学相关的基本知识点

1.绘图环境的基本设置

绘图环境的基本设置参考 7.2.4 部分。

2.绘制直线

命令格式：

(1)命令行：Line 或 L(回车)。
(2)菜单："视图"→"工具栏"。
(3)工具栏：单击"绘图"工具栏上的按钮 ╱。

操作过程：

(1)命令：Line(回车)。
(2)指定第一点：(输入一点作为线段的起点)。
(3)指定下一点或 [放弃 (U)]：输入点的坐标。
(4)指定下一点或 [放弃 (U)]：输入点的坐标。
(5)指定下一点或 [闭合 (C)放弃 (U)]：输入点的坐标。

说明：在提示符后键入"U"回车，即可取消刚才画的一段直线，再键入 U 回车，再取消前一段直线，以此类推。

在提示符后键入"C"回车，系统会将折线的起点和终点相连，形成一个封闭线框，并自动结束命令。

另外，Line 命令还有一个附加功能，如果在"指定第一点："提示符后直接键入回车，系统就认为直线的起点是上一次画的直线或圆弧的终点，若上一次画的是直线，现在画的直线就能和上次画的直线精确地首尾相接；若上次画的是圆弧，新画的直线沿圆弧的切线方向画出。

3. 绘制圆

命令格式：

(1)键盘输入：Circle 或 C。

(2)菜单输入：“绘图”→“圆”，如图 7-19 所示。

(3)工具栏：单击“绘图”工具栏上的按钮 。

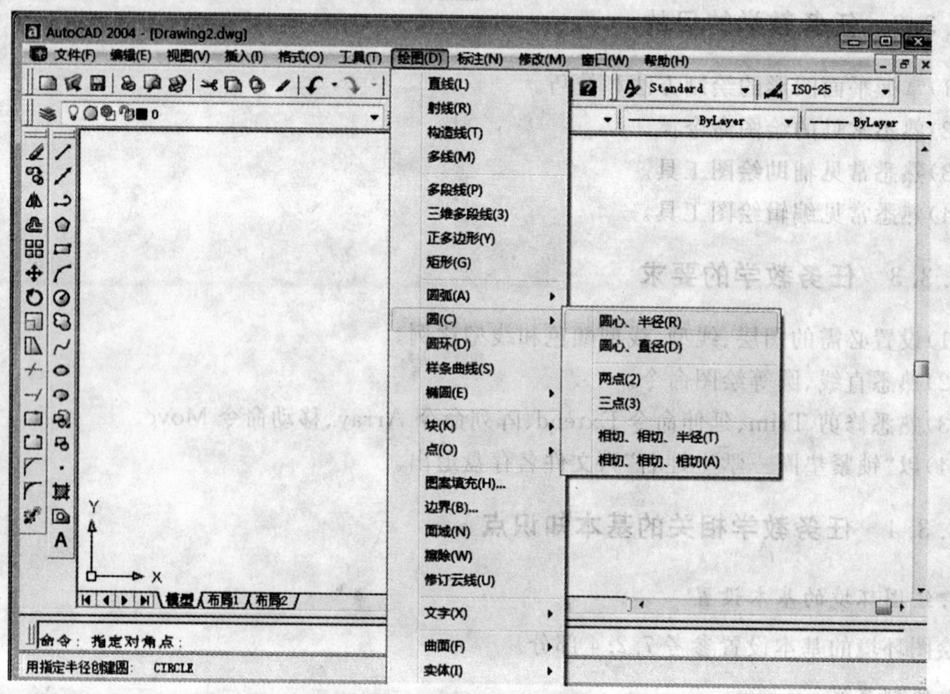

图 7-19　菜单绘圆

AutoCAD 2004 提供了六种画圆的方法，通过菜单“绘图”→“圆”即可看到。

(1)用“圆心和半径”画圆。若已知圆心和半径，可以用此种方法画圆。具体步骤如下：

①输入命令：Circle（回车）。

②指定圆的圆心或 [三点 (3P)/两点 (2P)/相切、相切、半径 (T)]：(指定圆心 O)。

③指定圆的半径或 [直径 (D)]：40。

(2)用“圆心和直径”方式画圆。若已知圆心和直径，可以用此种方法画圆。具体步骤如下：

①命令：Circle（回车）。

②指定圆的圆心或 [三点 (3P)/两点 (2P)/相切、相切、半径 (T)]：(指定圆心 O)。

③指定圆的半径或 [直径 (D)]〈10. 0000〉：D(选择输入圆的直径值）。

④指定圆的直径〈20. 0000〉：80。

(3)用“两点”方式画圆。若已知圆直径的两个端点，则可用此方式画圆。具体步骤如下：

①命令：Circle（回车）。

②指定圆的圆心或 [三点 (3P)/两点 (2P)/相切、相切、半径 (T)]：2P（选择两点方式）。

③指定圆直径的第一个端点（输入点 A）。

④指定圆直径的第二个端点(输入点 B)。

⑤系统将以点 A、B 的连线为直径绘出所需的圆。

(4)用“三点”方式。若想通过不在同一条直线上的三点画圆，即可通过这种方式执行。具体步骤如下：

①命令：Circle(回车)。

②指定圆的圆心或［三点（3P)/两点（2P)/相切、相切、半径（T)］：3P（选择三点方式画圆)。

③指定圆上的第一个点（输入点 P1)。

④指定圆上的第二个点（输入点 P2)。

⑤指定圆上的第三个点（输入点 P3)。

(5)用“相切，相切，半径”方式画圆。若想画一个与屏幕上的两个现存实体（圆、圆弧、直线等)相切的圆，即可采用此方式绘制。具体步骤如下：

①命令：Circle(回车)。

②指定圆的圆心或［三点（3P)/两点（2P)/相切、相切、半径（T)］：t（选择两个切点，一个半径方式画圆)。

③指定对象与圆的第一个切点（选择一条直线，确定切点 T1)。

④指定对象与圆的第二个切点（选择另一条直线，确定切点 T2)。

⑤指定圆的半径：35（回车)。

(6)用“相切，相切，相切（A)”方式画圆。若想画一个与屏幕上的三个现存实体（圆、圆弧、直线等)相切的圆，即可采用此方式绘制。具体步骤如下：

①命令：Circle。

②指定圆的圆心或［三点（3P)/两点（2P)/相切、相切、半径（T)］：3p(选择三点方式)。

③指定圆上的第一个点：_tan 到（选取第一条直线，确定切点 T1)。

④指定圆上的第二个点：_tan 到（选取第二条直线，确定切点 T2)。

⑤指定圆上的第三个点：_tan 到（选取第三条直线，确定切点 T3)。

4. 阵列命令（Array)

在绘制图形的过程中，有时需要绘制完全相同、成矩形或环形排列的一系列图形实体，可以只绘制一个，然后使用阵列命令进行矩形或环形复制。

(1)命令格式。

工具栏：单击“修改”工具栏上的按钮 ⊞。

命令行：Array(回车)。

菜单：“修改”→“阵列”。

(2)功能。对选定的对象进行矩形或环形排列的多个复制。对于环形阵列，对象可以旋转，也可以不旋转。而对于矩形阵列，可以倾斜一定的角度。

(3)操作步骤。

环形阵列步骤：

①输入命令：Array(回车)。此时系统弹出一个“阵列”对话框，如图 7-20 所示，可以在该对话框中设置阵列参数。

②设置参数。

◆单击“拾取中心点”按钮，回到绘图窗口，捕捉圆心作为阵列中心。

项目总数：6

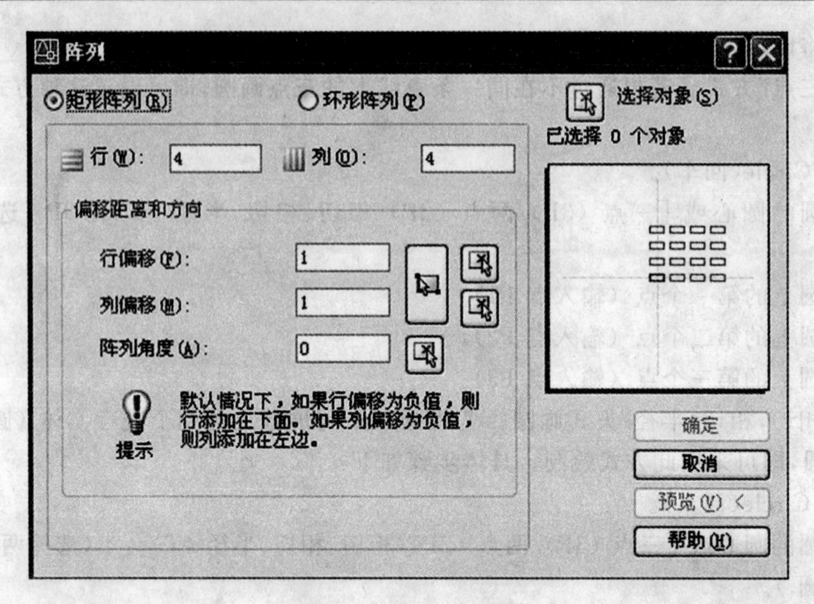

图 7-20 “阵列”对话框

填充角度：360

◆点击“选择对象”按钮，回到绘图窗口。

选择对象：(选择小菱形)

◆选择对象：(回车)。

◆回到“阵列”对话框，单击“确定”按钮。

需要说明的是：

①设置参数时，如果单击“复制时旋转项目 (T)”前面的小方框，去掉“√”符号，阵列时将不旋转对象。

②可以单击“预览”按钮，预览阵列结果。

矩形阵列步骤：

①输入命令：Array(回车)。此时，系统弹出一个“阵列”对话框，点击“矩形阵列”按钮，可以在该对话框中设置阵列参数。

②设置参数。

矩形阵列

行数：2

列数：3

设置“偏移距离和方向”

行偏移：1

列偏移：2

阵列角度：0

单击“选择对象”按钮，回到绘图窗口。

选择对象：(选择五角星)

选择对象：(回车)

回到“阵列”对话框，单击“确定”按钮。

需要说明的是：设置“偏移距离和方向”时，形成单位单元的矩形的方向决定阵列的方向；也可以单击“拾取行偏移”和“拾取列偏移”按钮分别设置行偏移和列偏移；当然也可以直接输入偏移值。

5. 修剪命令（Trim）

（1）命令格式：

工具栏：单击“修改”工具栏上的按钮 -/-。

命令行：Trim（回车）。

菜单：“修改”→“修剪”。

（2）功能。对选定的对象（直线、圆、圆弧等）沿事先确定的边界进行裁剪，实现部分擦除。

（3）操作步骤。

①输入“Trim”（回车）。

②选择对象：指定剪切边界。

③选择要修剪的对象…：指定被修剪的部分。

（4）说明：如果两者没有直接相交，则应先在步骤③：选择 E 选项，然后将其设置为“延伸（E）”，再执行修剪操作。

6. 延伸命令（Extend）

（1）命令格式：

工具栏：单击“修改”工具栏上的按钮 --/。

命令行：Extend（回车）。

菜单：“修改”→“延伸”。

（2）功能。将选中的对象（如直线、圆弧等）延伸到指定的边界。

7. 移动命令

在绘制图形的过程中，有时需要改变图形对象的位置，可以使用移动命令。

（1）命令格式：

工具栏：单击“修改”工具栏上的按钮 ✥。

命令行：Move（回车）。

菜单：“修改”→“移动”。

（2）功能。将选定的对象从一个位置移到另一个位置。

7.3.5 任务教学的学习指导

AutoCAD 绘图基本流程如下：

启动 AutoCAD→基本设置→分析图形，确定绘图步骤和方法及相关命令→切换图层，开始绘制（包括画图框、标题栏；布图、画基准线；绘制和编辑图形等）→检查→保存→退出。

实训步骤：

（1）设置图形界限、单位、比例、图层，或者调用样板图，调用方法为：菜单中“文件”→“新建”，在“创建新图形”对话框选择“使用样板”，在“选择样板”列表框中找到“A4 样板图.dwt”并双击它即可。

图层要设置中心线层、细实线层、粗实线层。

（2）绘制锁紧垫圈（如图 7-21 所示的图形）。

方法 1：

①键盘输入“l”（直线命令），在屏幕上任意选取一点作为第一点，画两条互相垂直的中心线。

图 7-21　锁紧垫圈

②键盘输入“c”(圆命令),在屏幕上选取中心线的交点作为圆心点,选取“圆心半径”的方式输入半径为 50 的圆 ,重复操作,分别输入半径为 24 和 35 的圆作为内轮廓圆和中心线圆。

③打开捕捉,捕捉中心线圆与中心线的交点为圆心作半径为 5 的小圆。

④选则直线命令,打开捕捉,选择切点,点小圆,然后打开正交方式画小圆左侧直线,同理画右侧直线。

⑤选择修剪命令,剪掉多余的线条,作出轮廓如图 7-21 所示。

⑥用极轴画 30°的直线,同理重复步骤③、④、⑤,分别作出其余的轮廓。

⑦修剪,删除多余的线条。

方法 2:

①重复方法 1 的步骤①、②、③、④、⑤。

②选择阵列命令/环形阵列,输入数目为 12,中心点为中心线的交点,然后选择对象半径为 5 的小圆及相切的直线轮廓,然后单击“确定”按钮。

③修剪掉不需要的线条,作图完毕。

绘图技巧分析:

在方法 1 中我们通过基本的圆与直线操作完成了图形的绘制,用起来比较繁琐,但在方法 2 中我们采用了阵列方法绘制提高了效率。应用中对经常使用的阵列及其他编辑命令应熟练掌握,然后根据实际情况灵活运用。

应注意的问题:

(1)在使用阵列命令时一定要注意阵列的中心要选对,输入正确的阵列个数,其图形本身也算在内。

(2)AutoCAD 中结束圆命令可以通过回车、右键等方法,这种方法在 AutoCAD 中是通用的,除以上两种方法还可以采用 Esc 键来结束命令。

7.3.6　任务二考核

任务二具体评分细则如下:

(1)图层、线型、线型颜色和线型比例未按规定设置,每错一层扣 4 分,每错一线扣 0.5 分。

(2)漏线、重复及多线每线扣 1 分。

(3)图线接口,如接口离开、超出、图线连接不光滑,每错扣 0.5 分。

(4)作图准确度:误差 3 mm 以上的每项错误扣 5 分。

(5)文件以“学生姓名－锁紧垫圈”文件名存盘(5 分)。

7.4　任务三　绘制平面图形——圆弧连接

7.4.1　任务教学的内容

绘制圆弧连接平面图形。

7.4.2　任务教学的目的

(1)掌握平面图形圆弧连接的绘制方法和技巧。

(2)熟悉常见的绘图命令。

(3)熟悉辅助绘图工具。

(4)熟悉编辑绘图工具。

7.4.3　任务教学的要求

(1)设置必需的图层、线型、线型颜色和线型比例。

(2)熟悉直线、圆、圆弧绘图命令。

(3)熟悉修剪 TRIM、复制(Copy)、打断(Br)、偏移 Offset。

(4)以“圆弧连接—学生姓名”为文件名存盘。

7.4.4　任务教学相关的基本知识点

复习知识：

(1)绘图环境的初始化参考 7.2.4 部分。

(2)直线参考 7.2.4 部分。

(3)圆(C)参考 7.2.4 部分。

(4)移动(M)。

新的知识：

1. 圆弧(A)

圆弧也是绘制图形时使用最多的基本图形之一，它在实体元素之间起着光滑的过渡作用。AutoCAD 2004 提供了 11 种画圆弧的方法。

命令格式：

键盘输入：Arc。

菜单输入：“绘图”→“圆弧”，如图 7-22 所示。

工具栏：单击“绘图”工具栏上的按钮 ⌒。

(1)三点画弧。若已知圆弧的起点，终点和圆弧上任一点，则可用 Arc 命令的默认方式“三点”画圆弧。具体步骤如下：

①命令：Arc (回车)。

②指定圆弧的起点或 [圆心 (C)]：(指定圆弧上的起点 P1)。

③指定圆弧的第二个点或 [圆心 (C)/端点 (E)]：(指定圆弧上的第二点 P2)。

④指定圆弧的端点：(指定圆弧上的终点 P3)。

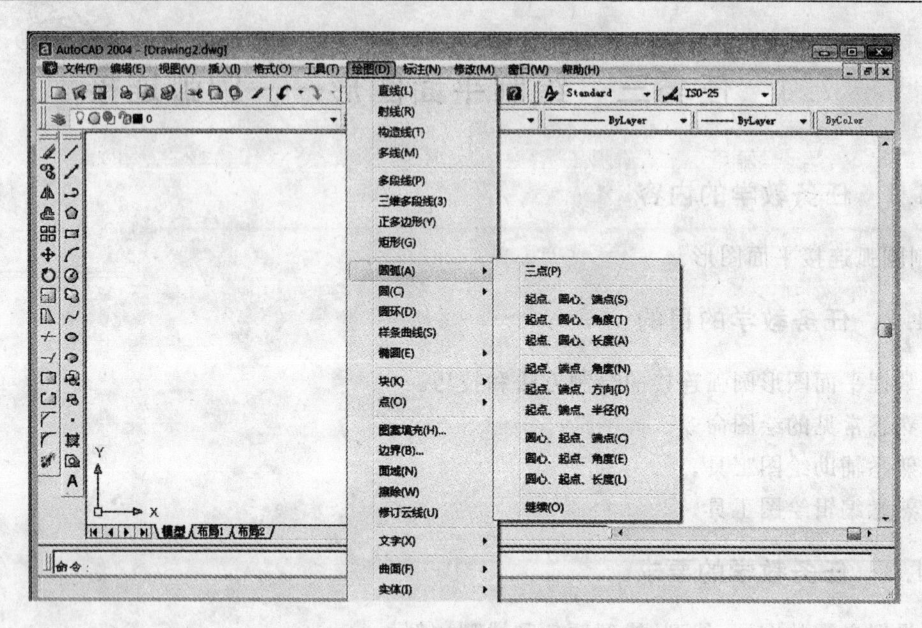

图 7-22　菜单输入绘制圆弧

(2)用“起点，圆心，端点”方式画弧，若已知圆弧的起点、圆心和终点，则可以通过这种方式画弧。具体步骤如下：

①命令：Arc（回车）。

②指定圆弧的起点或［圆心（C）］：（指定起点 A）。

③指定圆弧的第二个点或［圆心（C）/端点 E）］：C（键入 C 后回车以选择输入中心点）。

④指定圆弧的圆心：（指定圆心点 O）。

⑤指定圆弧的端点或［角度（A）/弦长（L）］：（指定圆弧的终点 B）。

注意：从几何的角度，用“起点、圆心、端点”方式可以在图形上形成两段圆弧，为了准确绘图，默认情况下，系统将按逆时针方向截取所需的圆弧。

(3)用“起点，圆心，角度”方式画弧。若已知圆弧的起点、圆心和圆心角的角度则可以利用这种方式画弧。具体步骤如下：

①命令：Arc（回车）。

②指定圆弧的起点或［圆心（C）］：（指定起点 A）。

③指定圆弧的第二个点或［圆心(C)/端点（E）］：C（键入 C 后回车，选择输入圆心 O）。

④指定圆弧的圆心：（指定圆心点 O）。

⑤指定圆弧的端点或［角度（A）弦长（L）］：A（键入 A 后回车，选择输入角度）。

⑥指定包含角：90（输入圆心角的度数）。

(4)用“起点，圆心，长度”方式画弧。若已知圆弧的起点、圆心和所绘圆弧的弦长，则可以利用这种方式画弧。具体步骤如下：

①命令：Arc（回车）。

②指定圆弧的起点或［圆心（C）］：（指定圆弧的起点 A）。

③指定圆弧的第二个点或［圆心(C)/端点（E）］：C（键入 C 后回车，选择输入圆心）。

④指定圆弧的圆心：（指定圆心点 O）。

⑤指定圆弧的端点或［角度（A）/弦长（L）］：L（键入 L 后回车，选择输入弦长）。

⑥指定弦长：100。

注意：在这里，所知弦的长度应小于圆弧所在圆的直径，否则，系统将给出错误提示，默认情况下，系统同样按逆时针方向截取圆弧。

(5)用“起点，端点，角度”方式画弧。若已知圆弧的起点、终点和所画圆弧的圆心角的角度，则可以利用这种方式画弧。具体步骤如下：

①命令：Arc（回车）。

②指定圆弧的起点或 [圆心（C）]：(指定圆弧的起点 A)。

③指定圆弧的第二个点或 [圆心（C）/端点（E）]：E（键入 E 后回车，选择端点方式）。

④指定圆弧的端点：(指定圆弧的端点 B)。

⑤指定圆弧的圆心或 [角度（A）/方向（D）/半径（R）]：A（键入 A 后回车，选择输入圆心角的角度）。

⑥指定包含角：320。

(6)用“起点，端点，方向”方式画弧。若已知圆弧的起点、终点和所画圆弧起点的切线方向，则可利用这种方式画弧。具体步骤如下：

①命令：Arc（回车）。

②指定圆弧的起点或 [圆心(C)]：(指定圆弧的起点 A)。

③指定圆弧的第二个点或[圆心(C)/端点（E）]：E（选择输入端点）。

④指定圆弧的端点：(输入圆弧的端点 B)。

⑤指定圆弧的圆心或[角度（A)方向（D)/半径（R)]：D（键入 D 后回车，选择输入切线方向)。

⑥指定圆弧的起点切向。

(7)用“起点，端点，半径”方式画弧。若已知圆弧的起点、终点和该段圆弧所在圆的半径，则可利用这种方式画弧。具体步骤如下：

①命令：Arc（回车）。

②指定圆弧的起点或 [圆心（C）]：(指定圆弧的起点)。

③指定圆弧的第二个点或[圆心（C）/端点（E）]：E（选择输入端点）。

④指定圆弧的端点：(输入端点)。

⑤指定圆弧的圆心或 [角度（A）/方向（D）/半径（R）]：R（键入 R 后回车，选择输入半径)。

⑥指定圆弧的半径：30(输入半径值)，

2. 复制命令（Copy）

(1)命令格式：

工具栏：单击“修改”工具栏上的按钮 。

命令行：Copy(回车)。

菜单：“修改”→“复制”。

(2)功能。将选定的对象在新的位置上进行一次或多次复制。

(3)说明：

①一次复制。可一次选择若干对象进行一次复制。

②多次复制。可一次选择若干对象，重复进行多次复制，此时常与“对象捕捉”配合使用。

3. 打断命令（Break）

在绘图过程中，有时需要将某实体（直线、圆弧、圆等）部分删除或断开为两个实体，可以使用打断命令。

(1)命令格式：

工具栏：单击“修改”工具栏上的按钮 。

命令行：Break(回车)。

菜单：“修改”→“打断”。

(2)功能。将选中的对象（直线、圆弧、圆等）在指定的两点间的部分删除，或将一个对象切断成两个具有同一端点的实体。

(3)说明：

①若以 F(回车)响应，可以重选第一断点，然后再选择第二断点。

②若对圆执行打断操作，从第一断点到第二断点按逆时针方向删除两点间的圆弧。

③若要在某点将对象断开成两个实体，可以使用工具栏。

4. 偏移 offset

(1)命令格式：

工具栏：单击“修改”工具栏上的按钮 。

命令行：offset。

菜单：“修改”→“偏移”。

(2)功能。偏移对象可以创建其形状与选定对象形状平行的新对象。

(3)操作步骤：

①从“修改”菜单中选择“偏移”。

②指定偏移距离。

③可以输入值或使用定点设备。

④指定要放置新对象的一侧上的一点。

⑤选择另一个要偏移的对象，或按 Enter 键结束命令。

7.4.5 任务教学的学习指导

AutoCAD 绘图基本流程如下：

启动→基本设置→分析图形，确定绘图步骤和方法及相关命令→切换图层，开始绘制(包括画图框、标题栏；布图画基准线；绘制和编辑图形等)→检查→保存→退出。

实训步骤：

(1)设置图形界限、单位、比例、图层，或者调用样板图，调用方法为：利用“新建”命令在“创建新图形”对话框选择“使用样板”，在“选择样板”列表框中找到“ A4 样板图 . dwt”并双击它即可。

图层要设置中心线层、细实线层、粗实线层。

(2)绘制平面图形(如图 7-23 所示的图形)：

①键盘输入“l”(直线命令)，在屏幕上画一对互相垂直的中心线。键盘输入“offset”，继续画其余中心线。

②键盘输入“l”(直线命令)，画粗实线。

③键盘输入“c”(圆命令)，在屏幕上选取中心线的交点作为圆心点；选取圆心半径的方式输入半径为 8，重复操作，画半径为 10 的圆。

④选择圆弧命令画 R32、R10，确定 R20 的圆心。

⑤键盘输入“offset”，画 2 条直线确定 R15 的圆心，画 2 条直线确定 R10 的圆心。
⑥选择圆弧命令，打开捕捉，选择切点，画 R20、R15、R10。
⑦选择修剪命令，剪掉多余的线条，作出轮廓如图 7-23 所示。
⑧删除多余的线条。

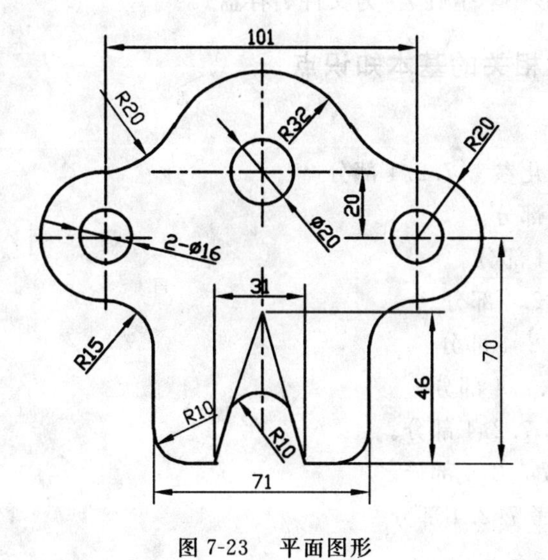

图 7-23　平面图形

7.4.6　任务三考核

任务三具体评分细则如下：
(1)图层、线型、线型颜色和线型比例未按规定设置，每错一层扣 4 分，每错一线扣 0.5 分。
(2)漏线、重复及多线每线扣 1 分。
(3)图线接口，如接口离开、超出、图线连接不光滑，每错扣 0.5 分。
(4)作图准确度：误差 3 mm 以上的每项错误扣 5 分。
(5)文件以“圆弧连接—学生姓名”文件名存盘(5 分)。

7.5　任务四　绘制平面图形(综合)

7.5.1　任务教学的内容

绘制综合平面图形。

7.5.2　任务教学的目的

(1)掌握平面图形的绘制方法和技巧。
(2)熟悉常见的绘图命令。
(3)熟悉辅助绘图工具。
(4)熟悉编辑绘图工具。

7.5.3　任务教学的要求

(1)设置必需的图层、线型、线型颜色和线型比例。

(2)熟悉直线、圆、圆弧、椭圆(El)、多边形(pol)绘图命令。

(3)熟悉修剪(Trim)、复制(Copy)、倒角(Cha)、圆角(F)、偏移 Offset、镜像(Mi)、阵列(Ar)、旋转(Ro)、;特性(Mo 或 Ch)、匹配(Ma)等。

(4)以"综合平面图形—学生姓名"为文件名存盘。

7.5.4 任务教学相关的基本知识点

复习知识:

(1)绘图环境的初始化参考 7.2.4 部分。

(2)直线参考 7.2.4 部分。

(3)圆(C)参考 7.2.4 部分。

(4)圆弧(A)参考 7.2.4 部分。

(5)移动(M)参考 7.2.4 部分。

(6)阵列(Ar)参考 7.2.4 部分。

(7)修剪(Trim)参考 7.2.4 部分。

(8)复制(Copy)参考 7.2.4 部分。

(9)偏移(Offset)参考 7.2.4 部分。

新的知识:

1. 椭圆(Ellipse)

(1)命令格式:

键盘输入:Ellipse。

菜单输入:"绘图"→"椭圆"。

工具栏:单击"绘图"工具栏上的按钮 。

(2)操作过程如下:

①命令:Ellipse (回车)。

②指定椭圆的轴端点或 [圆弧 (A)/中心点 (C)]:(指定轴端点 P1)。

③指定轴的另一个端点:(指定轴的另一个端点 P2)。

④指定另一条半轴长度或 [旋转 (R)]:20 (输入半轴长度)。

我们也可以利用椭圆某一轴上的两个端点位置以及一个转角绘制椭圆。此时,是将已知的两个端点之间的连线作为圆的直径线,该圆绕其直径旋转一定的角度后投影到绘图平面,就形成了椭圆。操作过程如下:

①命令:Ellipse(回车)。

②指定椭圆的轴端点或 [圆弧 (A)/中心点 (C)]:(指定轴端点 P1)。

③指定轴的另一个端点:(指定轴的另一个端点 P2)。

④指定另一条半轴长度或 [旋转 (R)]:R (键入 R 后回车,选择输入角度)。

⑤指定绕长轴旋转的角度:30(输入旋转角度)。

用户输入的角度的范围是:0≤ a≤ 89.4。如果输入的旋转角度值为 0 或直接回车,则所绘的是圆;如果输入的角度值大于 89.4 系统将给出错误提示。

利用椭圆的中心坐标、某一轴上的一个端点的位置以及另一轴的半长绘制椭圆。操作过程如下:

①命令:Ellipse (回车)。

②指定椭圆的轴端点或［圆弧（A）/中心点（C）］:C(键入C后回车,选择输入椭圆的中心点)。

③指定椭圆的中心点：(输入中心点O)。

④指定轴的端点：(输入轴的端点P1)。

⑤指定另一条半轴长度或［旋转（R）］:20（输入半轴长度）。

利用椭圆的中心坐标,某一轴上的一个端点位置以及任一转角绘制椭圆。操作过程如下：

①命令：Ellipse（回车）。

②指定椭圆的轴端点或［圆弧（A）/中心点（C）］:C(键入C后回车,选择输入中心点)。

③指定椭圆的中心点：(输入中心点O)。

④指定轴的端点:(输入端点P1)。

⑤指定另一条半轴长度或［旋转（R）］:R（键入R后回车,选择输入旋转角)。

⑥指定绕长轴旋转的角度:30(输入旋转角度)。

2. 多边形(pol)命令

(1)命令格式：

键盘输入：Polygon。

菜单输入:“绘图”→“正多边形”。

工具栏:单击“绘图”工具栏上的按钮 。

(2)多边形的画法。AutoCAD中正多边形的画法主要有三种,现具体说明如下：

①定边法。系统要求指定正多边形的边数及一条边的两个端点,然后,系统从边的第二个端点开始按逆时针方向画出该正多边形。

②外接圆法。AutoCAD要求指定该正多边形外接圆的圆心和半径,通过该外接圆,系统来绘制所需的正多边形。

③内切圆法。AutoCAD要求指定该正多边形内切圆的圆心和半径,通过该内切圆,系统来绘制所需要的正多边形。

3. 倒角命令(Chamfer)

倒角与圆角意义相同,只是使用一段直线代替圆角所用的圆弧。

(1)命令格式：

工具栏:单击“修改”工具栏上的按钮 。

命令行：Chamfer(回车)。

菜单:“修改”→“倒角”。

(2)功能。对选定的两条相交（或其延长线相交）直线进行倒角,也可以对整条多段线进行倒角,下面举例说明倒角命令的操作步骤。

(3)操作步骤：

①“修改”→“倒角”。

②选择第一条直线或[多段线(P)/距离(D)/角度(A)/修剪(T)/方法(M)]:键入D回车后,选择输入距离。

③输入第一个倒角距离。

④输入第二个倒角距离。

⑤选择倒角直线。

说明:步骤②中各选项的含义和功能如下：

选择第一条直线：此为默认选项，提示选择要进行倒角处理的第一条直线。

距离（D）：用于设置倒角的两个距离。

角度（A）：用于设置倒角的一个距离和一个角度值。

多段线（P）：用于对多段线进行倒角处理。

修剪（T）：用于设置是否对倒角的相应边进行修剪。

方法（M）：用于选择是用"距离"方式还是用"角度"方式来进行修剪。

4. 圆角(Fillet)

在绘制图形的过程中，经常需要进行圆弧连接，可以使用圆角命令。

(1)命令格式：

工具栏：单击"修改"工具栏上的按钮 。

命令行：Fillet(回车)。

菜单："修改"→"圆角"。

(2)功能。用指定的半径，对选定的两个实体（直线、圆弧或圆），或者对整条多段线进行光滑的圆弧连接。

5. 镜像(Mi)

(1)命令格式：

工具栏：单击"修改"工具栏上的按钮 。

命令行：Mirror(回车)。

菜单："修改"→"镜像"。

(2)功能。以选定的镜像线为对称轴，生成与编辑对象完全对称的镜像实体，原来的编辑对象可以删除或保留。下面举例说明镜像对象的操作步骤。

(3)操作步骤：

①命令行：Mirror(回车)。

②选择要镜像的对象。

③指定镜像直线的第一点。

④指定第二点。

⑤按 Enter 键保留原始对象，或者按 y 将其删除。

6. 旋转(Ro)

(1)命令格式：

工具栏：单击"修改"工具栏上的按钮 。

命令行：Rotate(回车)

菜单："修改"→"旋转"。

(2)功能。将选定的对象绕着指定的基点旋转指定的角度。下面举例(旋转正六边形)说明旋转对象的操作步骤。

(3)操作步骤：

①从"修改"菜单中选择"旋转"。

②选择对象：选择要旋转的对象。

③指定基点：指定旋转基点。

④执行下列操作之一：一是输入旋转角度 45；二是绕基点拖动对象并指定旋转对象的终止位置点。

7.5.5　任务教学的学习指导

AutoCAD 绘图基本流程如下：

启动→基本设置→分析图形，确定绘图步骤和方法及相关命令→切换图层，开始绘制（包括画图框、标题栏；布图画基准线；绘制和编辑图形等）→检查→保存→退出。

绘图操作步骤：

(1)设置图形界限、单位、比例、图层，或者调用样板图，调用方法为：利用“新建”命令在“创建新图形”对话框选择“使用样板”，在“选择样板”列表框中找到“ A4 样板图 .dwt”并双击它即可。

图层要设置中心线层、细实线层、粗实线层。

(2)绘制平面图形（如图 7-24 所示的图形）：

①输入直线命令，画两条互相垂直的中心线。

②键盘输入“offset”，画长 124 宽 60 的矩形，并画出一个 $\phi12$ 圆的两条中心线。

③键盘输入“c”（圆命令），在屏幕上选取中心线的交点作为圆心点；选取“圆心半径”的方式输入半径为 6，画圆，用阵列命令，画出其余 3 个 $\phi12$ 圆。

④选择椭圆命令，打开捕捉，画椭圆。

⑤键盘输入“Fillet”，画出 R18 圆弧。

⑥选择修剪命令，剪掉多余的线条，作出轮廓如图 7-24(a)所示。

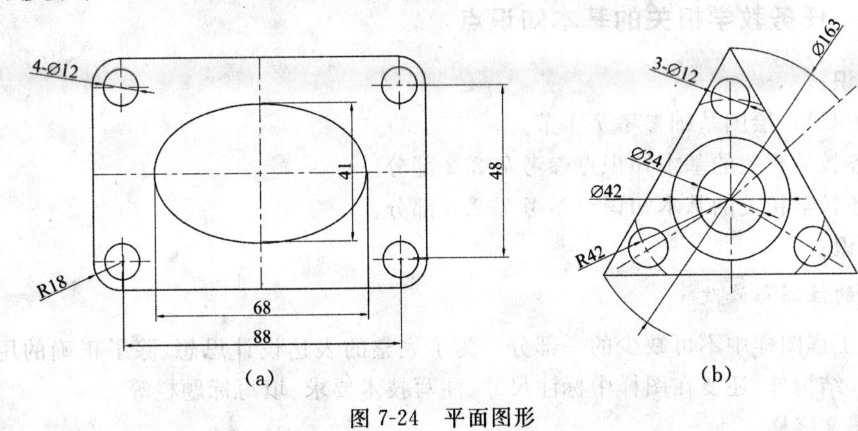

图 7-24　平面图形

7.5.6　任务四考核

任务四具体评分细则如下：

(1)图层、线型、线型颜色和线型比例未按规定设置，每错一层扣 4 分，每错一线扣 0.5 分。

(2)漏线、重复及多线每线扣 1 分。

(3)图线接口，如接口离开、超出、图线连接不光滑，每错扣 0.5 分。

(4)作图准确度：误差 3 mm 以上的每项错误扣 5 分。

(5)文件以“综合平面图形—学生姓名”为文件名存盘（5 分）。

7.6 任务五 机械图绘图环境的初始化(样板图的创建)

7.6.1 任务教学的内容

机械图绘图环境的初始化。

7.6.2 任务教学的目的

(1)掌握机械图绘图环境的初始化。

(2)掌握文字样式的设置和注写。

(3)熟悉标题栏的绘制、应用。

(4)掌握块的定义和插入。

(5)掌握尺寸标注。

7.6.3 任务教学的要求

(1)设置必需的图层、线型、线型颜色和线型比例。

(2)熟悉图形界限的设置。

(3)熟悉标题栏的绘制、应用。

(4)熟悉文字样式的设置和注写。

(5)掌握块的定义和插入。

7.6.4 任务教学相关的基本知识点

复习知识:

(1)AutoCAD 绘图基础参考 7.1 节。

(2)任务教学相关的基本知识点参考 7.2.2 部分。

(3)任务教学相关的基本知识点参考 7.2.3 部分。

新的知识:

1.文本的注写与修改

文字是工程图样中不可缺少的一部分。为了完整的表达设计思想,除了正确的用图形表达物体的形状、结构外,还要在图样中标注尺寸、注写技术要求、填写标题栏等。

(1)新建文字样式。

命令行:STYLE。

菜单:“格式”→“文字样式”。

采用上述任何一种方法后,显示如图 7-25 所示的“文字样式”对话框。

单击“新建”按钮显示如图 7-26 所示的“新建文字样式”对话框,单击“确定”按钮便建立了一个新的文字样式名。

(2)设置字体名和高度(见图 7-27):

①在“字体名”列表中选择字体名称,确定字体高度(若写单行文字,可以在命令窗口输入字高),用户还可以根据需要选择字体效果。

②单击“应用”按钮→单击“关闭”按钮。

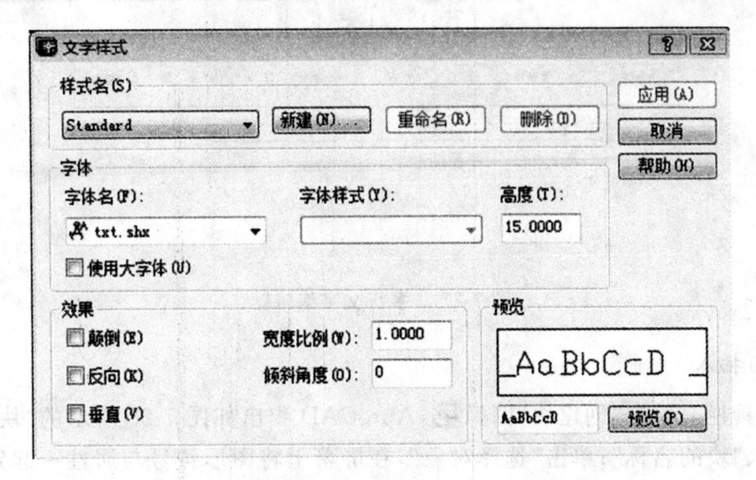

图 7-25　“文字样式”对话框

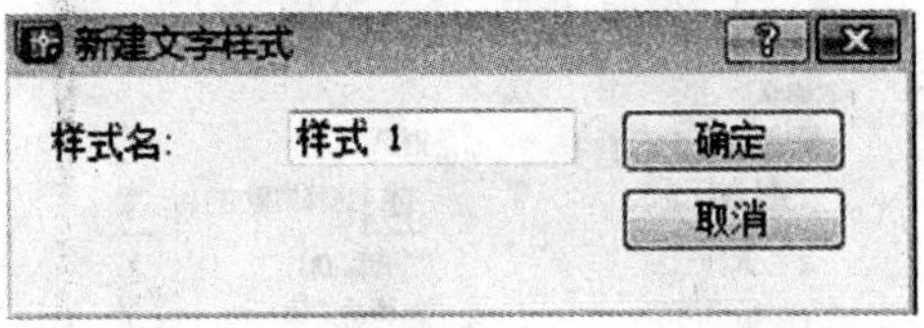

图 7-26　“新建文字样式”对话框

(3)多行文字标注与编辑。文字的输入方式有两种:一种是利用 Text 和 Dtext 命令向图中输入单行文字;另一种是利用 Mtext 命令(即多行文字编辑器)向图中输入多行文字。由于两种命令的操作方法类似,且 Mtext 命令将文字作为一个对象来处理,特别适合于处理成段的文字,其功能远远比 Text 和 Dtext 命令强大灵活得多,因此,这里只介绍多行文字的输入。

启动命令:

命令:Mtext。

菜单:“绘图”→“文字”→“多行文字”。

工具栏:在“绘图”对话框中单击图标 **A** 。

命令:Mtext。

指定第一角点:

指定对角点或[高度(H)/对正(J)/行距(L)/旋转(R)/样式(S)/宽度(W)]:

各选项意义如下:

①指定对角点:为默认项。确定另一角点后,AutoCAD 将以两个点为对角点形成的矩形区域的宽度作为文字宽度。

②高度:指定多行文字的字符高度。

③对正:选择文字的对齐方式,同时决定了段落的书写方向。

④行距:指定多行文字间的间距。

⑤旋转:提示用户指定文字边框的旋转角度。

⑥样式:提示用户为多行文字对象指定文字样式。

⑦宽度:提示用户为多行文字对象指定宽度。

用户设置了各选项后,系统会再次显示前面的提示。当用户指定了矩形区域的另一点后,将出现如图 7-27 所示多行文字编辑器。

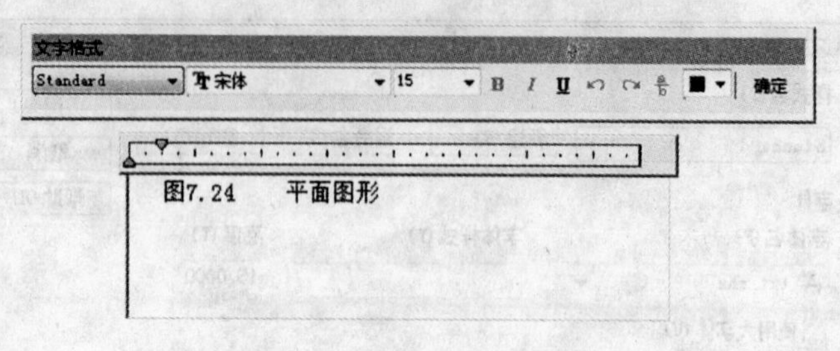

图 7-27　多行文字编辑器

2. 块定义与插入

(1)绘图工具栏。单击“创建块”图标，AutoCAD 弹出如图 7-28 所示的“块定义”对话框，在“名称”中输入“块的名称”；单击“选择对象”，在屏幕上将图形符号与属性一起定义成块，然后单击“拾取点”，确定插入点，单击“确定”即完成块定义。

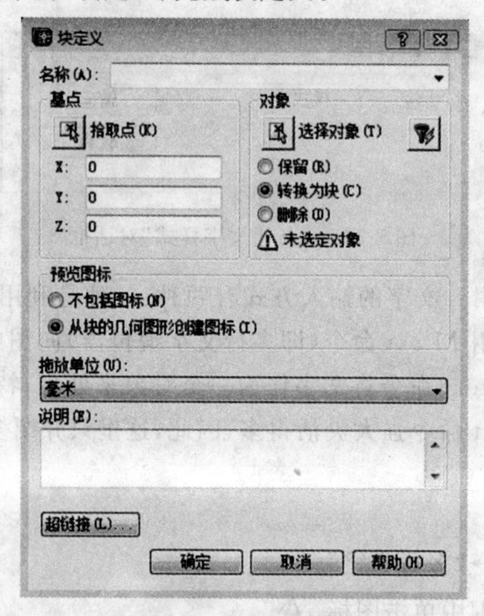

图 7-28　“块定义”对话框

(2)绘图工具栏。单击创建块图标，AutoCAD 弹出如图 7-29 所示的“插入”对话框，在“名称”中输入“标题”；单击“插入点”，然后单击“确定”即完成插入块。

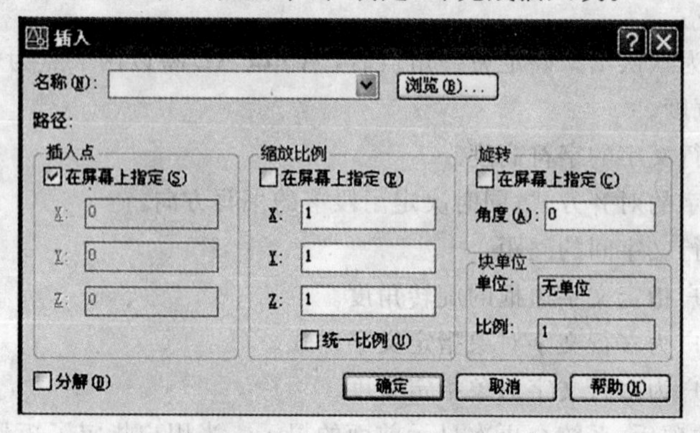

图 7-29　“插入”对话框

7.6.5　任务教学的学习指导

实训步骤：

(1)设置图形界限、单位、比例、图层，或者调用样板图，调用方法为：利用“新建”命令在“创建新图形”对话框选择“使用样板”，在“选择样板”列表框中找到“ A4 样板图 .dwt”并双击它即可。

图层要设置中心线层、细实线层、粗实线层。

(2)绘制图框和标题栏。

①图框。A0 图框的绘制如图 7-30 所示，不同幅面的图纸图框按照国家标准的尺寸改变相应的数值即可。

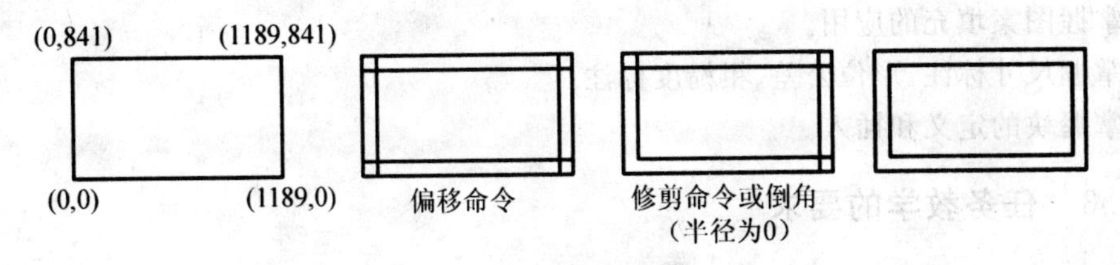

图 7-30　A0 图框的绘制

②标题栏。我们以学生用的标题栏为例，如图 7-31 所示，先在图框的右下角画长 130、宽 28 的矩形，把里面的线画好，可以用的方法很多，如用输入点或偏移命令等。然后在相应的框格里输入文字。最后存盘，文件名为“A0 标准样板图”。

单独画好标题栏，定义成块，名称“标题栏”，可随时插入块。

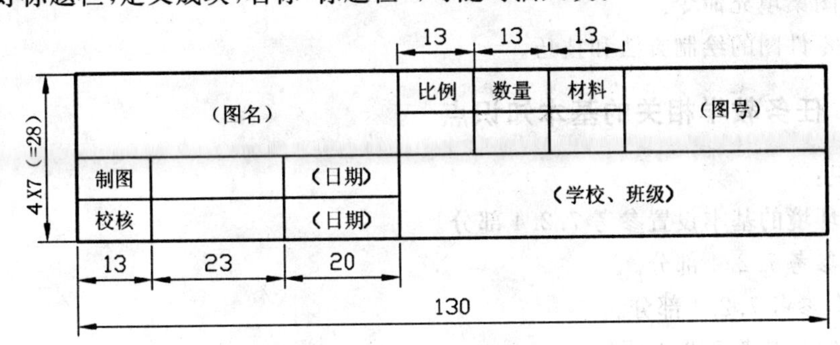

图 7-31　学生用的标题栏

7.6.6　任务五考核

任务五考核标准如表 7-4 所示。

表 7-4　任务五考核标准

考核内容	分值	扣分标准	考核内容	分值	扣分标准
图形界限设置	5	每项错误扣 1 分	作图准确度	15	误差超 3 mm 每项扣 2 分
图层设置及其使用	15	每项错误扣 1 分	标题栏的绘制	10	每项错误扣 1 分
线型比例选择使用	10	每项错误扣 1 分	图形接口	10	每项错误扣 0.5 分
漏、重、多线	10	每项错误扣 1 分	文本输入	10	错漏一字扣 0.5 分
块的定义和插入	10	每项错误扣 5 分	文件存盘	5	忘存盘全扣

7.7 任务六 绘制零件图

7.7.1 任务教学的内容

绘制齿轮零件图。

7.7.2 任务教学的目的

(1)掌握绘制零件图的绘图方法和技巧。

(2)掌握图案填充的应用。

(3)掌握尺寸标注、形位公差、粗糙度标注。

(4)掌握块的定义和插入。

7.7.3 任务教学的要求

(1)熟练掌握常用的绘图命令。

(2)熟练掌握修剪(Trim)、偏移(Offset)、环形陈列(Array)以及通过“特性”工具条修改图形属性等编辑命令。

(3)综合应用对象捕捉等辅助功能。

(4)掌握尺寸标注、形位公差、粗糙度标注。

(5)熟悉图案填充命令。

(6)掌握零件图的绘制方法和技巧。

7.7.4 任务教学相关的基本知识点

复习知识:

(1)绘图环境的基本设置参考 7.2.4 部分。

(2)直线参考 7.2.4 部分。

(3)圆(C)参考 7.2.4 部分。

(4)移动(M)参考 7.3.4 部分。

(5)修剪(Trim)参考 7.3.4 部分。

(6)偏移(Offset)参考 7.4.4 部分。

(7)圆角(Fillet)参考 7.5.4 部分。

(8)镜像(Mi)参考 7.2.4 部分。

(9)倒角(Fillet)参考 7.2.4 部分。

新的知识:

1. 尺寸标注命令

(1)建立尺寸标注样式。启动命令的方法:

命令行:Dimstyle。

菜单:“格式”→“标注样式”。

在标注工具栏中采用上述任何一种方法后,显示如图 7-32 所示的“标注样式管理器”对话框。在该对话框中设置尺寸标注的构成要素和设置标注格式。

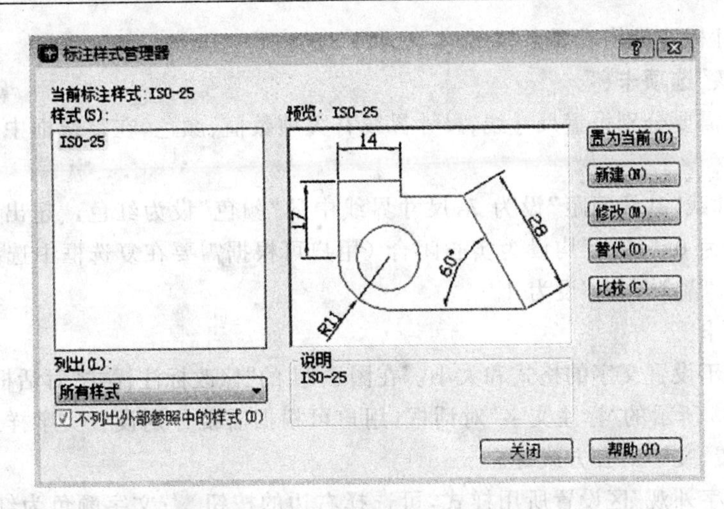

图 7-32 “标注样式管理器”对话框

在“标注样式管理器”对话框中单击“新建”按钮,出现如图 7-33 所示的“创建新标注”对话框。

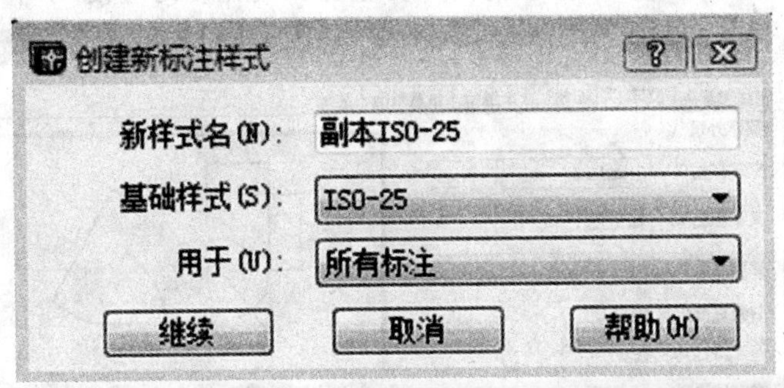

图 7-33 “创建新标注”对话框

在“标注样式管理器”对话框中单击“修改”按钮,出现如图 7-34 所示的“修改标注样式”对话框。

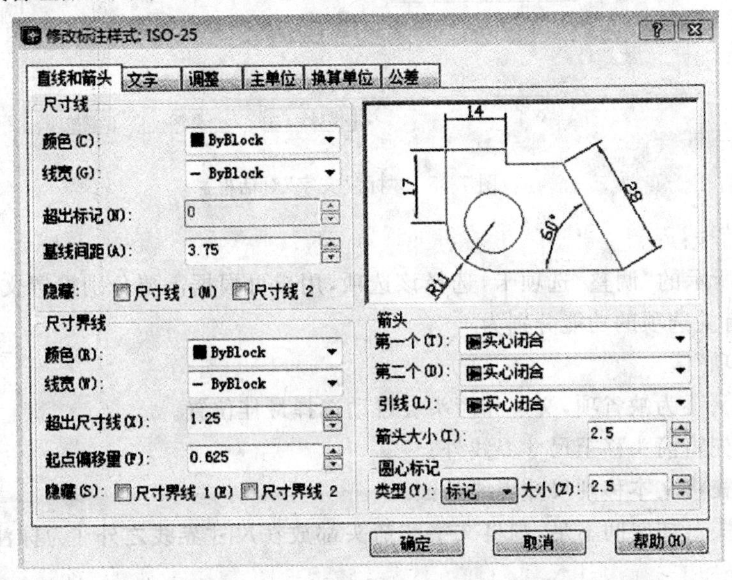

图 7-34 “修改标注样式”对话框

(2)设置尺寸标注的构成要素。

“直线和箭头”选项卡:

用户可根据需要分别设置尺寸线、尺寸界线有关项数值、颜色,在复选框中直接选择尺寸线终端形式图案等。

建议:将尺寸线“基线间距”设为 7,尺寸界线中的“颜色”设为红色,“超出尺寸线”设为 2,“起点偏移量”设为 0,“箭头”均设为实心闭合(用户可根据需要在复选框中选择第一端和第二端的箭头形式),“箭头大小”设为 4。

“文字”选项卡:

该选项卡用于设置文字的格式和大小。在图 7-34 的“修改标注样式”对话框中,选择“文字”选项卡,如图 7-35 所示的“标注文字”对话框,用户可根据需要分别设置文字样式、文字颜色、文字高度、文字位置、文字对齐方式等。

建议:在“文字外观”区设置所用样式,可选择右边的按钮▒;文字颜色为红色;文字高度为 3.5(文字高度应根据要求设定)。

在“文字位置”区:“垂直”项设为“上方”,“水平”项设“置中”;“从尺寸线偏移”项设为 2。

在“文字对齐”区:选择“与尺寸线对齐”(缺省项),注角度时应设“水平”。

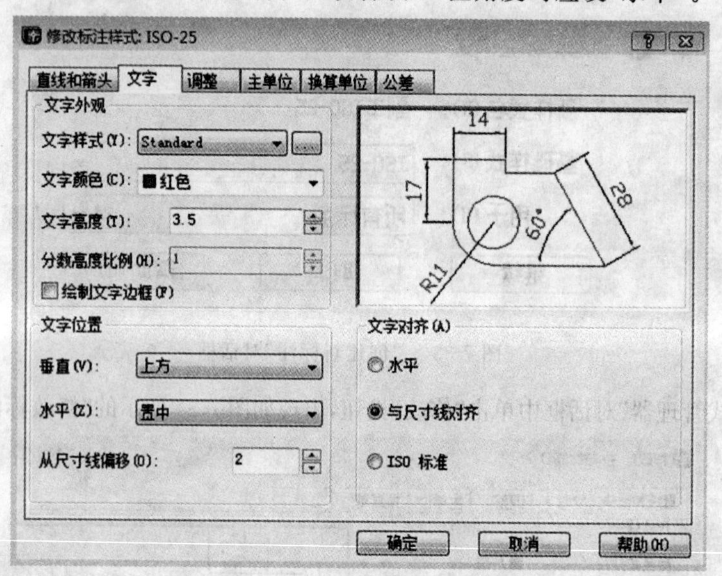

图 7-35　“标注文字”对话框

“调整”选项卡:

如图 7-36 所示的“调整”选项卡,选择该选项,用户可根据需要分别设置文字和箭头的位置等。对话框中有关选项的功能分别为

◆“调整选项”区

“文字和箭头”:为缺省项,文字和箭头会自动选择最佳位置。

“箭头”:优先将箭头移至尺寸界线外。

“文字”:优先将文本移到尺寸界线外面。

“文字和箭头”:如空间不足,则将文字和箭头都放在尺寸界线之外(为标注方便,建议选取此项)。

“隐蔽箭头”复选框:如不能将文字和箭头放在尺寸界线内,则隐藏箭头。

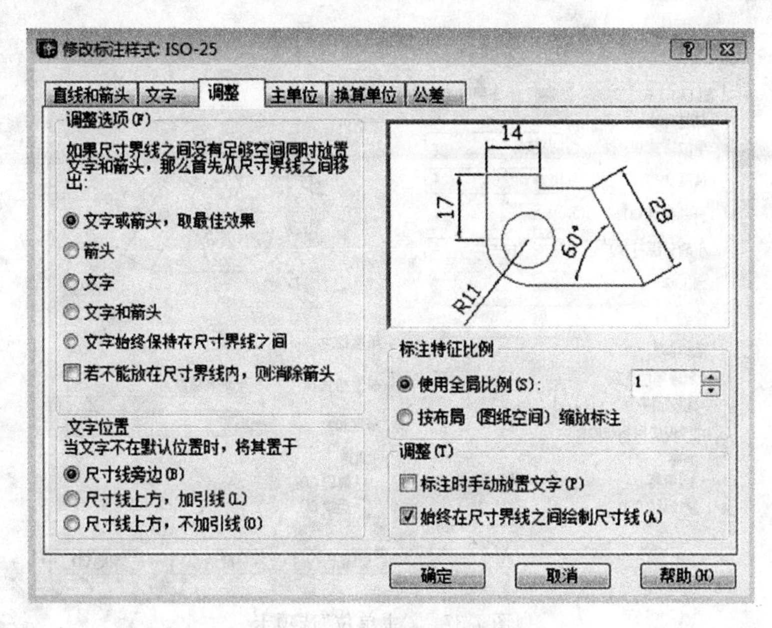

图 7-36　“调整”选项卡

◆“文字位置”区

①将文字放在尺寸线旁边。

②将文字放在尺寸线上方，加引线。

③将文字放在尺寸线上方，不加引线。

◆“标注特征比例”区

①尺寸元素的整体缩放比例因子。

②系统自动根据当前模型空间视口比例因子设置标注比例因子。

◆“调整”选项区

第一项为“标注时手动放置文字”。选择此项尺寸文字位置标注灵活。

第二项为“始终在尺寸界线之间绘制尺寸线”，为缺省项。

注意：若两项都选择，标注尺寸时更方便。

“主单位”选项卡：

如图 7-37 所示为“主单位”选项卡，设置主单位的格式及精度，标注文字的前缀和后缀。

◆“线性标注”区

建议：“单位格式”设小数，“精度”(若标注的基本尺寸为整数设 0；若要标极限偏差应设 0.000)；“小数分隔符”设为“句点”；“舍入”设为 1.0 (取整数)；“前缀”可用以标注直径时输入代码%% c；“后缀”可输入所要标注直径的数值；“测量单位比例”中的比例因子设为 1(若设为 2 时，除角度外，所标注的尺寸为图形尺寸的 2 倍)；前导、后续中消零，取整数时可不选择。

◆“角度标注”区

建议：“单位格式”设为十进制度数；“精度”设为 0。

3. 尺寸标注

尺寸标注工具栏如图 7-38 所示。

(1)线性标注。在 AutoCAD 中，把水平尺寸、垂直尺寸、旋转尺寸用线性标注命令标注。启动命令：

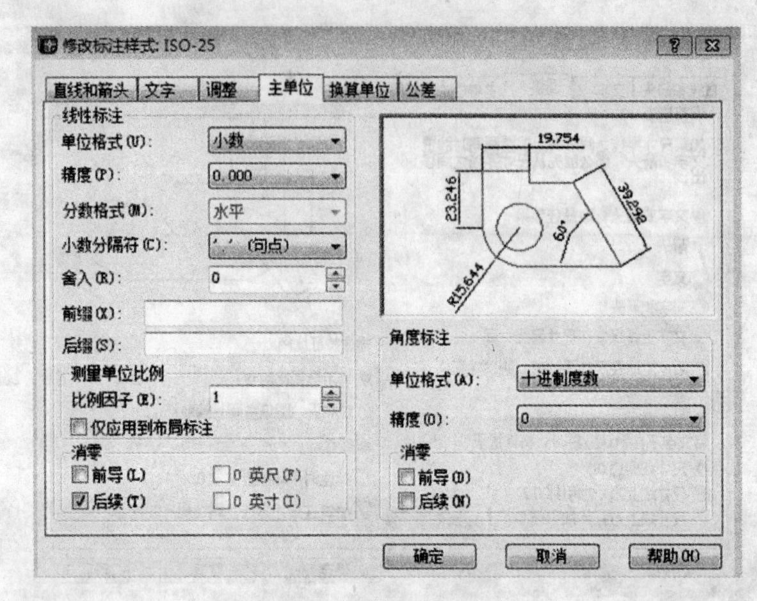

图 7-37　“主单位”选项卡

图 7-38　尺寸标注工具栏

命令行：Dimlinear 或 Dimlin 或 DLI。

工具栏：单击“标注”工具栏上的按钮。

菜单：“标注”→“线性”。

系统提示：指定第一条尺寸界线起点或〈选择对象〉：

在此提示下有两种选择：

一种是直接回车，系统提示：选择标注对象：

另一种是选择一点作为尺寸界限的起始点，系统提示：指定第二条尺寸界限起点：

在确定两条尺寸界线的起点后，系统继续提示用户 ：

多行文字 (M)/文字 (T)/角度 (A)/水平 (H)/垂直 (V)/旋转 (R)：

各选项的意义如下：

◆多行文字：选取该项，可以在多行文本编辑器中输入尺寸文本。

◆文字：在命令行中输入尺寸文本。

◆角度：改变尺寸文本的角度。

◆水平：标注水平型尺寸。

◆垂直：标注垂直型尺寸。

◆旋转：标注指定角度型线性尺寸。

(2)对齐标注。功能：对斜线和斜面进行尺寸标注。

启动命令：

命令行：Dimaligned。

工具栏：单击“标注”工具栏上的按钮。

菜单:"标注"→"对齐"。

系统提示:指定第一条尺寸界线起点或〈选择对象〉:

在此提示下,可以按回车键选择标注对象,也可以指定两尺寸界线的起点,有关操作与 Dimlinear 相同。

(3)基线标注。

功能:完成从同一基线开始的多个尺寸标注。

启动命令:

命令行:Dimbaseline 或 Dimbase。

工具栏:单击"标注"工具栏上的按钮。

菜单:"标注"→"基线"。

说明:在执行该命令操作之前,应先标注出一个尺寸,把该尺寸先选取的尺寸界限作为基线。

系统提示:指定第二条尺寸界线起点或 [放弃 (U)/选择 (S)]〈选择〉:

此时确定另一尺寸的第二条尺寸界限的引出点位置就可自动标注出尺寸。同时重复出现提示,直至标注完该基线下的所有尺寸。

(4)连续标注。

功能:进行一系列首尾相连的尺寸标注。

启动命令:

命令行:Dimcontinue 或 Dimcont。

工具栏:单击"标注"工具栏上的按钮。

菜单:"标注"→"连续"。

说明:在执行该命令操作之前,应先标注出一个相应的尺寸。命令的提示与 Dimbaseline 命令类似。

(5)角度标注。

功能:标注角度型尺寸。

启动命令:

命令行:Dimangular 或 Dimang 或 Dam。

工具栏:单击"标注"工具栏上的按钮。

菜单:"标注"→"角度"。

系统提示:选择圆弧、圆、直线或〈指定顶点〉:

选项不同,标注过程也不同:

◆选择圆弧:系统将以圆弧的中心及端点作为角度标注的顶点和两条尺寸界线起点生成角度标注。

◆选择圆:系统将以圆心作为角度标注的顶点,以选择圆时指定的点为一条尺寸界线的起点。系统提示用户在圆上指定另一点作为另一条尺寸界线的起点。

◆选择直线:用户选择一条直线后,系统提示用户选择第二条直线并以两直线的交点为角度的顶点,以两条直线为边生成角度标注。

◆如果标注弧与所选直线相交,则用该直线代替尺寸界线,否则画出尺寸界线。标注两直线夹角的标注弧的角度小于 180°。

◆指定不在同一直线上的三点:按回车键后,系统提示:指定角的顶点:

当输入一个顶点后系统继续提示:指定角的第一个端点:

当输入一个端点后系统继续提示：指定角的第二个端点：

当输入第二个端点后系统继续提示：指定标注弧线位置 [多行文字 (M)/文字 (T)/角度 (A)]：

(6)径向尺寸标注。径向尺寸标注有半径标注和直径标注两种。

①半径标注。

功能：标注圆或圆弧的半径尺寸。

启动命令：

命令行：Dimradius。

工具栏：单击“标注”工具栏上的按钮 。

菜单：“标注”→“半径”。

系统提示：选择圆弧或圆：(选择需要标注的圆或圆弧)

指定尺寸线位置 [多行文字 (M)/文字 (T)/角度 (A)]：

(要求确定标注线的位置或输入标注文字)

说明：如果要输入新的文字来代替系统提供的文字，则需要在新文字前加“ R”才能标出半径符号。

②直径标注。

功能：标注圆或圆弧的直径尺寸。

命令行：Dimdiameter。

工具栏：单击“标注”工具栏上的按钮 。

菜单：“标注”→“直径”。

系统提示：选择圆弧、圆、直线或〈指定顶点〉：

Dimdiameter 命令的用法与 Dimradius 命令基本相同，只是用户输入新文字时需要在文字前加直径标注符号“%% C”。

(7)快速引线标注。

功能：实现引出标注。

启动命令：

命令行：QLeader。

工具栏：单击“标注”工具栏上的按钮 。

菜单：“标注”→“快速引线”。

系统提示：命令：QLeader

指定第一条引线点或 [设置 (S)]〈设置〉：

各选项的意义如下：

“设置”：设置引线标注的格式。执行该选项时，可通过弹出的“引线设置”对话框进行“注释”、“注释类型”和“多行文字选项”中有关内容的设置。

其中，“注释选项卡”：用来设置引线标注的注释类型、多行文字选项、确定是否重复使用注释。

4. 创建、标注表面粗糙度

(1)绘制表面粗糙度符号。使用绘图命令、文字注写。

(2)单击“绘图”工具栏上的创建块图标 ，可创建粗糙度符号块。

(3)单击“绘图”工具栏上的插入块图标，可插入粗糙度符号。

5. 标注尺寸公差

(1)启动命令：

命令行：Dimstyle。

工具栏：单击“样式”工具栏上的按钮 。

菜单：“标注”→“样式”。

(2)启动命令后，可利用“标注样式管理器”对话框设置尺寸公差标注样式。

在“标注样式管理器”对话框中，单击“新建”按钮，AutoCAD 弹出一个“创建新标注样式”对话框，在“新样式名”中输入名称后，对话框变成“新建标注样式”，单击“公差”选项，就可完成设置。

(3)公差格式选项组设置公差格式。

◆“方式”设置公差表示形式，其下拉表中有五种选项：无，如图 7-39(a)所示；对称，如图 7-39 (b)所示；极限偏差，如图 7-39(c)所示；极限尺寸，如图 7-39(d)所示；基本尺寸，如图 7-39(e)所示。

图 7-39　尺寸公差格式

“精度”确定公差的精度。图例中选择 0.000。

“上偏差”确定上偏差值。图例中为+0.025。

“下偏差”确定下偏差值。图例中为-0.005。

“高度比例”输入公差文本的比例。图例中选 0.7。

“垂直位置”确定上下偏差与基本尺寸数字对齐方式。“上”为上偏差与基本尺寸对齐，“中”为上、下偏差的中间与基本尺寸对齐，“下”为下偏差与基本尺寸对齐。图例中选“中”。

◆“消零”选项组设置如何显示公差中小数点前面的零和尾数后面的零。

◆“换算单位公差”选项组设置替换单位的公差格式(在主对话框中选择了“替换”才操作)。

◆“精度”选项组设置替换单位的精度。

◆“消零”选项组设置如何显示替换单位公差中的小数点前后的零。同样，只有在主对话框中选择了“替换”才操作。

6. 标注形位公差

功能：标注形位公差。

启动命令：

命令行：Tolerance。

工具栏：单击标注工具栏上的按钮 。

菜单：“标注”→“形位公差”。

用上述方法中任一种命令输入，则 AutoCAD 会弹出如图 7-40 所示的“形位公差”对话框。

该对话框中各选项的含义分别如下：

◆“符号”：单击下面的任何一个方框，将出现“符号”对话框，从中选取形位公差特征符号，如图 7-41 所示的“符号”选择框。

◆“公差 1”：创建公差框中的第一个公差值。该值包含两个修饰符号：直径和包容条件。公差值表示相应的形位公差值。

◆“公差 2”：设置形位公差 2 的有关参数。

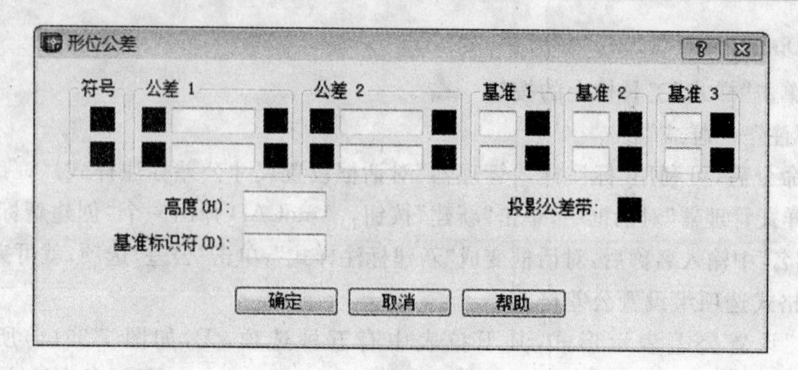

图 7-40 “形位公差”对话框

◆“基准 1,基准 2,基准 3”:创建公差框的主要基准。

例:标注图 7-42 零件图中的圆度和圆柱度误差。

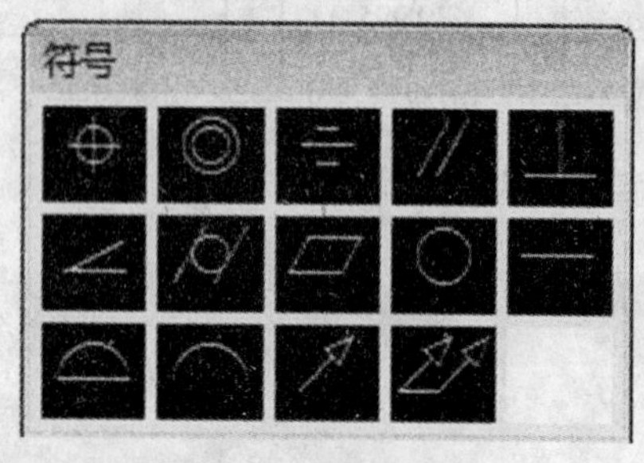

图 7-41 “符号”选择框

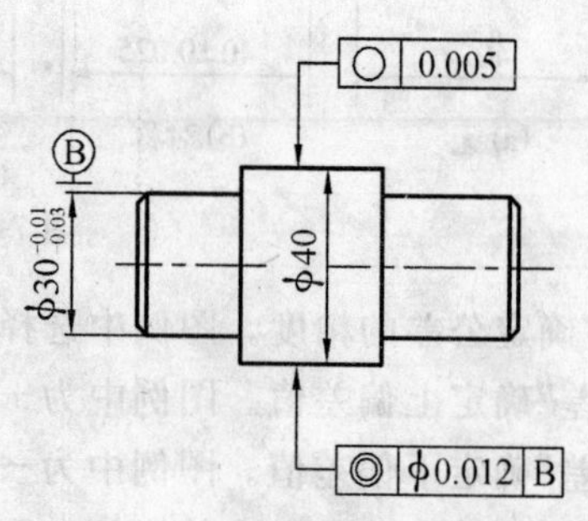

图 7-42 圆度和圆柱度误差

(1)在“标注”工具栏中单击“快速引线标注”图标启动“快速引出标注”命令,绘制形位公差标注引线。

(2)绘制基准符号,用单行文字输入方法和移动命令在其中输入“B”。

(3)在“标注”工具栏中单击“形位公差”图标,在弹出的“形位公差”对话框(见图 7-43)中单击“符号”框弹出如图 7-41“符号”选择框,选择圆柱度符号◎;单击“公差 1”拾取直径符号“φ”,在其输入框中输入 0.012;在“基准 1”中输入“B”,如图 7-43 所示。

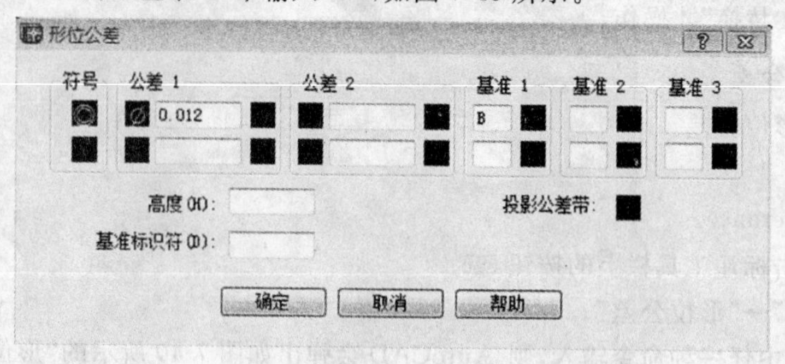

图 7-43 “形位公差”对话框

(4)单击“确定”按钮,完成该项形位公差的标注。

用同样的方法标注圆度误差。

7. 图案填充命令

启动命令:

命令行：Bhatch。

工具栏：单击“绘图”工具栏上的按钮 。

菜单：“绘图”→“图案填充”。

用任意一种方式启动命令后，系统弹出如图 7-44 所示的“边界图案填充”对话框快速选项卡。该对话框的主要选项含义如下：

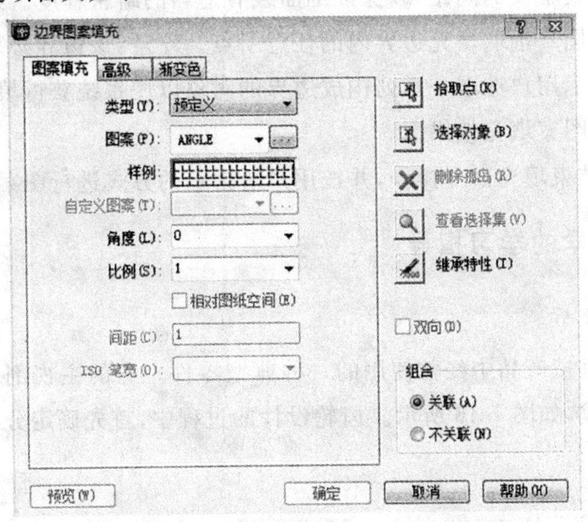

图 7-44　“边界图案填充”对话框

(1)“类型”设置图案类型。在其下拉列表选项中“预定义”为用 AutoCAD 的标准填充图案文件中的图案进行填充；“用户定义”为用户自己定义的图案进行填充；“自定义”表示选用 ACAD. PAT 图案文件或其他图案中的图案文件。

(2)“图案”确定填充图案的样式。单击下拉箭头，出现填充图案样式名的下拉列表选项供用户选择；单击其右边的对话框按钮图标将出现如图 7-45 所示的“填充图案调色板”对话框，显示系统提供的填充图案。用户在其中选中图案名或者图案图标后，单击“确定”按钮，该图案即设置为系统的默认值。机械制图中常用的剖面线图案为 ANSI31。

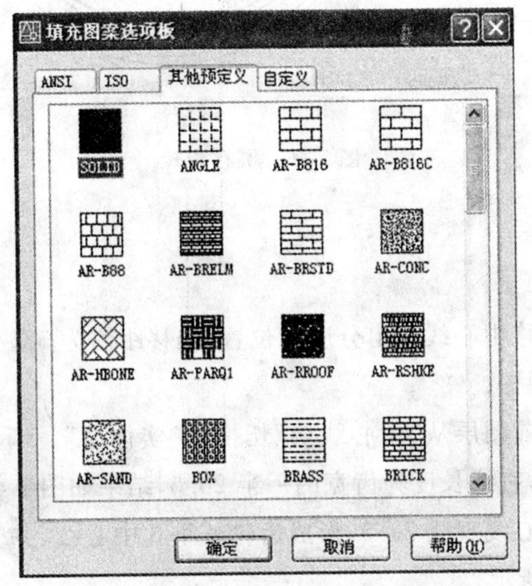

图 7-45　“填充图案调色板”对话框

(3)“样例”显示所选填充对象的图形。

(4)“角度”设置图案的旋转角。系统默认值为 0。机械制图规定剖面线倾角为 45°或 135°,特殊情况下可以使用 30°和 60°。若选用图案 ANSI31,剖面线倾角为 45°时,设置该值为 0°;倾角为 135°时,设置该值为 90°。

(5)“比例”设置图案中线的间距,以保证剖面线有适当的疏密程度。系统默认值为 1。

(6)“拾取点”提示用户选取填充边界内的任意一点。注意:该边界必须封闭。

(7)“选择对象”提示用户选取一系列构成边界的对象以使系统获得填充边界。

(8)“预览”可预览图案填充效果。

(9)单击“确定”,结束填充命令操作,并按用户所指定的方式进行图案填充。

7.7.5　任务教学的学习指导

1. 齿轮零件设计分析

圆柱齿轮零件是机械产品中经常使用的一种典型零件。它的主视剖面图呈对称形状,侧视图则由一组同心圆构成,如图 7-46 所示。齿轮设计的过程中,首先确定分度圆,然后分别细化齿轮的各个部分。

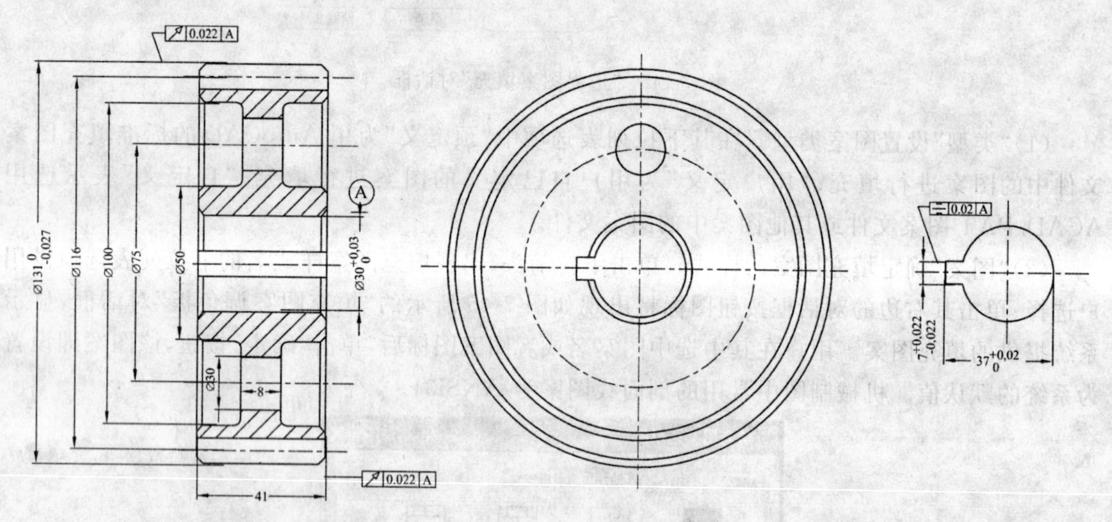

图 7-46　圆柱齿轮

2. 绘图实例

(1)配置绘图环境(略)。

(2)绘制中心线,并偏移中心线给出分度圆位置,偏移距离为 58。

(3)绘制圆柱齿轮主视图。

①绘制边界线。将当前图层从“中心线层”切换到“实体层”。调用“直线”命令,根据模数 4 绘制齿顶圆和齿根圆边界,直线长度为齿宽的一半 20.5,结果如图 7-47 所示。

②向下偏移分度圆中心线直线 20.5,形成齿轮减重孔中心线,并分别向两侧偏移 15 形成减重孔轮廓,结果如图 7-48 所示。

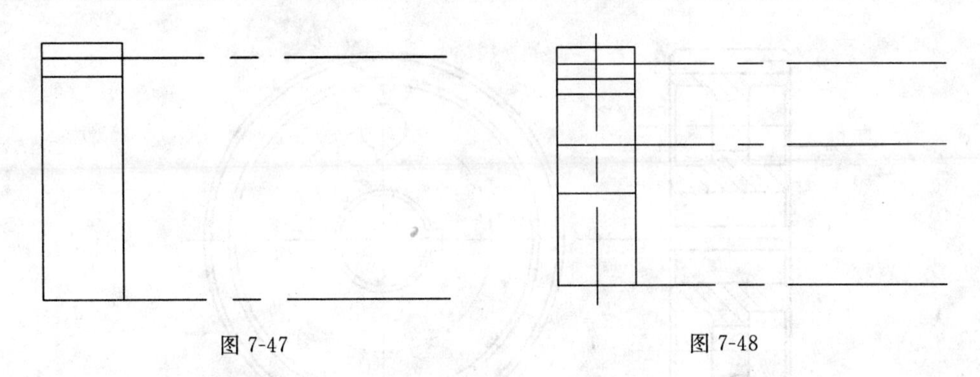

图 7-47　　图 7-48

③图形倒角。调用“倒角”r 命令，角度，距离模式，对齿轮的各处倒角 2×45°。然后进行修剪，绘制倒角轮廓线，结果如图 7-49 所示。

④应用偏移命令绘制中间凹槽，偏移距离为 4 和 15，调用“圆角”r 命令，对中间凹槽倒圆角，半径为 3 mm，然后进行修剪，绘制倒角轮廓线，结果如图 7-50 所示。

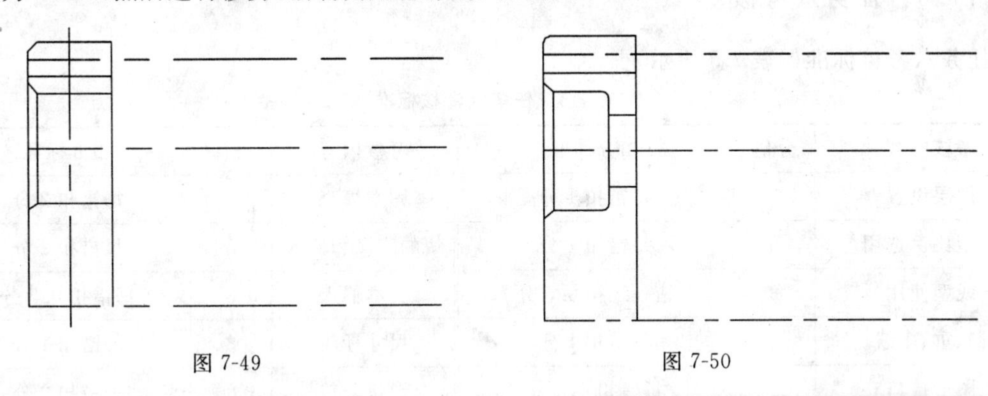

图 7-49　　图 7-50

⑤应用偏移命令绘制轴孔，偏移距离为 12，进行倒角并补齐线条绘制键槽，键宽为 6，修剪，结果如图 7-51 所示。

⑥沿水平和垂直中心线进行镜像，并进行图案填充，完成主视图，如图 7-52 所示。

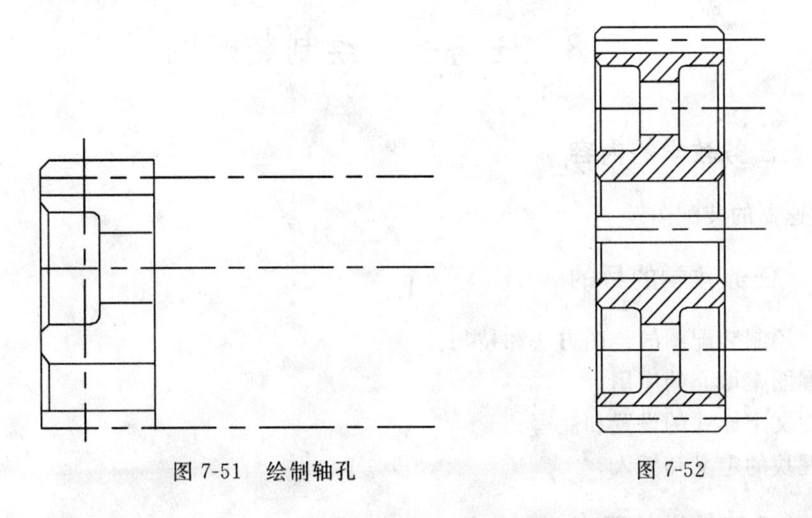

图 7-51　绘制轴孔　　图 7-52

(4)根据主视图，应用对象追踪，绘制左视图。其中键槽的高度为 5 mm，结果如图 7-53 所示。

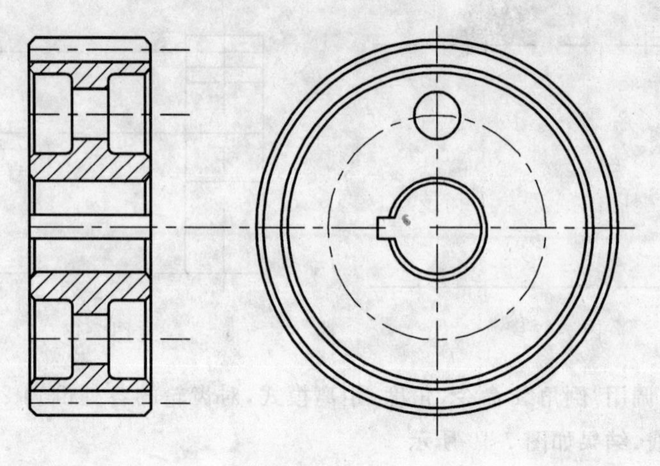

图 7-53

7.7.6　任务六考核

任务六考核标准如表 7-5 所示。

表 7-5　任务六考核标准

考核内容	分值	扣分标准	考核内容	分值	扣分标准
图层设置	5	每错扣 1 分	图案填充	6	每错扣 2 分
线型比例选用	5	每错扣 1 分	块的定义和插入	8	每错扣 2 分
线型使用	8	错一线扣 0.5 分	文本输入	8	每错扣 0.5 分
漏、重、多线	8	每错扣 1 分	尺寸标注	8	每错扣 1 分
图形接口	8	每错扣 0.5 分	形位公差	8	每错扣 2 分
常用图形画法	8	每错扣 2 分	粗糙度标注	8	每错扣 2 分
作图准确度	8	误差超 3mm 每错扣 2 分	文件存盘	4	忘存盘全扣

7.8　任务七　绘制装配图

7.8.1　任务教学的内容

绘制减速器的装配图。

7.8.2　任务教学的目的

(1)掌握绘制装配图的绘图方法和技巧。

(2)掌握图案填充的应用。

(3)掌握文字样式的设置和注写。

(4)掌握块的定义和插入。

7.8.3　任务教学的要求

(1)熟悉常用的各种绘图命令。

(2)熟悉常用的各种编辑命令。

(3)综合应用对象捕捉等辅助功能。

(4)掌握尺寸标注、形位公差、粗糙度标注。

(5)掌握块的定义和插入。

(6)掌握装配图的绘制方法和技巧。

7.8.4 任务教学相关的基本知识点

复习知识:

(1)绘图环境的基本设置参考7.2.4部分。

(2)绘制零件图的“7.7.4任务教学相关的基本知识点”。

(3)设置零件的图块。

(4)装配图的设计。

7.8.5 任务教学的学习指导

1.图块的设置

把已经绘制的减速器的零件封装成图块,在绘制装配图时可以拼装使用,从而提高装配图的绘制速度和效率。

绘制实例:创建大齿轮轴图块。

(1)打开前面所绘制的“传动轴.dwg”文件。

(2)关闭“尺寸标注层”。菜单栏“格式”→“图层”命令,打开“图层特性管理器”对话框,单击“尺寸标注层”→“打开/关闭图层”图标,使其呈灰色,关闭“尺寸标注层”,单击“确定”按钮,关闭该对话框,结果如图7-54所示。

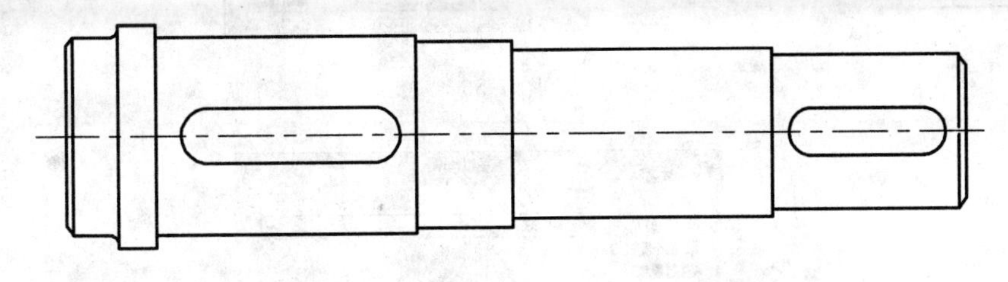

图7-54

(3)创建并保存大齿轮轴图块。

①选择“创建块”命令,在弹出的对话框中单击“选择对象”图标,回到绘图环境,按Ctrl+A选择全部图形,回车返回到对话框,在名称栏中填入“输出轴”,单击“基点”,选择如图7-55所示。单击“确定”结束命令。

②保存零件图块,命令行输入wblock后回车,打开“写块”对话框,在其中选取“输出轴”,选择路径进行保存,如图7-56和图7-57所示。

2.页面设置

设计思想:

装配图用来表达部件或机器的工作原理,零件之间的装配关系和相互位置,以及装配、检验、安装所需要的尺寸数据的技术文件。

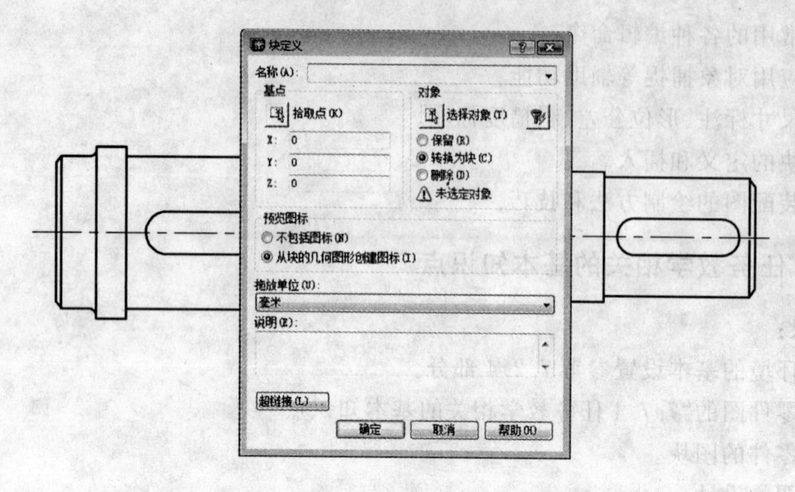

图 7-55

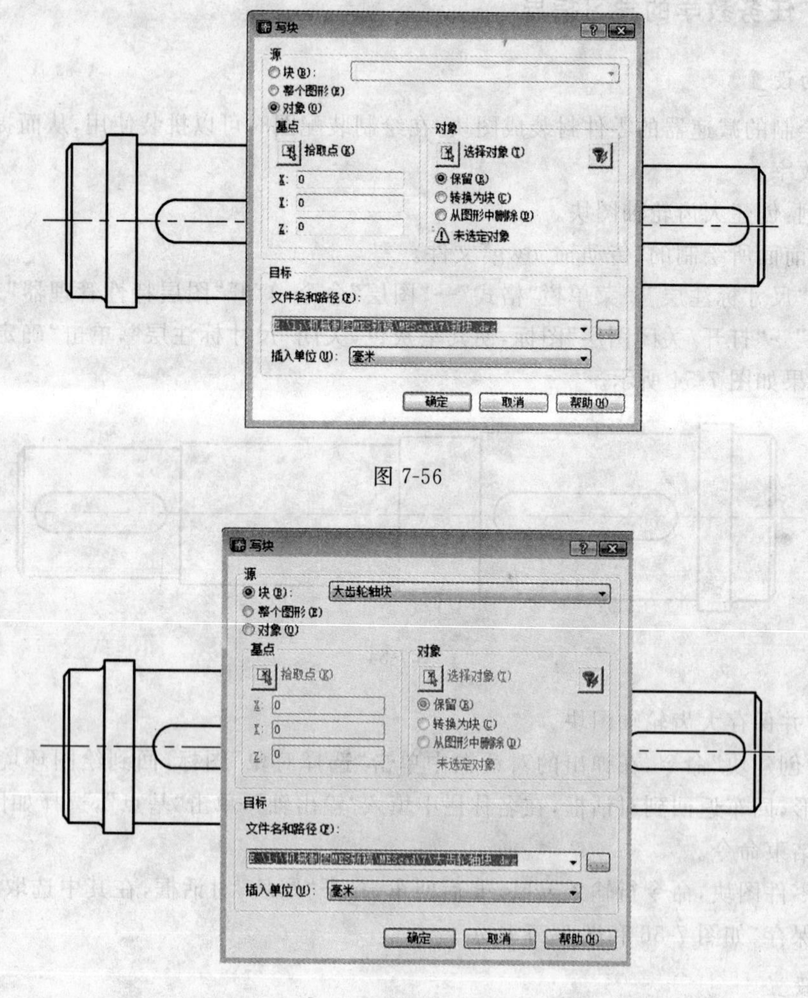

图 7-56

图 7-57

本实例的制作思路：先将减速器箱体图块插入预先设置好的装配图中，起到为后续零件装配定位的作用，然后分别插入上一节中保存过的各个零件图块，调用“移动”命令使其安装到减速器箱体中合适的位置;修剪装配图,删除图中多余的作图线,补绘漏缺的轮廓线;最后,标注装配图配合尺寸,给各个零件编号,填写标题栏和明细表。

绘图实例

(1)安装已有图块。

①插入"减速器箱体图块"。菜单栏"插入"→"块"命令,打开"插入"对话框。单击"浏览"按钮,弹出"选择图形文件"对话框,选择"减速器箱体图块.dwg"。单击"打开"按钮,返回"插入"对话框。设定"插入点"坐标为(360,300,0),缩放比例和旋转使用默认设置。单击"确定"按钮,结果如图 7-58 所示。

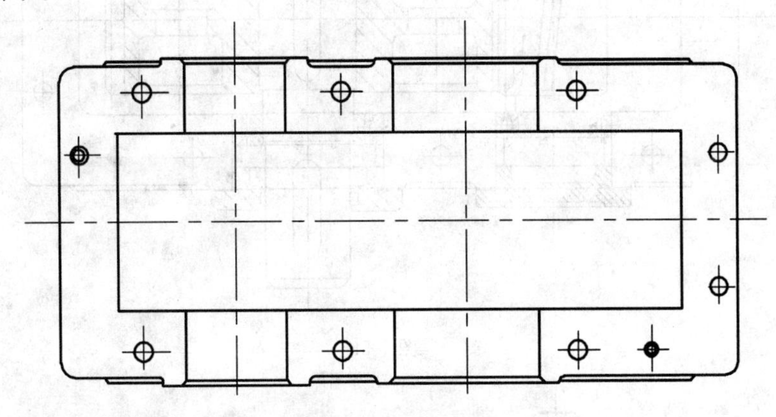

图 7-58　插入"减速器箱体图块"

②插入"小齿轮及其轴图块"。继续执行插入块操作,打开"插入"对话框。单击"浏览"按钮,弹出"选择图形文件"对话框,选择"小齿轮及其轴图块.dwg"。设定插入属性,"插入点"设置为"在屏幕上指定","旋转"设置为"90",缩放比例使用默认设置,单击"确定"按钮。

③移动图块。调用"移动"命令,选择"小齿轮及其轴图块",将小齿轮及其轴安装到减速器箱体中,使小齿轮及其轴的最下面的台阶面与箱体的内壁重合。

④插入"大齿轮轴图块"。继续执行插入块操作,打开"插入"对话框。单击"浏览"按钮,弹出"选择图形文件"对话框,选择"大齿轮轴图块.dwg"。设定插入属性,"插入点"设置为"在屏幕上指定","旋转"设置为"－90",缩放比例使用默认设置,单击"确定"按钮。

⑤移动图块。调用"移动"命令,选择"大齿轮轴图块",选择移动基点为大齿轮轴的最上面的台阶面的中点,将大齿轮轴安装到减速器箱体中,使大齿轮轴的最上面的台阶面与加速器箱体的内壁重合。

⑥插入"大齿轮图块"。继续执行插入块操作,打开"插入"对话框。单击"浏览"按钮,弹出"选择图形文件"对话框,选择"大齿轮图块.dwg"。按前述完成。

⑦安装其他图块。

(2)补全装配图

①绘制大、小轴承,过程略。

②绘制卡簧,过程略。结果如图 7-59 所示。

(3)修剪装配图。

①分解所有图块。调用"分解"命令,选择所有图块进行分解。

②修剪装配图。调用"修剪"、"删除"与"打断于点"等命令,对装配图进行细节修剪,由于所涉及知识不多,这只是一项繁琐细心的工作,所以直接给出修剪后的结果,如图 7-60 所示。

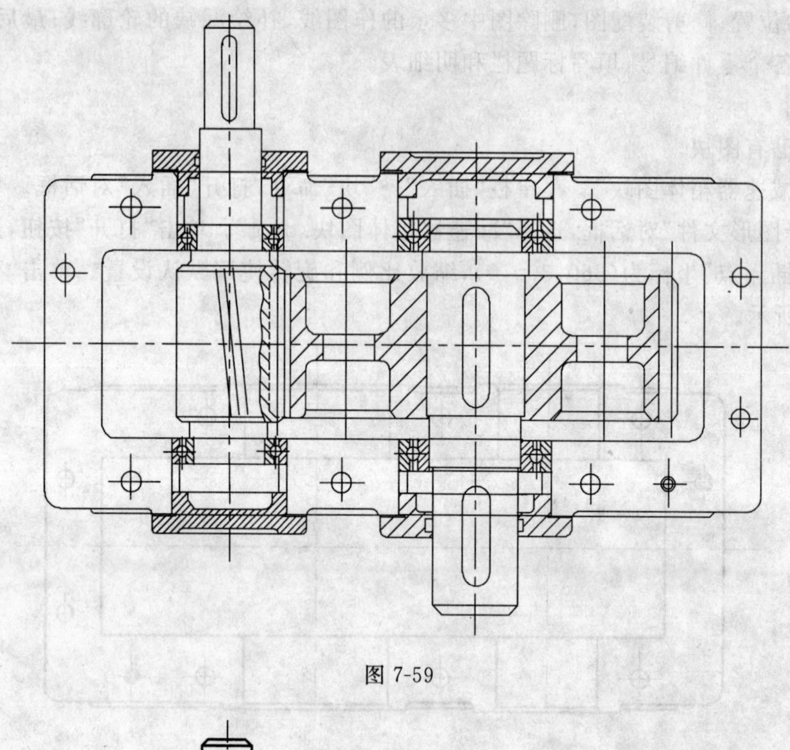

图 7-59

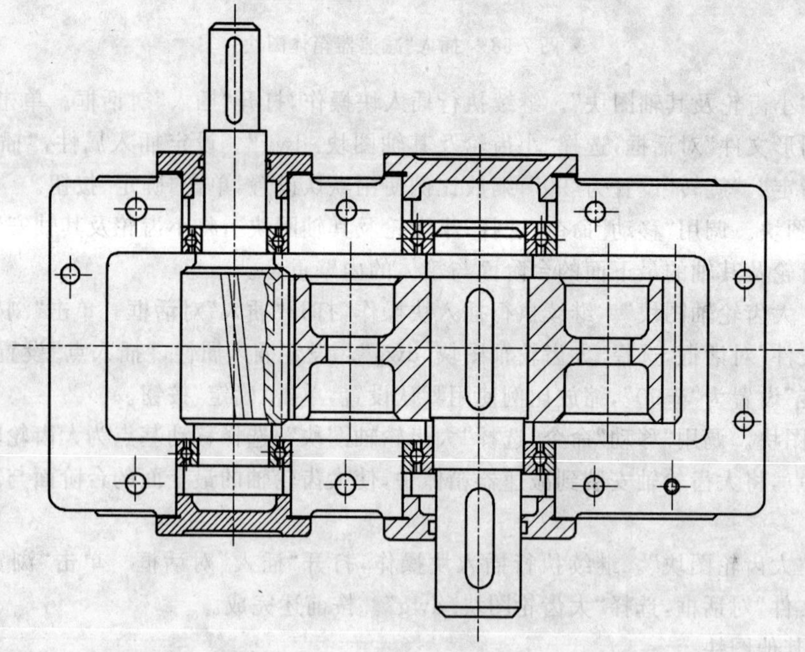

图 7-60

修剪规则为:装配图中两个零件接触表面只绘制一条实线,不接触表面以及非配合表面绘制两条实线;两个(或两个以上)零件的剖面图相互连接时,需要使其剖面线各不相同,以便区分,但同一个零件在不同位置的剖面线必须保持一致。

(4)标注装配图。

①设置尺寸标注样式,如 7.7 节所述。

②标注带公差的配合尺寸。调用“线性标注”命令,标注小齿轮轴与小轴承的配合尺寸,小轴

承与箱体轴孔的配合尺寸，大齿轮轴与大齿轮的配合尺寸，大齿轮轴与大轴承的配合尺寸，以及大轴承与箱体轴孔的配合尺寸。

③标注零件号。调用“快速引线”命令，标注各个零件的零件号，标注顺序为从装配图左上角开始，沿装配图外表面按顺时针顺序依次给各个减速器零件进行编号，结果如图 7-61 所示。

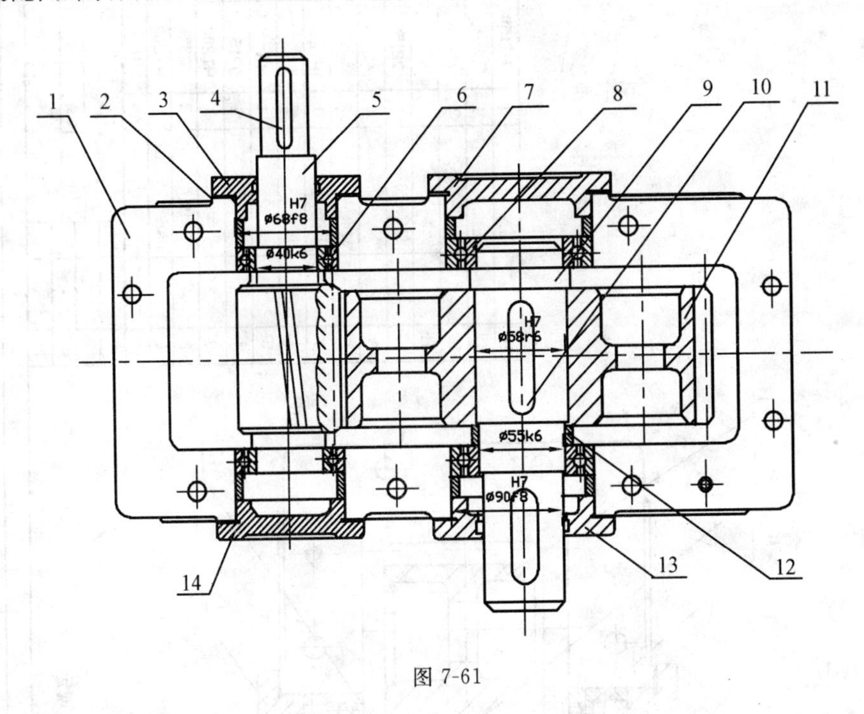

图 7-61

(5)填写标题栏和明细表，如图 7-62 所示。

3. 小结

本单元作为二维零部件篇的结束单元，通过减速器装配图的设计与绘制过程，讲述了装配图的绘制方法和一些绘图技巧。通过学习，可以发现二维机械制图的一般规律，就是应尽量先将各个零部件绘制出来，并封装成图块的形式，在装配图中只需插入零部件图块，修改一些配合面的公共线或修剪掉被遮掩的轮廓线。这样可以提高绘制装配图的效率，同时也有利于体会所有零部件的装配顺序和关系，便于了解机器结构。

7.8.6　任务七考核

任务七考核标准如表 7-6 所示。

表 7-6　任务七考核标准

考核内容	分值	扣分标准	考核内容	分值	扣分标准
图层设置	5	每错扣 1 分	图案填充	6	每错扣 2 分
线型比例选用	5	每错扣 1 分	块的定义和插入	8	每错扣 2 分
线型使用	8	错一线扣 0.5 分	文本输入	8	每错扣 0.5 分
漏、重、多线	8	每错扣 1 分	尺寸标注	8	每错扣 1 分
图形接口	8	每错扣 0.5 分	形位公差	8	每错扣 2 分
常用图形画法	8	每错扣 2 分	粗糙度标注	8	每错扣 2 分
作图准确度	8	误差超 3 mm，每错扣 2 分	文件存盘	4	忘存盘全扣

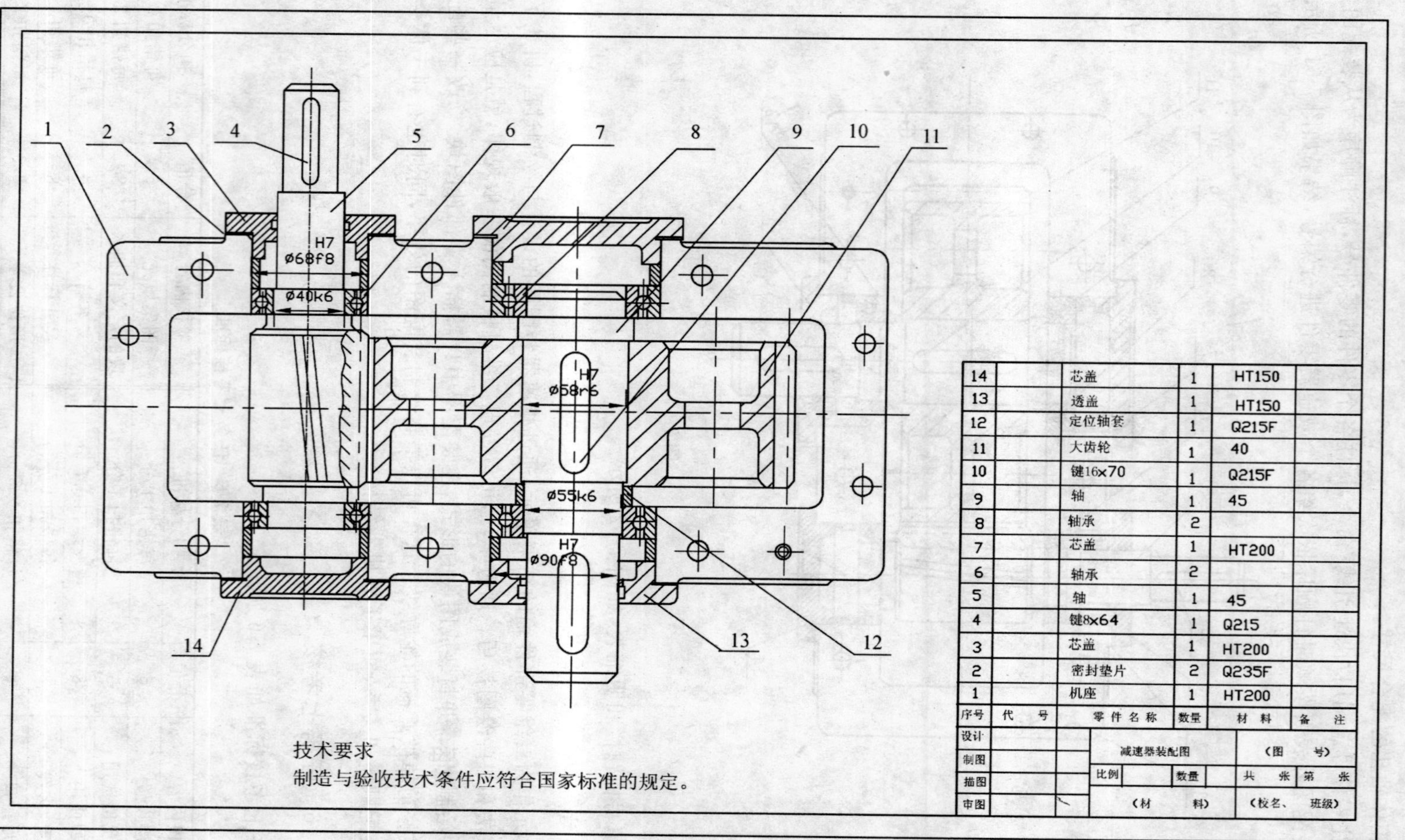

序号	代号	零件名称	数量	材料	备注
14		芯盖	1	HT150	
13		透盖	1	HT150	
12		定位轴套	1	Q215F	
11		大齿轮	1	40	
10		键16×70	1	Q215F	
9		轴	1	45	
8		轴承	2		
7		芯盖	1	HT200	
6		轴承	2		
5		轴	1	45	
4		键8×64	1	Q215	
3		芯盖	1	HT200	
2		密封垫片	2	Q235F	
1		机座	1	HT200	

设计		减速器装配图		（图 号）	
制图					
描图		比例	数量	共 张	第 张
审图		（材 料）		（校名、 班级）	

技术要求

制造与验收技术条件应符合国家标准的规定。

图7-62

7.9　任务八　零件的建模

7.9.1　任务教学的内容

(1)三维图形的坐标系统(用户坐标系 UCS)。
(2)三维视点。
(3)绘制三维实体。

7.9.2　任务教学的目的

(1)掌握建立用户坐标系的方法。
(2)熟悉三维视点的选择。
(3)掌握绘制三维实体的方法。

7.9.3　任务教学的要求

能根据平面图形绘制三维实体。

7.9.4　任务教学相关的基本知识点

复习知识：
(1)复习轴测图的形成和种类。
(2)讲评轴测图的作业。
新的知识：

AutoCAD 有三种创建三维模型的方式：线框模型、表面模型和实体模型，本次课将介绍实体模型。实体模型在构建和编辑上较线框模型和表面模型复杂，实体模型可以分析实体的质量、体积和重心等物理特性，也可以为一些应用分析提供数据(如数控加工等)，实体模型还可以按线框的形式显示。

1. 三维图形的坐标系统

三维图形的坐标系统(用户坐标系 UCS)如图 7-63 所示。

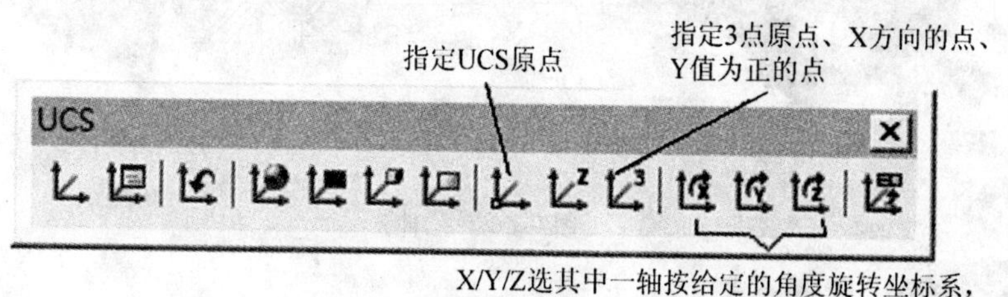

图 7-63　用户坐标系 UCS

2. 三维视点

通过改变视点，可以实现从不同方向观看物体，AutoCAD 提供了多种确定三维视点的方法。启动“视图”命令后，选择系统提供的一个视点观看物体，物体和坐标系会随视点变化而变化，如图 7-64 所示。

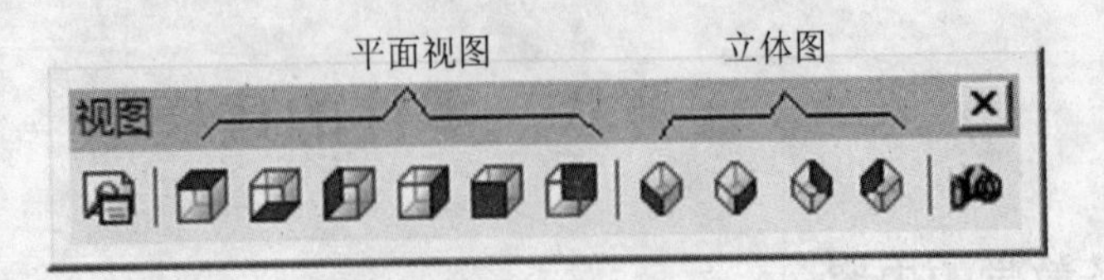

图 7-64　三维视点

3. 绘制三维实体

(1)绘制基本三维实体命令如图 7-65 所示。

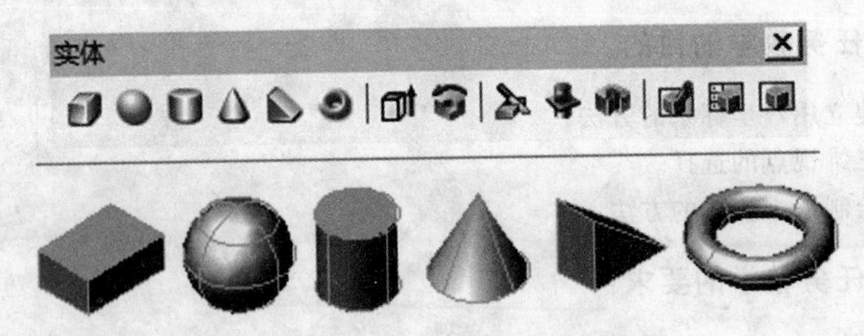

图 7-65　绘制基本三维实体命令

(2)将二维对象拉伸或旋转成三维实体。

◆拉伸命令(挤出)

①绘制封闭的外轮廓线。用平面绘图命令绘制,然后创建面域或边界,也可用多段线命令绘制。

②选择三维视点。

③启动拉伸命令→选择二维对象→输入高度→角度,如图 7-66 所示。

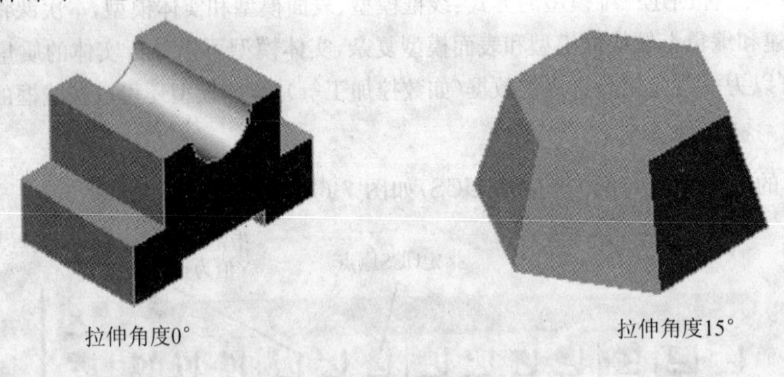

图 7-66　拉伸

◆旋转命令 REVOLVE

①、②同前,③启动旋转命令→选择二维对象→指定旋转的轴线→指定旋转的角度,如图 7-67所示。

(3)布尔运算。布尔运算是一种特殊的图形编辑方法,对三维实体进行并集(union)、交集(intersect)、差集(subtract)运算,可得到新的三维实体,如图 7-68 所示。

(4)三维实体的修改和编辑命令。三维实体可以进行移动、缩放、倒角(圆)、删除、复制等编辑操作,其方法同二维图形编辑。还可进行三维阵列、三维旋转、三维镜像等操作。

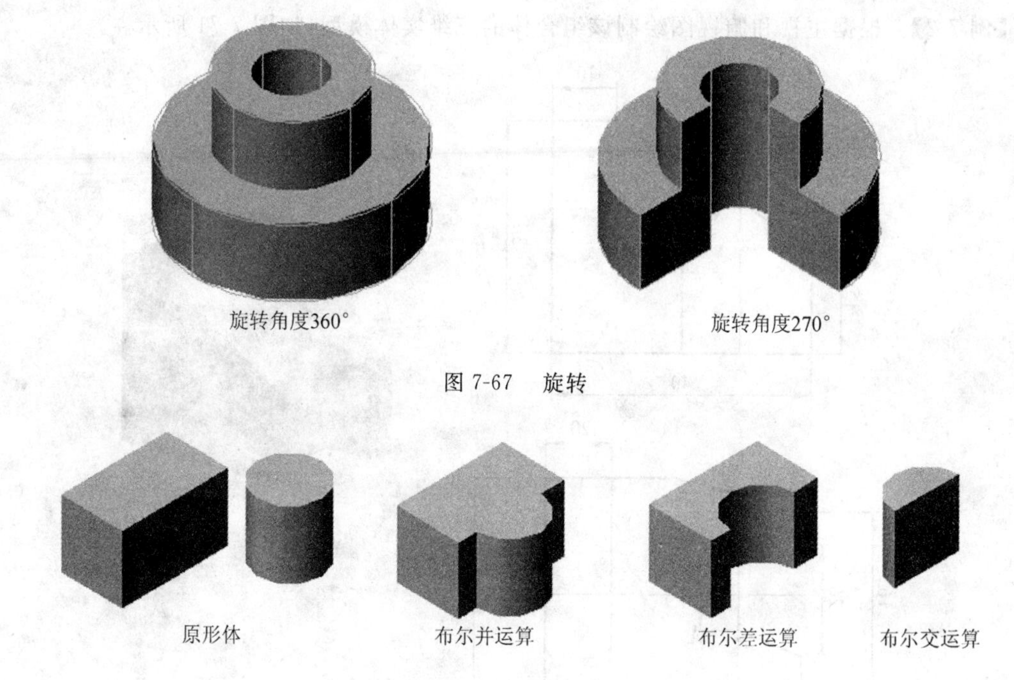

图 7-67　旋转

图 7-68　布尔运算

(5)消隐(hide)、着色(shademode)、渲染(render)。三维实体消隐后，以线框形式显示，并将不可见的轮廓线隐藏，着色或消隐后，三维实体更真实，如图 7-69 所示。

图 7-69　消隐、着色、渲染

7.9.5　任务教学的学习指导

【例 7-1】　根据主视和左视图绘制该组合体的三维实体模型，如图 7-70 所示。

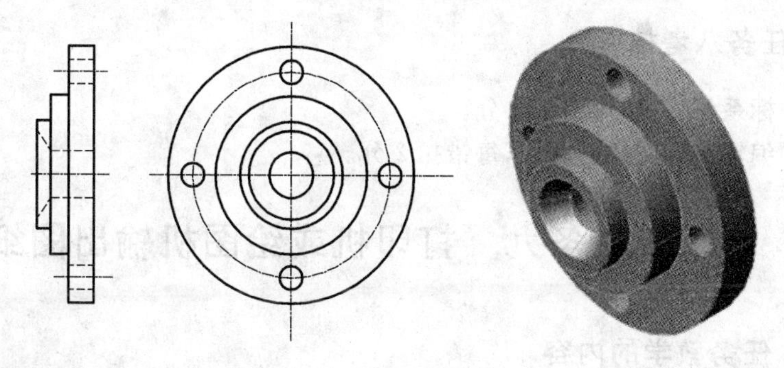

图 7-70　例 7-1 图

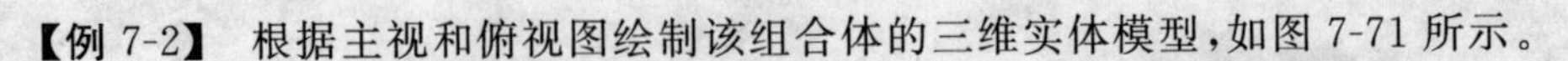

【例 7-2】 根据主视和俯视图绘制该组合体的三维实体模型，如图 7-71 所示。

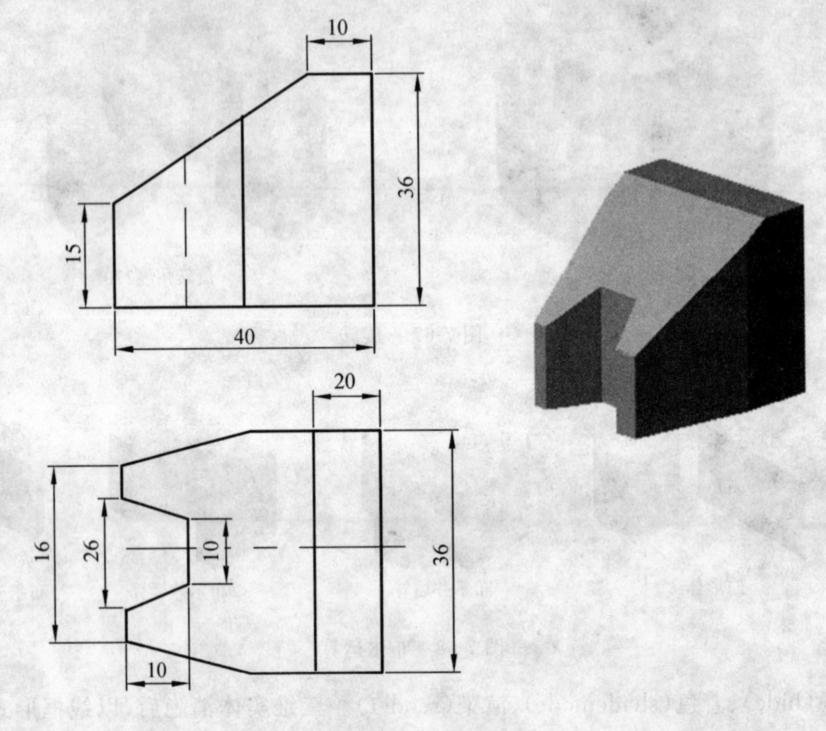

图 7-71　例 7-2 图

【例 7-3】 根据主视和左视图绘制该组合体的三维实体模型图，如图 7-72 所示。

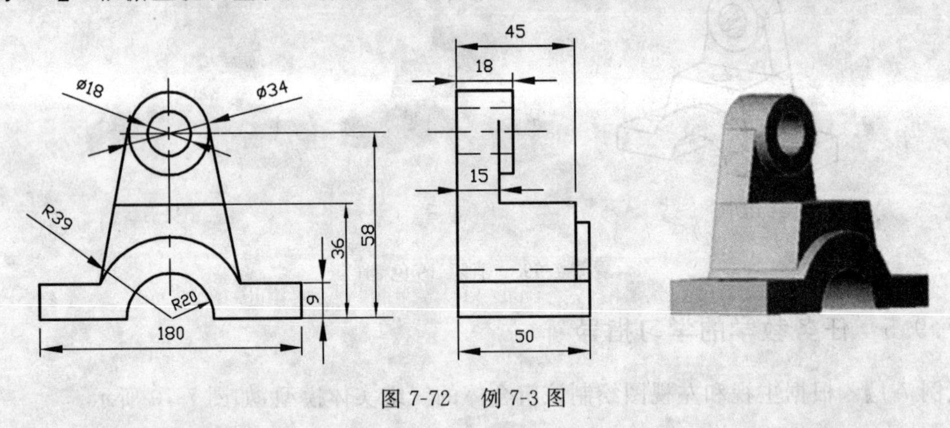

图 7-72　例 7-3 图

7.9.6　任务八考核

(1)用户坐标系的应用，每错扣 2 分。

(2)创建和编辑三维实体的命令，每错扣 2 分。

7.10　任务九　打印机或绘图机输出图纸

7.10.1　任务教学的内容

打印图形。

7.10.2　教学目的

了解图形打印输出内容。

7.10.3　任务教学的学习指导

在 AutoCAD 中绘制出图像后，就可以通过绘图仪或打印机将其打印输出，以便查看和审核图形。此外，为了能够快速有效的共享设计信息，用户可以在 Internet 上存储 AutoCAD 图形及相关文件，以使其他远程用户能够访问当前操作的图形。

中文版 AutoCAD 2004 除了可以打开并保存 DWG 格式的图形文件外，还可以导入或导出其他格式的图形文件。

1. 输入图形

(1)工具栏。单击“插入”工具栏中“输入”按钮，将打开“输入文件”对话框(见图 7-73)，在其中的“文件类型”下拉列表框中，系统允许输入“图元文件”、ACIS 以及 3DStudio 图形格式的文件。

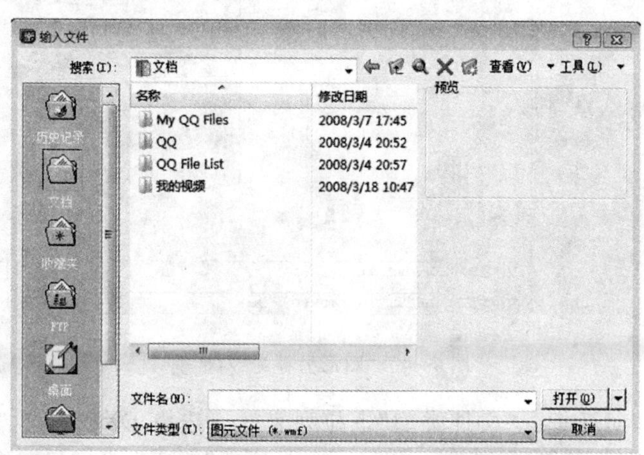

图 7-73　“输入文件”对话框

(2)菜单。分别输入上述 3 种格式的图形文件。“插入”→“3DStudio”命令；“插入”→“ACIS 文件”命令；“插入”→“Windows 图元文件”命令。

2. 输入与输出 DXF 文件

在 AutoCAD 中，可以把图形保存为 DXF 格式，也可以打开 DXF 格式的文件。DXF 文件是标准的 ASCII 码文本文件，一般由以下 5 个信息段构成：

(1)标题段。存储的是图形的一般信息，由用来确定 AutoCAD 作图状态和参数的标题变量组成，而且大多数变量与 AutoCAD 的系统变量相同。

(2)表段。表段包含以下 8 个列表，每个表中又包含不同数量的表项。

①线型表：描述图形中的线型信息。

②层表：描述图形的图层状态、颜色及线型等信息。

③字体样式表：描述图形中字体样式信息。

④视图表：描述视图的高度、宽度、中心以及投影方向等信息。

⑤用户坐标系统表：描述用户坐标系统原点、X 轴和 Y 轴方向等信息。

⑥视口配置表:描述各视口的位置、高宽比、栅格捕捉及栅格显示等信息。

⑦尺寸标注字体样式表:描述尺寸标注字体样式及有关标注信息。

⑧登记申请表:该表中的表项用于为应用建立索引。

(3)块段。描述图形中块的有关信息,如块名、插入点、所在图层以及块的组成对象等。

(4)实体段。描述图中所有图形对象及块的信息,是 DXF 文件的主要信息段。

(5)结束段。DXF 文件结束段,位于文件的最后两行。在 AutoCAD 中,可以使用两种方法打开 DXF 格式的文件:

①菜单:"文件"→"打开"命令,使用"选择文件"对话框打开。

②命令行:DXFIN,使用"选择文件"对话框打开。

如果要以 DXF 格式输出图形,可选择菜单:"文件"→"保存"→"图形另存为"对话框(见图 7-74)或"文件"→"另存为"→"图形另存为"对话框。

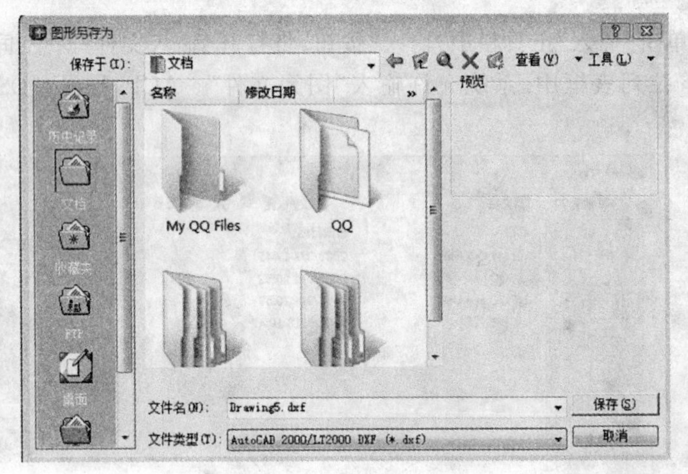

图 7-74 "图形另存为"对话框

③"图形另存为"对话框。"文件类型"下拉列表框→选择 DXF 格式,"工具"右上角→"选项"命令→"另存为选项"对话框(见图 7-75)→"DXF 选项"选项中设置保存格式,如"ASCII"格式或"二进制"格式。

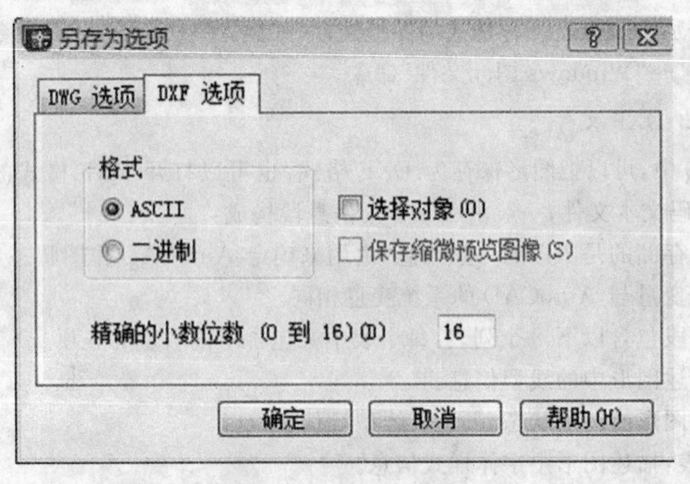

图 7-75 "另存为选项"对话框

二进制格式的 DXF 文件包含 ASCII 格式 DXF 文件的全部信息，但它更为紧凑，AutoCAD 对它的读写速度也会有很大的提高。此外，用户可通过此对话框确定是否保存微缩预览图像。如果图形以 ASCII 格式保存，还能够设置保存精度。

3. 输出图形

菜单：“文件”→“输出”→“输出数据”对话框（见图 7-76）。

“输出数据”对话框中各项的含义如下：

（1）“保存于”下拉列表框中设置文件输出的路径。

（2）“文件名”文本框中输入文件名称。

（3）“文件类型”下拉列表框中，选择文件的输出类型，如“图元文件”、“ACIS”、“平版印刷”、“封装 PS”、“ DXX 提取”、“位图”、“3DStudio”及“块”等。

当我们设置了文件的输出路径、名称及文件类型后，单击对话框中的“保存”按钮，切换到绘图窗口中，可以选择需要以指定格式保存的对象。

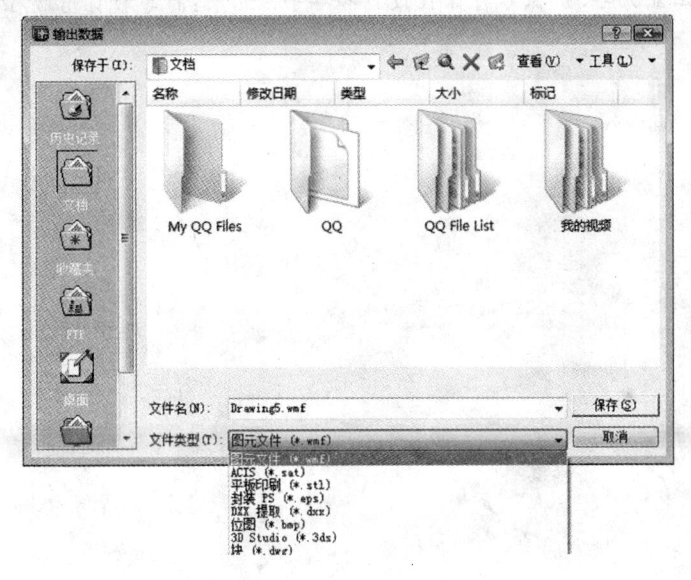

图 7-76　“输出数据”对话框

参考文献

[1] 唐克中,朱同钧.画法几何及工程制图.北京:高等教育出版社,1983.

[2] 路大勇.工程制图.北京:化学工业出版社,2004.

[3] 路大勇.工程制图习题集.北京:化学工业出版社,2004.

[4] 王幼龙.机械制图.北京:高等教育出版社,2001.

[5] 王幼龙.机械制图习题集.北京:高等教育出版社,2001.

[6] 董崇庆.电力工程识绘图.北京:中国电力出版社,2004.

[7] 哈尔滨工业大学.机械零件课程设计指导书.北京:高等教育出版社,1982.